普通高等教育“十三五”规划教材

U0890905

SHU ZHI DAI SHU

数值代数

主 编 王晓峰 程 宏

河南大学出版社
HENAN UNIVERSITY PRESS
·郑州·

图书在版编目(CIP)数据

数值代数/王晓峰,程宏主编. —郑州:河南大学出版社, 2019.7
ISBN 978-7-5649-3709-6

Ⅰ. ①数… Ⅱ. ①王… ②程… Ⅲ. ①线性代数计算法-高等学校-教材 Ⅳ. ①O241.6

中国版本图书馆 CIP 数据核字(2019)第 148398 号

责任编辑 张雪彩 付会娟
责任校对 阮林要
装帧设计 郭 灿

出版发行 河南大学出版社
地址:郑州市郑东新区商务外环中华大厦 2401 号
邮编:450046
电话:0371-86059750(高等教育与职业教育出版分社)
0371-86059701(营销部)
网址:www.hupress.com
排　　版 河南金河印务有限公司
印　　刷 北京虎彩文化传播有限公司
版　　次 2019 年 11 月第 1 版
印　　次 2019 年 11 月第 1 次印刷
开　　本 787 mm×1092 mm 1/16
印　　张 10.75
字　　数 255 千字
定　　价 32.00 元

前　言

数值代数通常也称为矩阵计算,是数值分析与科学计算的基础与核心,它是一门以计算机为工具来求解各种代数问题的课程,同时也是数值计算方法课程的延续和深入,它以矩阵理论和数值分析为基础,主要研究线性代数方程组、矩阵特征值问题与最小二乘问题的高效数值解法以及这些算法的计算机实现及其相关理论.

数值代数是一门理论性和实践性都很强的学科,并且随着计算机技术和计算数学的发展,能够进行数值计算的实际问题的规模不断扩大,相应的数值方法也在不断地改进和创新. 因此,对于广大计算科学专业的大学生和科研工作者来说,系统地了解和掌握数值代数的基本理论和方法是非常必要的.

本书系统地介绍了数值代数的四大分支,即线性方程组的解法、最小二乘问题、矩阵特征值问题和矩阵的奇异值分解问题,具体内容包括绪论、向量和矩阵的范数、线性方程组的直接解法、最小二乘问题的数值解法、线性方程组的古典迭代解法、线性方程组的现代变分迭代法和矩阵特征值问题的数值方法. 本书可作为高等学校信息与计算科学专业本科生教材,也可供理工科其他有关专业人员和对数值代数与算法感兴趣的工程技术人员参考使用. 读者只需要具备微积分、线性代数和 Matlab 程序设计方面的初步知识即可顺利阅读.

本书在编写过程中既注重了数值计算学科的基础性和实用性,又尽可能地阐明算法的设计思想和理论依据,并对相关的理论和方法尽可能地给出严格而又简洁的理论证明. 在学习时应带着分析问题、解决问题和实际应用的目的来学习本课程. 要注重对算法设计思想的领悟,只有注重算法设计思想的学习,才能真正掌握算法和相应的计算公式,进而培养分析问题和解决问题的能力. 同时,本书各章节的主要算法都给出了相应的 Matlab 程序及计算实例供参考,所有的程序都经过数值测试,这对于培养学生处理数值计算问题的能力大有裨益. 同时,每一章节都给出了相应的数值计算实验,这有助于学生理解程序里所包含的理论知识. 学生要认真学习这些程序的实质,对每个算法编程上机实现,观察并分析其运行结果,了解具体的计算过程,以加深对各种算法优缺点和最佳适应范围的理解. 此外,为了使学生更好地掌握本课程的知识,每章最后都配备了一定数量的练习题,以加强学生对所学知识的理解与巩固.

数值代数常安排在信息与计算科学专业本科第六或第七学期进行,全书共分 7 章,讲授时间为一个学期,每周 3 学时,约 48 学时,其中理论讲授 36 学时,上机实践 12 学时,教师可根据学生实际,选择适当内容安排教学. 本书是作者在多年讲授“数值代数”课程的基础上编写而成,其中第 1~4 章以及本书涉及的 Matlab 程序由闽南师范大学数学与统计学院王晓峰教授编写,第 5~7 章由闽南师范大学数学与统计学院程宏老师编写,本书最后由王晓峰教授统筹定稿.

本书各章节的主要算法都给出了 Matlab 程序及相应的计算实例,需要的读者可以发邮件到 33532114@ qq. com 索取.

由于编者水平有限,本书不足之处在所难免,希望读者和同行们批评指正.

编 者

2019 年 10 月

目　　录

第1章　绪　　论

【教学提示】本章主要介绍数值代数的研究对象以及数值算法设计的若干原则. 在教学中,希望能够理论联系实际,结合 Matlab 软件提高学生的编程能力.

【教学目标】通过本章学习,学生了解数值代数的研究对象,掌握数值算法设计的若干原则,掌握 Matlab 软件编程的常用方法,学会用 Matlab 软件进行行列式的计算、矩阵的运算、矩阵初等变换、向量组的线性相关性的判别、线性方程组的求解以及二次型化标准形的运算等.

§1.1　数值代数概述

1.1.1　科学计算概述

近年来,计算机技术和计算数学学科都有了飞速的发展. 现在,理论研究、科学实验和科学计算已成为现代科学研究的三大基本手段. 科学计算是指应用计算机处理科学研究和工程技术中所遇到的计算问题. 在计算机出现之前,科学研究和工程设计主要依靠实验或试验提供数据,计算仅处于辅助地位,而计算机的迅速发展使越来越多的复杂计算成为可能.

科学计算是利用计算机再现、预测和发现客观世界运动规律和演化特性的过程,包括建立数学模型、研究计算方法、设计并行算法、研制应用程序、开展模拟计算和分析计算结果等过程. 有了研究对象,要针对其主要特征建立数学模型. 所谓数学模型,就是描述研究对象的一组方程以及约束方程组的初边值条件,还有相应的物理参数. 有了数学模型,需要采用与数学模型相适应的计算方法与算法,研制相应的计算程序. 应用程序要能够在计算机上运行,也就是利用计算机进行计算,从而求解方程组获得方程组在特定约束条件下的解. 与解析理论得到的方程或方程组的解不同,计算机求得的解不是一个表达式或一组表达式,而是一个数据集,有了数据之后需要对数据进行分析和评估,以判断结果的正确性,从而发现新的现象、总结新的规律、认识新的机制、再现和预测研究对象的运动规律和演化特性,进而进行实验或产品的理论设计,进一步产生新的知识、新的成果和新的生产力.

在科学计算的流程中,应用程序研制之前的工作主要依靠研究人员,是“人脑”的事情,应用程序研制之后的工作不仅仅依靠研究人员,还需要有计算机硬件作为基础与前提,是“人脑”加“电脑”的事情. 高性能的计算机系统和数据分析处理系统是做好科学计算的必要条件,是科学计算的重要组成部分. 特别要强调的一点是,对于科学计算来说,电脑是不可或缺的,但是只有充分发挥了人脑的作用,才能最大限度地发挥电脑的作用,才能做好科学计算.

1.1.2 数值代数研究的基本问题

数值计算的历史源远流长,自从有数学以来就有关于数值计算方面的研究. 古代巴比伦人在公元前2000年左右就有了关于二次方程求解的研究,我国古代数学家刘徽利用割圆术求得圆周率 π 的近似值,而后祖冲之求得圆周率 π 的高精度的值都是数值计算方面的杰出成就.

例 1 古人计算圆周率,一般是用割圆法,即用圆的内接或外切正多边形来逼近圆的周长. Archimedes 用正 96 边形得到了圆周率小数点后 3 位的精度,刘徽用正 3 072 边形得到了 5 位精度,Ludolph Van Ceulen 用正 2^{62} 边形得到了 35 位精度,这种基于几何的算法计算量大,速度慢. 随着数学的发展,数学家们在进行数学研究时有意无意地发现了许多计算圆周率的公式.

(1)1706 年,英国天文学教授 John Machin 利用泰勒级数

$$\arctan x = x-\frac{x^3}{3}+\frac{x^5}{5}-\frac{x^7}{7}+\cdots+(-1)^{n-1}\frac{x^{2n-1}}{2n-1},$$

发现了下面的公式:

$$\pi = 16\arctan\frac{1}{5}-4\arctan\frac{1}{239},$$

并利用这个公式计算到了圆周率的 100 位.

(2)1914 年,印度数学家 Srinivasa Ramanujan 发表了下面的公式:

$$\pi = \frac{9\ 801}{2\sqrt{2}\sum_{n=0}^{\infty}\frac{(4n)!}{4^{4n}(n!)^4}\cdot\frac{(1\ 103+26\ 390n)}{99^{4n}}}.$$

在 1985 年,Gosper 利用这个公式计算到了圆周率的 17 500 000 位.

(3)1989 年,David 和 Gregory Chudnovsky 发表了下面的公式:

$$\frac{1}{\pi} = 12\sum_{n=0}^{\infty}\frac{(-1)^n(6n)!}{(3n)!\ (n!)^3}\cdot\frac{13\ 591\ 409+545\ 140\ 134n}{640\ 320^{3n+\frac{3}{2}}},$$

并在 1994 年计算到了圆周率的 4 044 000 000 位,它的另一种形式是

$$\pi = \frac{426\ 880\sqrt{10\ 005}}{\sum_{n=0}^{\infty}\frac{(6n)!\ (545\ 140\ 134n+13\ 591\ 409)}{(n!)^3(3n)!\ (-640\ 320)^{3n}}}.$$

(4)1995 年,David Bailey,Peter Borwein 和 Simon Plouffe 共同发表了下面的圆周率计算公式:

$$\pi = \sum_{n=0}^{\infty}\frac{1}{16^n}\left(\frac{4}{8n+1}-\frac{2}{8n+4}-\frac{1}{8n+5}-\frac{1}{8n+6}\right).$$

该公式的最大优点在于,经后来人将该公式变形后打破了传统的计算方法,可以直接计算圆周率的任意第 n 位数,而不是先计算前面的 $n-1$ 位数.

(5)1997 年,Fabrice Bellard 发表了一个比 BBP 算法更快的公式:

$$\pi=\frac{1}{64}\sum_{n=0}^{\infty}\left(\frac{-1}{1024}\right)^{n}\left(-\frac{32}{4n+1}-\frac{1}{4n+3}+\frac{256}{10n+1}-\frac{64}{10n+3}-\frac{4}{10n+5}-\frac{4}{10n+7}+\frac{1}{10n+9}\right),$$

从而大大减少了圆周率近似值的计算量.

数值代数通常也称为矩阵计算,是以计算机为工具来求解各种数学模型的主要课程,同时也是计算方法课程的延续和深入. 数值代数研究在计算机上进行线性代数数值计算的问题,是工程学和计算科学问题中的基本部分,这些问题主要涵盖图像处理、信号处理、工程计算、材料科学模拟、结构生物学、数据挖掘、生物信息学和流体动力学等研究领域.

计算机对计算数学这门学科的推动和影响,使数值计算的重点转移到使用计算机编程求解上来. 现代数值代数理论与方法主要是面对计算机的,研究与寻求适合在计算机上求解各种代数问题的算法是这门课程的主要内容.

具体来说,数值代数主要研究如下四大矩阵数值计算问题:

(1)求解线性方程组的问题,即给定一个 n 阶非奇异矩阵 $\boldsymbol{A}$ 和一个 n 维向量 $\boldsymbol{b}$,求一个 n 维向量 $\boldsymbol{X}$,使得 $\boldsymbol{AX}=\boldsymbol{b}$;

(2)最小二乘问题,即给定一个 $m\times n$ 矩阵 $\boldsymbol{A}$ 和一个 m 维向量 $\boldsymbol{b}$,求一个 n 维向量 $\boldsymbol{X}$,使得 $\|\boldsymbol{AX}-\boldsymbol{b}\|_2=\min\limits_{Y\in\mathbf{R}^n}\{\|\boldsymbol{AY}-\boldsymbol{b}\|_2\}$;

(3)矩阵特征值问题,即给定一个 n 阶方阵 $\boldsymbol{A}$,求它的部分或全部特征值以及对应的特征向量;

(4)矩阵奇异值分解的计算,奇异值分解是数值代数中一种重要的矩阵分解,它是特征分解在任意矩阵上的推广,在信号处理、统计学等领域有重要应用.

除此之外,还有其他一些重要和基本的问题,如约束最小二乘问题、完全最小二乘问题、矩阵方程的求解问题、矩阵函数的计算问题、广义特征值问题、非线性特征值问题以及特征值反问题等.

§1.2 数值算法的设计

1.2.1 研究数值算法的必要性

数值算法就是求解数值问题的计算步骤,由一些基本运算及相应运算顺序的规定构成的一个数值问题完整的求解方案称为**数值算法**.

在进行数值计算时,必须首先设计算法. 所谓**算法**,是指对一些数据按某种规定的顺序进行运算的一个运算序列. 计算机的运算速度极快,可以承担大运算量的工作,这是否意味着人们可以对计算机上的算法随意选择呢? 其实在实际计算中,对于同一问题我们选用不同的算法,所得结果的精度往往大不相同,这是由初始数据的误差或计算中的舍入误差在计算过程中的传播所造成的,因算法不同而异,于是就产生了算法的数值稳定性问题. 一个算法,如果计算结果受误差的影响较小,就称这个算法具有较好的**数值稳定性**. 否则,就称这个算法的数值稳定性不好.

算法的好坏,将会直接影响到计算的效率和数值计算结果的精确度和真实性. 为了选用计算量小、精确度高的算法,选用算法时一般要考虑算法是否稳定、算法的逻辑结构是否简单、算法的运算次数和算法的存储量是否尽量少等问题. 同时,为了更好地解决实际问题,除了要建立正确的数学模型,还应针对具体问题选择与改进算法,熟悉算法的设计原理与计算过程,精心设计与编写计算程序,这样才能获得满意的计算效果.

例 2 利用 Cramer 法则求解一个 n 阶方程组 $\boldsymbol{AX}=\boldsymbol{b}$,要计算 $n+1$ 个 n 阶行列式,总共需要做 $A_n=n!\ (n-1)(n+1)$ 次乘法. 当 $n=20$ 时,$A_{20}\approx 10^{21}$,假定用每秒运算百亿次(10^{10})的计算机去做,每年只能完成大约 $365\times24\times3\ 600\times10^{10}\approx3.15\times10^{17}$ 次,故所用计算时间为 $10^{21}\div(3.15\times10^{17})\approx3\ 200$ 年,即大约 3 200 年左右完成,这是无法实现的,而如果采用后面课程中介绍的 Gauss 消去法求解,其乘除法运算次数只需 3 060 次,这说明选择算法的重要性,能否正确地制定算法是科学计算成败的关键.

现在的计算机无论在运算速度上还是在存储能力上都是传统计算工具所无法比拟的,但即使这样,我们在设计算法时,也必须对算法的运算次数和存储量大小给予足够的重视. 实际中也存在大量这样的问题,由于所提供的解决这些问题的算法的运算量很大,即使利用最尖端的计算机也无法在有效时间内求得问题的答案.

那么,一个好的算法一般应该具备什么样的特征呢? 一般说来,需满足如下条件:

(1)必须结构简单,计算机易于实现;

(2)理论上必须保证方法的收敛性和数值稳定性;

(3)计算效率必须要高,即计算速度快且节省存储量;

(4)必须经过数值实验检验,证明行之有效.

例 3 设精确数 $\pi=3.141\ 592\ 65\cdots$,把它分别表示为具有 3 位和 5 位小数的近似数.

解 表示为具有 3 位和 5 位小数的近似数分别为 3.142 和 3.141 59.

例 4 考虑 $\sqrt{2}\pi$ 的数值运算,取 6 位数字进行运算,按四舍五入规则 $\sqrt{2}$ 取 6 位数字为 $\sqrt{2}\approx1.414\ 21$;π 取 6 位数字为 $\pi\approx3.141\ 59$,则

$$\sqrt{2}\pi\approx1.414\ 21\times3.141\ 59=4.442\ 867\ 993\ 9$$

是 11 位数字,如果结果也限制为 6 位数字,按四舍五入的规则,则要处理为 4.442 87,它就是 $\sqrt{2}\pi$ 数值计算的结果. 这样做计算结果会失真,但是却也与真实值非常接近. 实际上,$\sqrt{2}\pi=4.442\ 882\ 938\cdots$ 与 4.442 87 是非常接近的,这就是数值分析的特点,既失真、又接近,而我们要追求的目标是少失真、多接近.

由例 3 和例 4 可以看出,通常的数值问题是在实数范围内提出的,而计算机所能表示的数仅仅是有限位小数,误差不可避免,这些误差对计算结果的影响是需要考虑的. 如果

给出一种算法,在计算机上运行时,误差在成千上万次的运算过程中得不到控制,初始数据的误差以及由中间结果的舍入产生的误差,这些误差在计算过程中的累计越来越大,以致淹没了真值,那么这样的计算结果将变得毫无意义. 相应地,我们称这种算法是不可靠的,或者数值不稳定的.

1.2.2 误差的来源

误差的来源主要有以下四种.

1. 模型误差

由实际问题建立数学模型,需要忽略一些次要因素的影响,简化许多条件. 因此,数学模型是由实际问题理想化、简单化得到的,是实际问题的近似,把实际问题的解与数学模型的解之间的误差称为**模型误差**.

2. 观测误差

数学模型一旦确定,模型中包含一些物理量,这些物理量大多都是由观测或测量得到的,因此数学模型求解时总会利用一些观测数据,由于测量仪器精度的限制以及人工干预等多方面的原因,在求解过程中误差是不可避免的,这种误差称为**测量误差**或**观测误差**.

3. 截断误差

用数值计算方法来求数学模型的数值解时,如求一个无穷级数之和,总是用它前面的若干项的和来代替,即截取掉该级数的后一段,由此引入的误差称为**截断误差**.

例如,利用 $\ln(x+1)$ 的泰勒公式,即

$$\ln(x+1)=x-\frac{1}{2}x^2+\frac{1}{3}x^3-\frac{1}{4}x^4+\cdots+(-1)^{n-1}\frac{1}{n}x^n+\cdots,$$

实际计算时取其前五项来近似计算 ln 2 为

$$\ln 2\approx 1-\frac{1}{2}+\frac{1}{3}-\frac{1}{4}+\frac{1}{5}=\frac{47}{60}\approx 0.783\ 3,$$

这时产生的误差为

$$R_5=-\frac{1}{6}+\frac{1}{7}-\frac{1}{8}+\frac{1}{9}-\cdots,$$

而真实值 $\ln 2=0.693\ 147\ 097\ 337\ 41\cdots$.

4. 舍入误差

对分数如有理数$\frac{1}{3}$和$\frac{1}{7}$等或无理数如 π、e 和$\sqrt{2}$等,在计算机上做运算时,因受有效位数的限制而产生的误差称为**舍入误差**.

如果 A 的近似值 A^* 是由 A 按四舍五入规则得来的,那么绝对误差满足

$$|A-A^*|\leqslant\frac{1}{2}\alpha,$$

其中 α 为 A^* 的末位单位.

1.2.3 数值算法的误差

定义 1.1 如果问题的数据 $x_i(i=1,\cdots,n)$ 有微小误差,引起结果 $A=f(x_1,x_2,\cdots,x_n)$ 有很大误差,称这种问题为**病态问题**或**坏条件问题**.

例 5 求解下列线性方程组

$$\begin{cases} x+ay=1, \\ ax+y=0. \end{cases}$$

解 当 $a=1$ 时,系数行列式为零,方程组无解;当 $a\neq 1$ 时解为

$$x=\frac{1}{1-a^2},y=-\frac{a}{1-a^2}.$$

当 $a\approx 1$ 时,若输入数据 a 有微小误差,则解的误差很大. 例如,取 $a=0.99$,则解 $x\approx 50.25$;如果 a 有误差 0.001,取 $a^*=0.991$,则解 $x^*\approx 55.81$,误差 $|x^*-x|\approx 5.56$ 很大,表明此时方程组是病态的. 实际上,由 $x=\dfrac{1}{1-a^2}$是 a 的函数,则**条件数** C_p 为

$$C_p=\left|\frac{ax'(a)}{x(a)}\right|=\left|\frac{2a^2}{1-a^2}\right|,$$

当 $a=0.99$ 时 $C_p\approx 100$,表明条件数很大,故问题是病态的.

关于此类问题,后面章节中将会详细讨论.

1.2.4 数值算法设计的若干原则

如果模型中需要大量的复杂运算,从理论上对误差的传播做出定性分析一般具有相当难度. 通常做法是,对模型中的参数取充分多的样本点,每一个样本点取值于按一定规则控制的扰动范围内,再按照模型给出的求解方法得到一系列解,并与模型的真解比较,以判断模型的数值稳定性. 以上进行的误差敏感性分析都是建立在模型求解本身的精度相当高的前提之下的,但是在实际问题中,计算过程本身往往会产生新的误差. 误差的大小取决于数值计算的方法,下面借助误差估计对误差传播情况的分析,给出数值计算中算法设计的一些基本原则,并给出算法改善的例子,这些原则有助于鉴别算法的可靠性并防止误差危害的现象产生.

1. 要避免相近两数相减

例 6 用四位有效数字计算 $y=\sqrt{1\,001}-\sqrt{1\,000}$的值.

解 如果直接计算,则

$$y=\sqrt{1\,001}-\sqrt{1\,000}=31.64-31.62=0.02,$$

由于 y 的准确值是 0.015 807 437 4…,可见直接计算所得的近似值仅有一位有效数字,其相对误差大于 26%.

但是如果做适当恒等变形后再进行计算,可得

$$y=\sqrt{1\ 001}-\sqrt{1\ 000}=\frac{1}{\sqrt{1\ 001}+\sqrt{1\ 000}}=\frac{1}{63.26}\approx 0.015\ 81,$$

所得结果与准确值比较可知具有四位有效数字，其相对误差不超过0.02%.

前后两次计算结果相差如此大的原因在于，前者两个相近数相减导致了误差的放大，而后者通过适当恒等变形再计算，避免了相近两数相减，从而也避免了误差的放大. 所以在数值计算时，必须避免相近两数相减，以免损失有效数字的位数.

由例6可以看到，当 $x_1\approx x_2$ 时，有 $y=x_1-x_2\approx 0$，会使得计算结果的相对误差限可能很大，导致数值计算结果的有效数字位数减少.

为了避免两相近数直接相减，通常利用代数恒等变形将其转化为其他形式的运算，可根据不同情况对公式进行处理，如通过因式分解、分母有理化、三角函数恒等式以及 Taylor 展开式等方式来实现.

例如，当 x 的绝对值很小时，可利用如下公式进行恒等变形：

$$1-\cos x=2\sin^2\frac{x}{2};$$

$$\sin(\alpha+x)-\sin\alpha=2\cos\left(\alpha+\frac{x}{2}\right)\sin\frac{x}{2};$$

$$\arctan(x+1)-\arctan x=\arctan\frac{1}{1+x(x+1)};$$

$$e^x-1\approx x+\frac{1}{2!}x^2+\frac{1}{3!}x^3+\cdots+\frac{1}{n!}x^n.$$

当 $x_1\approx x_2$ 时，利用对数性质进行如下变换：

$$\lg x_1-\lg x_2=\lg\frac{x_1}{x_2}.$$

2. 要避免绝对值小的数作除数

设两个数 x_1,x_2 满足 $|x_1|\gg|x_2|$，且 $x_2\neq 0$，当用 x_1 除以 x_2 时所得结果的绝对误差限可能很大. 例如，$\frac{3.141\ 6}{0.001}=3\ 141.6$，当分母变为 0.001 1，即分母只有 0.000 1 的变化时，则有 $\frac{3.141\ 6}{0.001\ 1}=2\ 856$，却引起了商的巨大变化. 因此，在计算过程中，不仅要避免两个相近的数相减，还应特别注意避免用它们的差作除数，可通过分母有理化、三角函数恒等式以及其他恒等式将算式变形或改变计算顺序等方法来处理.

例如，当 x 接近于0时，$\frac{1-\cos x}{\sin x}$ 的分子和分母都接近0，为避免绝对值小的数作除数，可将原式化为

$$\frac{1-\cos x}{\sin x}=\frac{\sin x}{1+\cos x}.$$

3. 要防止大数"吃掉"小数

在数值运算中，当一个绝对值很大的数和一个绝对值很小的数直接相加时，如不注意

运算次序,很可能发生所谓“大数吃小数”的现象,从而影响计算结果的可靠性. 这主要是计算机表示的数位数有限造成的.

例 7 在五位十进制计算机上,计算 $y=54\ 321+0.3+0.4+0.6+0.7$ 的值.

解 在计算机系统中,相加的原则是先对“阶”后相加,在对“阶”时,

$$
\begin{aligned}
y &= 0.543\ 21\times10^5+0.000\ 00\times10^5+0.000\ 00\times10^5+0.000\ 00\times10^5+0.000\ 00\times10^5 \\
&= 0.543\ 21\times10^5=54\ 321.
\end{aligned}
$$

在计算机内计算时要先对“阶”,后四个数都在对“阶”过程中被当作零,计算结果显然不可靠,这是由于运算中出现了大数 54321“吃掉”小数 0.3,0.4,0.6 和 0.7 造成的. 要避免这种大数“吃掉”小数的现象,可以调整计算顺序,采用先小数后大数的计算顺序,即先将 0.3,0.4,0.6 和 0.7 相加得 $0.200\ 00\times10^1$,再与 54 321 相加,得

$$y=0.000\ 02\times10^5+0.543\ 21\times10^5=0.543\ 23\times10^5=54\ 323.$$

一般地,当绝对值悬殊的一系列数 $|x_1|>>|x_2|>|x_3|>\cdots>|x_n|$ 相加时,采用绝对值较小者先加的算法,计算结果的相对误差较小.

例如,已知 $a_i=0.001$,计算 $53\ 480+\sum\limits_{i=1}^{10\ 000}a_i$ 时就需要先计算 a_i 之和,然后再加上 53 480.

4. *尽量简化计算步骤以减少运算次数,避免误差积累*

由于计算机在进行数值计算时,计算工作量的大小主要依赖于计算过程中所用乘除法次数的多少. 因此,在数值计算时应注意简化计算步骤,减少运算次数,这样不仅可以提高计算速度,而且能减少误差的积累,这是数值计算必须遵循的原则.

例 8 已知 $\boldsymbol{u},\boldsymbol{v}$ 和 $\boldsymbol{X}$ 都是 n 维列向量,$\boldsymbol{I}$ 是 n 阶单位矩阵,试求

$$\boldsymbol{y}=(\boldsymbol{I}-2\boldsymbol{u}\boldsymbol{u}^{\mathrm{T}})(\boldsymbol{I}-2\boldsymbol{v}\boldsymbol{v}^{\mathrm{T}})\boldsymbol{X}.$$

解 上式右端括号中的表达式都是 n 阶矩阵,如果先求出它们,则求 $\boldsymbol{y}$ 需要作矩阵和向量的乘法,如果陆续求

$$
\begin{aligned}
\boldsymbol{y}_1&=(\boldsymbol{I}-2\boldsymbol{v}\boldsymbol{v}^{\mathrm{T}})\boldsymbol{X}=\boldsymbol{X}-2(\boldsymbol{v}^{\mathrm{T}}\boldsymbol{X})\boldsymbol{v},\\
\boldsymbol{y}_2&=(\boldsymbol{I}-2\boldsymbol{u}\boldsymbol{u}^{\mathrm{T}})\boldsymbol{y}_1=\boldsymbol{y}_1-2(\boldsymbol{u}^{\mathrm{T}}\boldsymbol{y}_1)\boldsymbol{u},
\end{aligned}
$$

不仅运算过程有规律,而且只需进行向量的内积运算和向量的加法运算,所需的运算次数显然较少. 例如,设

$$\boldsymbol{u}=\begin{bmatrix}1\\2\end{bmatrix},\boldsymbol{v}=\begin{bmatrix}3\\4\end{bmatrix},\boldsymbol{X}=\begin{bmatrix}5\\6\end{bmatrix},$$

直接计算得

$$\boldsymbol{y}=\left(\begin{bmatrix}1&0\\0&1\end{bmatrix}-2\begin{bmatrix}1\\2\end{bmatrix}[1\quad 2]\right)\left(\begin{bmatrix}1&0\\0&1\end{bmatrix}-2\begin{bmatrix}3\\4\end{bmatrix}[3\quad 4]\right)\begin{bmatrix}5\\6\end{bmatrix},$$

需做 20 次乘法. 但用上述算法先求

$$\boldsymbol{y}_1=\begin{bmatrix}5\\6\end{bmatrix}-2\left([3\quad 4]\begin{bmatrix}5\\6\end{bmatrix}\right)\begin{bmatrix}3\\4\end{bmatrix}=\begin{bmatrix}-229\\-306\end{bmatrix},$$

再求

$$y_2=\begin{bmatrix}-229\\-306\end{bmatrix}-2\left(\begin{bmatrix}1 & 2\end{bmatrix}\begin{bmatrix}-229\\-306\end{bmatrix}\right)\begin{bmatrix}1\\2\end{bmatrix}=\begin{bmatrix}1453\\3058\end{bmatrix},$$

则只需做 8 次乘法.

Matlab 程序如下：

```
function ch1ex8
u=[1,2]';v=[3,4]';X=[5,6]';I=eye(2);
y=(I-2*u*u')*(I-2*v*v')*X
y1=X-2*(v'*X)*v
y2=y1-2*(u'*y1)*u
```

运行结果显示：

```
y=
    1453
    3058
y1=
    -229
    -306
y2=
    1453
    3058
```

5. *采用数值稳定性好的算法以控制误差的传播与累积*

许多算法常常具有递推性，利用递推关系进行计算时，运算过程比较规律，相当方便，但多次递推，必须注意误差的积累. 如果递推过程中误差增大，多次递推会得到错误的结果；如果递推过程中误差减小，则得出的结果比较准确.

例 9 求 $I_n=\int_0^1 \frac{x^n}{x+5}\mathrm{d}x$，$n=0,1,\cdots,10$.

解 容易求得

$$I_n+5I_{n-1}=\frac{1}{n}, n=1,\cdots,10, I_0=\int_0^1\frac{1}{x+5}\mathrm{d}x=\ln\frac{6}{5},$$

而 $\ln\frac{6}{5}$是个无理数，不可能取到精确值，今取 $I_0=0.182$，得到一个递推公式：

$$I_n=\frac{1}{n}-5I_{n-1}, n=1,\cdots,10. \tag{1.1}$$

Matlab 程序如下：

```
function ch1ex9a
I0=0.182;
for n=1:10
    I=1/n-5*I0
    I0=I;
```

```
end
```

计算过程中所有数据都精确到小数点后 3 位，计算结果如下：

$$I_1=0.090, I_2=0.050, I_3=0.083, I_4=-0.168, I_5=1.033, I_6=-5.000,$$

$$I_7=25.143, I_8=-125.589, I_9=628.058, I_{10}=-3.140\times10^3.$$

通过简单的积分估计有

$$\frac{1}{6(n+1)}=\frac{1}{6}\int_0^1 x^n\mathrm{d}x \leqslant I_n=\int_0^1\frac{x^n}{x+5}\mathrm{d}x \leqslant \frac{1}{5}\int_0^1 x^n\mathrm{d}x=\frac{1}{5(n+1)},$$

所以上述计算结果中那些负数或者大于 1 的结果都是不可接受的. 当然，其他结果也可能有比较大的误差.

我们分析一下造成这种现象的原因. 假设 I_n 的真值为 I_n^*，误差为

$$\varepsilon_n=|I_n^*-I_n|,$$

对于真值，我们也有

$$I_n^*+5I_{n-1}^*=\frac{1}{n}.$$

综合两个递推等式，有

$$\varepsilon_n=5\varepsilon_{n-1},$$

则就意味着哪怕开始只有一点点误差，就算整个计算过程都保留很长的数位，只要 n 足够大，按照这种每计算一步误差增长 5 倍的方式计算，所得的结果总是不可信的，因此整个计算过程数值是不稳定的，那么怎样数值计算才能使结果可靠呢？

换另外一种思路，若把计算公式(1.1)改为

$$I_{n-1}=-\frac{1}{5}I_n+\frac{1}{5n}, n=10,9,\cdots,2,1, \tag{1.2}$$

则误差就会以每计算一步误差缩小到 1/5 的方式进行，用这样的计算方法，需要估计

$$I_{10}\approx\frac{1}{2}\left(\frac{1}{6\times11}+\frac{1}{5\times11}\right)\approx0.0167.$$

Matlab 程序如下：

```
function ch1ex9b
I10=0.0167;
for n=10:-1:1
    I=(1/n-I10)/5
    I10=I;
end
```

计算过程中所有数据都精确到小数点后 4 位，计算结果如下：

$$I_9=0.0167, I_8=0.0189, I_7=0.0212, I_6=0.0243, I_5=0.0285,$$

$$I_4=0.0343, I_3=0.0431, I_2=0.0580, I_1=0.0884, I_0=0.1823.$$

可见尽管 I_{10} 的初值取的比较粗糙，但计算到 I_1 及 I_0 时还是比较精确的. 以下我们来分析(1.1)和(1.2)两式的区别，由于计算机只能对有限位数进行计算，当取 I_0 用(1.1)式计算时，因为 I_0 带有的误差会一直积累下去，即

$$\varepsilon_n = 5\varepsilon_{n-1} = \cdots = 5^n \varepsilon_0, \tag{1.3}$$

尽管 I_0 误差很小,但是 5^n 却是很大的,而用(1.2)式时,有

$$\varepsilon_0 = \frac{1}{5}\varepsilon_1 = \cdots = \frac{1}{5^n}\varepsilon_n, \tag{1.4}$$

尽管 I_{10} 误差很大,但是 $1/5^n$ 却是很小的. 由以上(1.3)和(1.4)两式知,一个误差在积累,一个误差在缩小,我们称舍入误差积累的递推公式(1.1)为不稳定的,而称舍入误差缩小(至少不增)的递推公式(1.2)为稳定的计算公式.

§1.3 利用 Matlab 计算线性代数问题

Matlab 名字是由 MathWorks 公司于 1982 年推出的一套高性能的数值计算和可视化数学软件,用 Matlab 编写程序犹如在演算纸上排列出公式与求解问题,所以又被称为演算纸式科学算法语言.

1.3.1 矩阵的运算

运算符有+(加)、-(减)、*(乘)、/(右除)、\(左除)、^(乘方)、'(转置)等,常用函数有 det(行列式)、inv(逆矩阵)、rank(秩)、eig(特征值、特征向量)、rref(化矩阵为行最简形)等.

例 10 求矩阵 A 的每行及每列的最大和最小元素,并求整个矩阵的最大和最小元素.

$$A = \begin{bmatrix} 13 & -56 & 78 \\ 25 & 63 & -235 \\ 78 & 25 & 563 \\ 1 & 0 & -1 \end{bmatrix}$$

解 程序如下:

```
function ch1ex10
A=[13,-56,78;25,63,-235;78,25,563;1,0,-1];
a=max(A,[],2)          %求每行最大元素
b=min(A,[],2)          %求每行最小元素
c=max(A)               %求每列最大元素
d=min(A)               %求每列最小元素
e=max(max(A))          %求整个矩阵的最大元素,也可使用命令:max(A(:))
f=min(min(A))          %求整个矩阵的最小元素,也可使用命令:min(A(:))
```

运行结果为:

```
a=
```

```
    78
    63
    563
    1
b =
    -56
    -235
    25
    -1
c =
    78    63    563
d =
    1    -56    -235
e =
    563
f =
    -235
```

例 11 求矩阵 $\boldsymbol{A}=\begin{bmatrix}1&2&3&4\\5&6&7&8\\9&10&11&12\end{bmatrix}$的每行元素的乘积和全部元素的乘积.

解 在 Matlab 命令窗口直接输入:

```
>>A=[1,2,3,4;5,6,7,8;9,10,11,12];
>>S=prod(A,2)        %求 A 的每行元素的乘积
>>prod(S)            %求 A 的全部元素的乘积,也可以使用命令 prod(A(:))
```

运行结果为:

```
S =
        24
        1680
        11880
ans =
    479001600
```

例 12 对矩阵 $\boldsymbol{A}=\begin{bmatrix}1&-8&5\\4&12&6\\13&7&-13\end{bmatrix}$做各种排序.

解 在 Matlab 命令窗口直接输入:

```
>>A=[1,-8,5;4,12,6;13,7,-13];
>>B=sort(A)                 %对 A 的每列按升序排序
>>C=-sort(-A,2)             %对 A 的每行按降序排序
```

```
>>[X,I]=sort(A)              %对A按列排序,并将每个元素所在行号送给矩阵I
```

运行结果为

```
B =
     1    -8   -13
     4     7     5
    13    12     6
C =
     5     1    -8
    12     6     4
    13     7   -13
X =
     1    -8   -13
     4     7     5
    13    12     6
I =
     1     1     3
     2     3     1
     3     2     2
```

例 13 维数相同的两个向量的点乘,其中

$$\boldsymbol{X}=\begin{bmatrix}-1\\0\\2\end{bmatrix},\boldsymbol{Y}=\begin{bmatrix}-2\\-1\\1\end{bmatrix}.$$

解 在 Matlab 命令窗口直接输入:

```
>>X=[-1,0,2];
>>Y=[-2,-1,1];
>>Z=dot(X, Y)
```

运行结果为

```
Z =
     4
```

例 14 在数学上,两向量的叉乘是一个过两相交向量的交点且垂直于两向量所在平面的向量. 计算垂直于向量 $\boldsymbol{a}=\begin{bmatrix}1\\2\\3\end{bmatrix}$ 和 $\boldsymbol{b}=\begin{bmatrix}4\\5\\6\end{bmatrix}$ 的向量.

解 在 Matlab 命令窗口直接输入:

```
>>a=[1,2,3];
>>b=[4,5,6];
>>c=cross(a,b)
```

运行结果为

```
c =
      -3      6     -3
```

即垂直于向量 $\boldsymbol{a}$ 和 $\boldsymbol{b}$ 的向量为$(-3,6,-3)^{T}$.

例 15 运行如下程序,分析其结果.

解 程序如下:

```
function ch1ex15
A=[2,0,-1;1,3,2;1,4,3]; B=[1,2,1;4,0,3;2,1,1];  %输入两个矩阵A和B
C=A*B                        %矩阵A与B按矩阵运算相乘
det_B=det(B)                 %矩阵B的行列式
rank_A=rank(A)               %矩阵A的秩
inv_B=inv(B)                 %矩阵B的逆矩阵
[V,D]=eig(B)                 %矩阵B的特征值矩阵V与特征向量构成的矩阵D
X=A*inv(B)                   %XB=A,求X
Y=inv(B)*A                   %BY=A,求Y
```

运行结果如下:

```
C =
     0     3     1
    17     4    12
    23     5    16
det_B =
     5
rank_A =
     3
inv_B =
   -0.6000   -0.2000    1.2000
    0.4000   -0.2000    0.2000
    0.8000    0.6000   -1.6000
V =
   -0.5101   -0.5334   -0.6025
   -0.7235    0.8431    0.0413
   -0.4651    0.0680    0.7970
D =
    4.7487         0         0
         0   -2.2887         0
         0         0   -0.4601
X =
   -2.0000   -1.0000    4.0000
    2.2000    0.4000   -1.4000
    3.4000    0.8000   -2.8000
```

```
Y =
   -0.2000    4.2000    3.8000
    0.8000    0.2000   -0.2000
    0.6000   -4.6000   -4.4000
```

例 16 计算行列式 $\begin{vmatrix} 1 & 1 & 1 & 1 \\ a & b & c & d \\ a^2 & b^2 & c^2 & d^2 \\ a^4 & b^4 & c^4 & d^4 \end{vmatrix}$ 的值,其中 a,b,c,d 是参数.

解 程序如下:

```
function ch1ex16
syms  a  b  c  d
A=[1,1,1,1;a,b,c,d;a^2,b^2,c^2,d^2;a^4,b^4,c^4,d^4];
d1=det(A)             %矩阵 A 的行列式
d2=simple(d1)         %化简表达式 d1
pretty(d2)            %让表达式 d2 符合常用的书写习惯
```

运行结果如下:

```
d1 =
b*c^2*d^4-b*d^2*c^4-b^2*c*d^4+b^2*d*c^4+b^4*c*d^2-b^4*d*c^2-a*c^2*d^4+a*d^2*c^4+a*b^2*d^4-a*b^2*c^4-a*b^4*d^2+a*b^4*c^2+a^2*c*d^4-a^2*d*c^4-a^2*b*d^4+a^2*b*c^4+a^2*b^4*d-a^2*b^4*c-a^4*c*d^2+a^4*d*c^2+a^4*b*d^2-a^4*b*c^2-a^4*b^2*d+a^4*b^2*c
d2 =(-d+c)*(b-d)*(b-c)*(-d+a)*(a-c)*(a-b)*(a+c+d+b)
```

数学表达式为

```
(-d + c) (b - d) (b - c) (-d + a) (a - c) (a - b) (a + c + d + b)
```

1.3.2 利用 Cramer 法则解方程组

考虑非齐次线性方程组 $\boldsymbol{AX}=\boldsymbol{b}$,由 Cramer 法则可知,当其系数行列式 $D=|\boldsymbol{A}|\neq 0$ 时,此方程组有唯一解,且可表示为

$$x_1=\frac{D_1}{D},x_2=\frac{D_2}{D},\cdots,x_n=\frac{D_n}{D},$$

其中 $D_j(j=1,2,\cdots,n)$ 是把系数行列式 D 中第 j 列的元素用方程组右端的常数项代替后所得到的 n 阶行列式. 对于齐次线性方程组 $\boldsymbol{AX}=\boldsymbol{0}$,当其系数行列式 $D\neq 0$ 时,此方程组有唯一零解;当 $D=0$ 时方程组有非零解,也即有无穷多解.

例 17 用 Cramer 法则解下列线性方程组

$$\begin{cases}x_1+x_2+x_3+x_4=5,\\x_1+2x_2-x_3+4x_4=-2,\\2x_1-3x_2-x_3-5x_4=-2,\\3x_1+x_2+2x_3+11x_4=0.\end{cases}$$

解 程序如下：

```
function ch1ex17
A=[1,1,1,1;1,2,-1,4;2,-3,-1,-5;3,1,2,11];
b=[5;-2;-2;0];
[m,n]=size(A);
if (m~=n)
    disp('Cramer 法则不适用此方程组的求解!')
else
        D=det(A);
        if (D==0)
            disp('该方程组没有唯一解!')
        else
                disp('该方程组有唯一解!')
                for i=1:m
                    e=A;e(:,i)=b;f=det(e);x(i)=f/D;
                end
        end
end
X
```

执行结果显示：

```
该方程组有唯一解!
X =
     1     2     3    -1
```

1.3.3 利用伴随矩阵求矩阵的逆

若$|\boldsymbol{A}|\neq 0$,则矩阵$\boldsymbol{A}$可逆,且$\boldsymbol{A}^{-1}=\frac{1}{|\boldsymbol{A}|}\boldsymbol{A}^*$,其中$\boldsymbol{A}^*$是矩阵$\boldsymbol{A}$的伴随矩阵,由行列式$|\boldsymbol{A}|$的各个元素的代数余子式$A_{ij}$所构成的,即

$$\boldsymbol{A}^*=\begin{pmatrix}A_{11}&A_{21}&\cdots&A_{n1}\\A_{12}&A_{22}&\cdots&A_{n2}\\\vdots&\vdots&&\vdots\\A_{1n}&A_{2n}&\cdots&A_{nn}\end{pmatrix}.$$

Matlab 对应求方阵逆的命令为：

inv(A) %代表求矩阵 $\boldsymbol{A}$ 的逆矩阵，前提条件是 $\boldsymbol{A}$ 可逆，即 $\det\boldsymbol{A}\neq 0$.

下面按公式 $\boldsymbol{A}^{-1}=\frac{1}{|\boldsymbol{A}|}\boldsymbol{A}^*$ 用 Matlab 编写程序求矩阵的逆.

例 18 设 $\boldsymbol{A}=\begin{bmatrix}1&1&1\\1&1&-1\\1&-1&1\end{bmatrix}$，$\boldsymbol{B}=\begin{bmatrix}1&2&3\\-1&-2&4\\0&5&1\end{bmatrix}$，问 $3\boldsymbol{AB}-2\boldsymbol{A}^{\mathrm{T}}\boldsymbol{B}$ 是否可逆？若该矩阵可逆，求它的逆.

解 程序如下：

```
function ch1ex18
A=[1,1,1;1,1,-1;1,-1,1];B=[1,2,3;-1,-2,4;0,5,1];
C=3*A*B-2*A'*B;n=size(C);H=zeros(n);
for i=1:n
    for j=1:n
        Aij=C;Aij(:,i)=[];Aij(j,:)=[];
        H(i,j)=(-1)^(i+j)*det(Aij);
    end
end
invC=H/det(C)
```

执行结果：

```
invC =
    -0.3857    0.5143    0.5000
     0.0857   -0.1143         0
     0.0714    0.0714         0
```

也可考虑如下运算：

```
>> A=[1,1,1;1,1,-1;1,-1,1];B=[1,2,3;-1,-2,4;0,5,1];
>> C=3*A*B-2*A'*B;
>> inv(C)
```

结果和上面结果一致.

1.3.4 矩阵初等变换及其应用

下面三种变换称为矩阵 $\boldsymbol{A}$ 的初等行变换：

(1)对调 i,j 两行；

(2)以数 $k\neq 0$ 乘矩阵 $\boldsymbol{A}$ 的第 i 行中所有元素；

(3)把第 i 行所有元素的 k 倍加到第 j 行的元素上去.

用 Matlab 实现以上初等行变换：

(1)A([i,j],:)=A([j,i],:);

(2)A(i,:)=k*A(i,:);

(3)A(j,:)=k*A(i,:)+A(j,:).

用矩阵初等变换化矩阵为行最简形,行最简形的特点是,可画出一条阶梯线,线的下方全为0,每个台阶只有一行,台阶数即为非零行的行数,也等于矩阵的秩,阶梯线的竖线后面的第一个元素为非零元,非零行的第一个非零元为1,且这些非零元所在的列的其他元素都为0.

Matlab对应化矩阵为行最简形的命令为:

```
rref(A)   %代表待化为行最简形的矩阵
```

例 19 把矩阵 $\boldsymbol{A}=\begin{bmatrix}1 & 2 & 2 & 1\\ 2 & 1 & -2 & -2\\ 1 & -1 & -4 & -3\end{bmatrix}$ 化为行最简形矩阵,并求矩阵的秩.

解 在Matlab命令窗口输入:

```
>>A=[1,2,2,1;2,1,-2,-2;1,-1,-4,-3];
>>rref(A)
```

执行结果为:

```
ans =
        1         0        -2        -5/3
        0         1         2         4/3
        0         0         0         0
```

可知矩阵的秩为2.

求矩阵 $\boldsymbol{A}$ 的逆矩阵,把分块矩阵 $(\boldsymbol{A},\boldsymbol{I})$ 经过初等行变换化成 $(\boldsymbol{I},\boldsymbol{B})$,矩阵 $\boldsymbol{B}$ 就是所求矩阵 $\boldsymbol{A}$ 的逆矩阵,即 $(\boldsymbol{A},\boldsymbol{I})\sim(\boldsymbol{I},\boldsymbol{A}^{-1})$.

例 20 用初等变换求矩阵 $\begin{bmatrix}1 & -3 & 2 & 2\\ -3 & 4 & 0 & 9\\ 2 & -2 & 6 & 2\\ 3 & -3 & 8 & 3\end{bmatrix}$ 的逆矩阵.

解 程序如下:

```
function ch1ex20
A=[1,-3,2,2;-3,4,0,9;2,-2,6,2;3,-3,8,3];
D=det(A);
if D==0
    disp('此矩阵A不可逆!')
    else
        disp('此矩阵A可逆! 其逆矩阵为:')
        [m n]=size(A);E=eye(n);
        Y=rref([A E]);B=Y(:,(n+1):2*n)
end
```

执行结果为:

此矩阵 A 可逆！其逆矩阵为

```
B =
   -13/25     -1/25    -101/25      79/25
   -12/25      1/25     -24/25      21/25
        0         0        3/2         -1
     1/25      2/25     -23/25      17/25
```

也可考虑如下运算：

```
>> A=[1,-3,2,2;-3,4,0,9;2,-2,6,2;3,-3,8,3];
>> inv(A)
ans =
  -0.5200   -0.0400   -4.0400    3.1600
  -0.4800    0.0400   -0.9600    0.8400
  -0.0000   -0.0000    1.5000   -1.0000
   0.0400    0.0800   -0.9200    0.6800
```

结果与上面结果一致.

求线性方程组 $\boldsymbol{AX}=\boldsymbol{b}$ 的解，Matlab 对应求解方程组的方法为：

(1)当系数矩阵 $\boldsymbol{A}$ 为方阵，且 $|\boldsymbol{A}|\neq 0$ 时，方程组有唯一解，$\boldsymbol{AX}=\boldsymbol{b}$ 对应的解为 $\boldsymbol{X}=\boldsymbol{A}^{-1}\boldsymbol{b}$，对应的 Matlab 命令为：

```
X=inv(A)*b 或 X=A\b 或 Y =rref([A,b]), X=Y(:,n+1)
```

(2)对于方程 $\boldsymbol{A}_{m\times n}\boldsymbol{X}=\boldsymbol{b}$，在 Matlab 创建函数 ch1ex21.m 完成上面求解步骤.

```
function y=ch1ex21(A,b)
[m n]=size(A);c=[A b];d=rref(c);ra=rank(A);rc=rank(c);
if (ra==rc)
    if (ra==n)
        y=d(:,n+1);
    else
            d(m+1,:)=1:n+1;
            for i=1:ra
                if (d(i,i)==0)
                    j=i+1;
                    while(d(i,j)==0)
                        j=j+1;
                    end
                    d(:,[i,j])=d(:,[j, i]);
                end
            end
            x=[-d(1:ra,ra+1:n),d(1:ra,n+1)];
            x=[x;eye(n-ra,n-ra+1)];y=x;
```

```
            for i=1:n
                y(d(m+1,i),:)=x(i,:);
            end
                disp('该方程组的特解为:')
                y(:,n-ra+1)'
                disp('该方程组的基础解系为:')
                y(:,1:n-ra)'
        end
    else
                    disp('该方程组无解')
    end
```

例 21 求齐次线性方程组 $\begin{cases} x_1-4x_2+2x_3=0, \\ 2x_2-x_3=0, \\ -x_1+2x_2-x_3=0 \end{cases}$ 的解.

解 先判别系数行列式的值,输入命令:

```
>>A=[1,-4,2;0,2,-1;-1,2,-1];
>>rank(A)
>>det(A)
```

执行结果显示矩阵 $\boldsymbol{A}$ 的秩为 2,行列式值为 0,说明方程组的系数矩阵不可逆,该方程组有无穷多解,调用函数 ch1ex21 求解,输入命令:

```
>>b=zeros(3,1);
>>ch1ex21(A,b)
```

执行结果为:

```
该方程组的特解为:
ans =
  0     0     0
该方程组的基础解系为:
ans =
  0     1/2     1
ans =
     0     0
   1/2     0
     1     0
```

从结果可知方程组的通解为 $\begin{bmatrix} x_1 \\ x_2 \\ x_3 \end{bmatrix}=k\begin{bmatrix} 0 \\ 0.5 \\ 1 \end{bmatrix}, k\in\mathbf{R}$.

也可以考虑如下程序：

```
>> A=[1,-4,2;0,2,-1;-1,2,-1];
>> r=rank(A);
>> x=null(A,'r')
x =
      0
0.5000
1.0000
```

即方程组的通解为$\begin{bmatrix}x_1\\x_2\\x_3\end{bmatrix}=k\begin{bmatrix}0\\0.5\\1\end{bmatrix},k\in\mathbf{R}$.

例 22 求非齐次线性方程组$\begin{cases}x_1-x_2-\ x_3+\ x_4=0,\\x_1-x_2+\ x_3-3x_4=1,\\x_1-x_2-2x_3+3x_4=-0.5\end{cases}$的解.

解 先判别系数行列式的值，输入命令：

```
>>A=[1,-1,-1,1;1,-1,1,-3;1,-1,-2,3];
>>rank(A)
```

执行结果显示矩阵 A 的秩为2，说明方程组有无穷多解，输入命令：

```
>>b=[0;1;-0.5];
>>ch1ex21(A,b)
```

执行结果为：

```
该方程组的特解为：
ans =
  1/2   0   1/2   0
该方程组的基础解系为：
ans =
     1   1   0   0
     1   0   2   1
ans =
     1   1   1/2
     1   0     0
     0   2   1/2
     0   1     0
```

从结果可知方程组的通解为 $\begin{bmatrix} x_1 \\ x_2 \\ x_3 \\ x_4 \end{bmatrix} = k_1 \begin{bmatrix} 1 \\ 1 \\ 0 \\ 0 \end{bmatrix} + k_2 \begin{bmatrix} 1 \\ 0 \\ 2 \\ 1 \end{bmatrix} + \begin{bmatrix} 0.5 \\ 0 \\ 0.5 \\ 0 \end{bmatrix}, k_1, k_2 \in \mathbf{R}.$

也可以考虑如下程序：

```
>> A=[1,-1,-1,1;1,-1,1,-3;1,-1,-2,3];
>> b=[0;1;-0.5];
>> x0=A\b
```

运行结果显示：

```
Warning: Rank deficient, rank = 2,   tol = 3.8715e-015.
x0 =

         0
   -0.2500
         0
   -0.2500
>> r=rank(A);
>> x=null(A,'r')
x =

     1     1
     1     0
     0     2
     0     1
```

故方程组的通解为 $\begin{bmatrix} x_1 \\ x_2 \\ x_3 \\ x_4 \end{bmatrix} = k_1 \begin{bmatrix} 1 \\ 1 \\ 0 \\ 0 \end{bmatrix} + k_2 \begin{bmatrix} 1 \\ 0 \\ 2 \\ 1 \end{bmatrix} + \begin{bmatrix} 0 \\ -0.25 \\ 0 \\ -0.25 \end{bmatrix}, k_1, k_2 \in \mathbf{R}.$

注意到两种方法计算通解中所选特解不一样，但都是方程组的特解.

1.3.5 向量组的线性相关性

向量组 $\boldsymbol{A}: a_1, a_2, \cdots, a_m$ 线性相关的充分必要条件是它所构成的矩阵的秩小于向量个数 m；向量组线性无关的充分必要条件是 $r(\boldsymbol{A}) = m$. 把向量作为列构成矩阵，对该矩阵实施初等行变换变为行最简形，从而获得最大无关组，可以把不属于最大无关组的列向量用最大无关组表示.

例 23 设矩阵 $A=\begin{bmatrix}2&-1&-1&1&2\\1&1&-2&1&4\\4&-6&2&-2&4\\3&6&-9&7&9\end{bmatrix}$,求矩阵 A 的列向量组的一个最大无关组,并把不属于最大无关组的列向量组用最大无关组线性表示.

解 在 Matlab 命令窗口输入:

```
>>A=[2,-1,-1,1,2;1,1,-2,1,4;4,-6,2,-2,4;3,6,-9,7,9];
>> rref(A)
```

执行结果为

```
ans =
     1     0    -1     0     4
     0     1    -1     0     3
     0     0     0     1    -3
     0     0     0     0     0
```

结果说明向量组的秩为 3,列向量组的最大无关组含 3 个向量,取矩阵 A 的第 1,2,4 列作为列向量组的一个最大无关组,经计算其余向量用最大无关组线性表示为

$$a_3=-a_1-a_2,a_5=4a_1+3a_2-3a_3.$$

1.3.6 矩阵对角化

设 A 是 n 阶矩阵,如果数 λ 和 n 维非零列向量 X 使关系式 $AX=\lambda X$ 成立,那么这样的数 λ 称为方阵 A 的**特征值**,非零向量 X 称为 A 的对应于特征值 λ 的**特征向量**.

1. Matlab 求矩阵特征值与特征向量

命令为

```
d=eig(A)          %返回由矩阵 A 的特征值组成的列向量.
[V, D]=eig(A)     %D 为 A 的特征值对角阵,V 的列向量为对应特征值的特征向量.
```

2. 用 Matlab 实现矩阵对角化的判别

n 阶方阵 A 可对角化的条件是对于方阵 A 的每个特征值,即如果 n 阶方阵 A 有 n 个互异的特征值,则 A 可对角化.

首先在 Matlab 创建函数文件 ch1ex24. m,实现矩阵可对角化的判别.

```
function y=ch1ex24(A)
y=1;c=size(A);    %获得方阵 A 的阶数
if c(1)~=c(2)     %判断是否为方阵
    y=0;
    return
end
e=eig(A);         %求矩阵的特征值向量
```

```
n=length(A);
while 1
  if isempty(e)
        return;
  end
  d=e(1);
  f=sum(abs(e-d)<10*eps);    %求特征值d的代数重数
  g=n-rank(A-d*eye(n));       %A-dE的零空间的秩,即对应特征值的几何重数
   if f~=g
        y=0;
        return;
   end
        e(find(abs(e-d)<10*eps))=[];   %删除已判断过的特征值
end
```

例 24 判别矩阵 $\boldsymbol{A}=\begin{bmatrix}0&1\\0&0\end{bmatrix}$和 $\boldsymbol{B}=\begin{bmatrix}1&2&2\\2&1&2\\2&2&1\end{bmatrix}$是否可对角化?

解 在 Matlab 命令窗口输入:

```
>>A=[0,1;0,0];ch1ex24(A)
>>B=[1,2,2;2,1,2;2,2,1];
>>ch1ex24(B)
```

执行结果:

```
ans =      0
ans =      1
```

结果说明矩阵 $\boldsymbol{A}$ 不可对角化,矩阵 $\boldsymbol{B}$ 可对角化.

3. 用 Matlab 实现实对称矩阵的对角化

实对称矩阵都是可以对角化的,且存在正交矩阵 $\boldsymbol{P}$,使得 $\boldsymbol{P}^{-1}\boldsymbol{AP}$ 为对角阵,对角阵的对角线元素为矩阵 $\boldsymbol{A}$ 的特征值.对于实对称矩阵,特征值分解函数 eig(A)返回的特征向量矩阵就是正交矩阵.

例 25 求一个正交的相似变换矩阵 $\boldsymbol{P}$,把矩阵 $\boldsymbol{A}=\begin{bmatrix}0&1&1&-1\\1&0&-1&1\\1&-1&0&1\\-1&1&1&0\end{bmatrix}$化为对角阵.

解 在 Matlab 命令窗口输入:

```
>>A=[0,1,1,-1;1,0,-1,1;1,-1,0,1;-1,1,1,0];
>>[P,X]=eig(A)
>>P'*P                  %验证D为正交矩阵
```

```
>>P' * A * P          %验证矩阵可对角化
```

执行结果为:

```
P =
   -0.5000    0.2887    0.7887    0.2113
    0.5000   -0.2887    0.2113    0.7887
    0.5000   -0.2887    0.5774   -0.5774
   -0.5000   -0.8660         0         0
X =
   -3.0000         0         0         0
         0    1.0000         0         0
         0         0    1.0000         0
         0         0         0    1.0000
ans =
    1.0000    0.0000         0         0
    0.0000    1.0000   -0.0000    0.0000
         0   -0.0000    1.0000         0
         0    0.0000         0    1.0000
ans =
   -3.0000         0         0         0
   -0.0000    1.0000         0         0
         0   -0.0000    1.0000    0.0000
         0    0.0000    0.0000    1.0000
```

即要求的正交相似变换矩阵为 $\boldsymbol{P}$,对角阵为 $\boldsymbol{X}$.

1.3.7 二次型

1. 用 Matlab 实现二次型化为标准形

例 26 求一正交变换化二次型 $f=2x_1^2+x_2^2-4x_1x_2-4x_2x_3$ 为标准形.

解 二次型 f 的矩阵为 $\boldsymbol{A}=\begin{bmatrix}2&-2&0\\-2&1&-2\\0&-2&0\end{bmatrix}$,在 Matlab 命令窗口输入:

```
>> A=[2,-2,0;-2,1,-2;0,-2,0];
>> format rat;
>> landa=eig(A)'
landa =
        -2      1      4
>>P=orth(A)
```

```
P =
      -2/3   -1/3   -2/3
       2/3   -2/3   -1/3
      -1/3   -2/3    2/3
      >>format short;
      >>P' * A * P
ans =
        4.0000       0.0000     -0.0000
        0.0000      -2.0000      0.0000
       -0.0000       0.0000      1.0000
```

所以正交变换为

$$x = Py = \frac{1}{3}\begin{bmatrix} -2 & -1 & -2 \\ 2 & -2 & -1 \\ -1 & -2 & 2 \end{bmatrix}\begin{bmatrix} y_1 \\ y_2 \\ y_3 \end{bmatrix},$$

其标准形为 $f = 4y_1^2 - 2y_2^2 + y_3^2$.

2. 用 Matlab 实现二次型正定性的判别

由线性代数知识知道，若 $\boldsymbol{A}$ 是 n 阶实对称矩阵，则下列命题等价：

(1)实二次型 $f = \boldsymbol{X}^{\mathrm{T}}\boldsymbol{A}\boldsymbol{X}$ 是正定二次型(或 $\boldsymbol{A}$ 是正定矩阵)；

(2)实二次型 $f = \boldsymbol{X}^{\mathrm{T}}\boldsymbol{A}\boldsymbol{X}$ 的正惯性指数为 n；

(3)矩阵 $\boldsymbol{A}$ 与单位矩阵 $\boldsymbol{I}$ 合同；

(4)矩阵 $\boldsymbol{A}$ 的 n 个特征值 $\lambda_1, \cdots, \lambda_n$ 全部大于零.

若 $\boldsymbol{A}$ 是 n 阶实对称矩阵，则下列命题等价：

(1)实二次型 $f = \boldsymbol{X}^{\mathrm{T}}\boldsymbol{A}\boldsymbol{X}$ 是负定二次型(或 $\boldsymbol{A}$ 是负定矩阵)；

(2)实二次型 $f = \boldsymbol{X}^{\mathrm{T}}\boldsymbol{A}\boldsymbol{X}$ 的负惯性指数为 n；

(3)矩阵 $\boldsymbol{A}$ 与单位矩阵 $-\boldsymbol{I}$ 合同；

(4)矩阵 $\boldsymbol{A}$ 的 n 个特征值 $\lambda_1, \cdots, \lambda_n$ 全部小于零；

(5)矩阵 $\boldsymbol{A}$ 的奇数阶顺序主子式都小于零，偶数阶顺序主子式都大于零.

具体程序如下：

```
function y=ch1ex27(A)   %返回 1 代表正定,-1 代表负定,0 代表既非正定又非负定.
y=0;d=eig(A);n=size(A);
if sum(d>0)==n     %判别特征值是否全为正
      y=1;
else
      y=-1;
      for i=1:n
            b=A(1:i,1:i);
            if (-1)^i*det(b)<=0   %判别矩阵的奇数阶主子式是否为负,偶数阶是
```

否为正.

```
            y=0;
            return
        end
    end
end
```

例 27 判别二次型 $f=-5x_1^2-6x_2^2-4x_3^2+4x_1x_2+4x_1x_3$ 的正定性.

解 二次型 f 的矩阵为 $A=\begin{bmatrix}-5 & 2 & 2\\ 2 & -6 & 0\\ 2 & 0 & -4\end{bmatrix}$,在 Matlab 命令窗口输入:

```
>>A=[-5,2,2;2,-6,0;2,0,-4];
>>ch1ex27(A)
```

执行结果为:

```
ans =   -1
```

说明二次型是负定.

§1.4 数值代数实验报告的撰写

数值实验是数值代数课程中不可缺少的部分,通过典型的数值实验,能有效地回顾有关知识的主要结果,加深对实验涉及的定义、定理和算法的理解,并对相关算法的优缺点及适用范围进一步深入了解. 因此,做数值实验和写实验报告是必要的.

一个完整的实验报告,应包括数据准备、理论基础、实验内容及方法,最终对实验结果进行分析,以期达到对理论知识的感性认识,进一步加深对相关算法的理解. 要求数值实验报告格式如下:

实 验 报 告

专业________年级________班级________学号________姓名________

1. 实验目的

首先要求每一个做实验者明确实验目的是什么,做完该实验应达到什么结果,在实验过程中的注意事项,实验方法对结果的影响.

2. 实验题目

实验者可根据报告形式需要适当改写或重述.

3. 实验原理与基础理论

数值实验本身就是为了加深对基础理论及方法的理解而设置的,所以要求将实验涉及的理论基础以及算法原理详尽列出.

4. 实验内容

实验内容主要包括实验的实施方案、步骤、实验数据准备、实验的算法流程图以及可能用到的仪器设备.

5. 实验结果

实验结果应包括实验的原始数据、中间结果及实验的最终结果,复杂的结果可以用表格形式实现,较为简单的结果可以与实验结果分析合并出现.

6. 结果分析

实验结果分析是数值实验的重要环节,只有对实验结果认真分析,才能对实验目的、实验方法进一步理解,对实验的重要性充分认识,明确数值计算方法的实用范围及其优缺点.

每个实验都应在计算机上实现或演示,由实验者独立编程实现,语言种类不限. 编程语言的种类、运行环境及程序清单以附录形式给出.

§1.5 线性代数 Matlab 常用命令数值实验

实验目的:熟练掌握 Matlab 软件常用命令.

实验内容:向量与矩阵的运算、方程组求解等,具体内容如下:

(1)设 $\boldsymbol{A}=\begin{bmatrix}1&2&3\\4&5&6\\1&0&1\end{bmatrix}$,$\boldsymbol{B}=\begin{bmatrix}-1&2&0\\1&1&3\\2&1&1\end{bmatrix}$,计算 $\boldsymbol{A}+\boldsymbol{B}$,$\boldsymbol{AB}$,$|\boldsymbol{A}|$和 $\boldsymbol{A}^{-1}$ 的值.

(2)求下列方程组的解.

① $\begin{bmatrix}1&2&1\\4&2&-6\\-1&0&2\end{bmatrix}\boldsymbol{X}=\begin{bmatrix}2\\3\\4\end{bmatrix}$; ② $\begin{cases}4x_1+2x_2-x_3=2,\\3x_1-x_2+2x_3=10,\\11x_1+3x_2=8.\end{cases}$

(3)问 a 取何值时,齐次方程组 $\begin{cases}(1-a)x_1-2x_2+4x_3=0,\\2x_1+(3-a)x_2+x_3=0,\\x_1+x_2+(1-a)x_3=0\end{cases}$ 有非零解?

(4)用四种方法(逆、除法、初等变换、Cramer 法则)求如下非齐次线性方程组的解.

$$\begin{cases}6x_1+4x_3+x_4=3,\\x_1-x_2+2x_3+x_4=1,\\4x_1+x_2+2x_3=1,\\x_1+x_2+x_3+x_4=0.\end{cases}$$

(5)设 $\boldsymbol{A}=\begin{bmatrix}-1&1&0\\-2&2&0\\4&-2&1\end{bmatrix}$,求 $\boldsymbol{A}^n$.

(6)求一正交变换化二次型 $f=3x_1^2+3x_2^2+4x_1x_2+8x_1x_3+4x_2x_3$ 为标准形,并判别二次型的正定性.

(7)计算一元多项式

$$p(x)=a_0+a_1x+\cdots+a_nx^n$$

有如下的秦九韶算法(或称 Horner 算法),试用 Matlab 实现如下计算:

$$\begin{cases}u_n=a_n,\\ u_k=u_{k+1}x+a_k,\ k=n-1,\cdots,1,0,\\ p(x)=u_0.\end{cases}$$

(8)计算欧拉常数

$$\gamma=\lim_{n\to+\infty}\left(1+\frac{1}{2}+\frac{1}{3}+\cdots+\frac{1}{n}-\ln n\right),$$ 精确到10位小数.

(9)一个向量 $\boldsymbol{X}=(x_1,x_2,\cdots,x_n)^{\mathrm{T}}$ 的欧几里德范数定义为

$$\|\boldsymbol{X}\|=\sqrt{\sum_{i=1}^{n}x_i^2},$$

试写出一个求欧几里德范数的程序,说明你是如何避免上溢和下溢的.

(10)选用§1.1中的若干个计算公式来计算π.

练习题1

1. 设 $f(x)=\ln(x-\sqrt{x^2-1})$,求 $f(30)$ 的值.若开方用6位函数表,求对数时的误差是多少?如果利用另一等价形式

$$f(x)=\ln(x-\sqrt{x^2-1})=-\ln(x+\sqrt{x^2-1})$$

求对数,误差又是多少?

2. 求矩阵 $\boldsymbol{A}$ 的列向量组的一个最大无关组,并把不属于最大无关组的列向量组用最大无关组线性表示.

$$\boldsymbol{A}=\begin{bmatrix}1&1&2&2&1\\0&2&1&5&-1\\2&0&3&-1&3\\1&1&0&4&-1\end{bmatrix}.$$

3. 设有递推算法

$$y_n=y_{n-1}-\frac{1}{100}\sqrt{783},n=1,2,\cdots,$$

若取 $\sqrt{783}\approx27.982$(5位有效数字),试求 y_n^* 的绝对误差,并判断此算法是否稳定.

4. 序列 $\{y_n\}$ 满足递推关系

$$y_n=10y_{n-1}-1,n=1,2,\cdots,$$

若 $y_0=\sqrt{2}\approx 1.41$（3 位有效数字），则计算到 y_{10} 时误差有多大？这个计算过程稳定吗？

5. 已知 $A=\begin{bmatrix}2 & x & 1\\ 0 & 3 & 0\\ 3 & -6 & 0\end{bmatrix}$ 相似于对角矩阵，求 A^{100}.

6. 计算积分 $I_n=\int_0^1 x^n e^{x-1}dx, n=1,2,\cdots,9$.

7. 用 3 位有效数字计算出方程组

$$\begin{cases}0.780x+0.563y=0.217,\\ 0.457x+0.330y=0.127\end{cases}$$

的解 x 与 y；再用 6 位有效数字计算出 x 与 y，已知精确解为 $x=1, y=-1$，对比两次计算结果，说明什么？

8. 求矩阵 $A=\begin{bmatrix}1 & -2 & 2 & -1 & -1\\ 2 & -4 & 8 & 0 & 2\\ -2 & 4 & -2 & 3 & 3\\ 3 & -6 & 0 & -6 & 4\end{bmatrix}$ 的秩.

9. 求下列线性方程组的通解.

（1）$\begin{bmatrix}-1 & 1 & 1 & 1\\ 1 & -2 & 0 & 3\\ -2 & 3 & 1 & -2\end{bmatrix}X=\begin{bmatrix}0\\0\\0\end{bmatrix}$；

（2）$\begin{cases}-x_1+x_2+x_3+x_4=3,\\ x_1-2x_2+3x_4=1,\\ -2x_1+3x_2+x_3-2x_4=2.\end{cases}$

第2章　向量和矩阵的范数

【教学提示】本章主要介绍向量范数、矩阵范数及条件数、谱半径和它们之间的关系，同时对线性方程组求解的误差进行敏感性分析. 在教学中，希望能结合 Matlab 软件加强学生的编程能力.

【教学目标】通过本章学习，学生掌握向量范数、矩阵范数和条件数、谱半径以及它们之间的关系，学会对线性方程组求解的误差进行分析，掌握用 Matlab 软件求解向量和矩阵范数、条件数以及谱半径的方法.

§2.1　向量范数

2.1.1　向量范数的定义

如数的近似程度可用误差和相对误差的大小表示一样，向量也需要一个衡量"大小"的概念，同样矩阵的"大小"也需要这样一个量，这就是我们要讲的向量和矩阵范数.

范数是在广义长度意义下对向量和矩阵的一种度量，任何对象的范数值都是一个非负实数，使用范数可以测量两个向量或矩阵之间的距离，向量范数是度量向量长度的一种定义形式.

定义 2.1　$\mathbf{C}^n=\{\boldsymbol{X}\mid\boldsymbol{X}=(x_1,\cdots,x_n)^{\mathrm{T}}\}$ 称为 n 维**复向量空间**，其中 x_i 为复数.

定义 2.2　$\mathbf{C}^{n\times n}=\{\boldsymbol{A}\mid\boldsymbol{A}=(a_{ij})_{n\times n}\}$ 称为 $n\times n$ **复矩阵空间**，其中 a_{ij} 为复数.

定义 2.3　设 $\boldsymbol{X}\in\mathbf{C}^n,\boldsymbol{A}\in\mathbf{C}^{n\times n}$，称 $\boldsymbol{X}^{\mathrm{H}}\equiv(\overline{x_1},\cdots,\overline{x_n})=\overline{\boldsymbol{X}}^{\mathrm{T}}$ 为 $\boldsymbol{X}$ 的**共轭转置**，$\boldsymbol{A}^{\mathrm{H}}=\overline{\boldsymbol{A}}^{\mathrm{T}}$ 称为 $\boldsymbol{A}$ 的**共轭转置矩阵**.

定义 2.4　对任一向量 $\boldsymbol{X}\in\mathbf{R}^n$，按照一个规则确定一个非负实数与它对应，记该实数为 $\|\boldsymbol{X}\|$，若 $\|\boldsymbol{X}\|$ 满足下面三个性质：

(1)(正定性)任取 $\boldsymbol{X}\in\mathbf{R}^n$，有 $\|\boldsymbol{X}\|\geqslant 0$，当且仅当 $\boldsymbol{X}=\mathbf{0}$ 时，$\|\boldsymbol{X}\|=0$；

(2)(齐次性)任取 $\boldsymbol{X}\in\mathbf{R}^n,\alpha\in\mathbf{R}$，有 $\|\alpha\boldsymbol{X}\|=|\alpha|\,\|\boldsymbol{X}\|$；

(3)(三角不等式)任取 $\boldsymbol{X},\boldsymbol{Y}\in\mathbf{R}^n$，有 $\|\boldsymbol{X}+\boldsymbol{Y}\|\leqslant\|\boldsymbol{X}\|+\|\boldsymbol{Y}\|$.

那么称实数 $\|\boldsymbol{X}\|$ 为向量 $\boldsymbol{X}$ 的范数.

由三角不等式可推出不等式

(4) $\big|\,\|\boldsymbol{X}\|-\|\boldsymbol{Y}\|\,\big|\leqslant\|\boldsymbol{X}-\boldsymbol{Y}\|$.

定义 2.5　向量 $\boldsymbol{X}=(x_1,x_2,\cdots,x_n)^{\mathrm{T}}$ 的 L_p 范数定义为

$$\|X\|_p=\left(\sum_{i=1}^{n}|x_i|^p\right)^{1/p},\ 1\leqslant p\leqslant+\infty, \tag{2.1}$$

其中经常使用三种 L_p 向量范数,分别是 $p=1,2,\infty$. 具体定义如下:

(1)1-范数:

$$\|X\|_1=\sum_{i=1}^{n}|x_i|=|x_1|+|x_2|+\cdots+|x_n|.$$

(2)2-范数:

$$\|X\|_2=\sqrt{\sum_{i=1}^{n}x_i^2}=\sqrt{x_1^2+x_2^2+\cdots+x_n^2},$$

或写成

$$\|X\|_2=\sqrt{(X,X)}.$$

(3)∞-范数:

$$\|X\|_\infty=\max_{1\leqslant i\leqslant n}\{|x_i|\}=\max\{|x_1|,|x_2|,\cdots,|x_n|\}.$$

(4)p-范数:

$$\|X\|_p=\left(\sum_{i=1}^{n}|x_i|^p\right)^{1/p}.$$

另外还有一种能量范数:设 $A\in\mathbf{R}^{n\times n}$ 为对称正定阵, $\forall X\in\mathbf{R}^n$,定义

$$\|X\|_A=(AX,X)^{1/2}$$

称为向量的**能量范数**.

向量范数的 Matlab 命令为:

```
n = norm(X,inf)      %求无穷范数
n = norm(X,1)        %1-范数
n = norm(X,-inf)     %求向量 X 的元素的绝对值的最小值
n = norm(X, p)       %求 p-范数,norm(X,2) = norm(X)
```

定理 2.1 设 $X\in\mathbf{R}^n$(或 $X\in\mathbf{C}^n$),则 $\|X\|_1$, $\|X\|_2$ 和 $\|X\|_\infty$ 是 $\mathbf{R}^n$(或 $\mathbf{C}^n$)上的**向量范数**.

证明 直接按照定义 2.4 验证,这里只验证三角不等式,即对任意 $X,Y\in\mathbf{R}^n$,有

$$\|X+Y\|_2\leqslant\|X\|_2+\|Y\|_2.$$

利用 Cauchy-Schwarz 不等式

$$|(X,Y)|\leqslant\|X\|_2\cdot\|Y\|_2,$$

则有

$$\begin{aligned}\|X+Y\|_2^2&=(X+Y,X+Y)=(X,X)+2|(X,Y)|+(Y,Y)\\&\leqslant\|X\|_2^2+2\|X\|_2\|Y\|_2+\|Y\|_2^2=(\|X\|_2+\|Y\|_2)^2,\end{aligned}$$

两边开方即得证.

例 1 计算向量 $X=(0,-3,4)^{\mathrm{T}}$ 的向量范数.

解 三种向量范数分别为

$$\|X\|_1=0+|-3|+4=7,$$

$$\|X\|_2=[0^2+(-3)^2+4^2]^{1/2}=5,$$

$$\|X\|_{\infty}=\max\{0,|-3|,4\}=4.$$

可以考虑在 Matlab 命令窗口输入：

```
>>X=[0,-3,4]';
>>norm(X,1)
>>norm(X,2)
>>norm(X,inf)
```

运行结果显示：

```
ans =
     7
ans =
     5
ans =
     4
```

例 2　设 A 是一个正定矩阵，对任何向量 $X\in\mathbf{R}^n$，定义函数

$$\|X\|_A=\sqrt{X^{\mathrm{T}}AX},$$

则 $\|X\|_A$ 是一种向量范数.

证明　直接验证三个条件即可证明.

例 3　当 $0<p<1$ 时，$\|X\|_p=\left(\sum\limits_{i=1}^{n}|x_i|^p\right)^{1/p}$ 不是向量范数.

证明　取 $\boldsymbol{\alpha}=(1,0,\cdots,0)^{\mathrm{T}}$，$\boldsymbol{\beta}=(0,\cdots,0,1)^{\mathrm{T}}$，则有

$$\|\boldsymbol{\alpha}\|_p=1,\ \|\boldsymbol{\beta}\|_p=1,\ \|\boldsymbol{\alpha}\|_p+\|\boldsymbol{\beta}\|_p=2,\ \|\boldsymbol{\alpha}+\boldsymbol{\beta}\|_p=2^{1/p}>2,$$

从而有

$$\|\boldsymbol{\alpha}+\boldsymbol{\beta}\|_p>\|\boldsymbol{\alpha}\|_p+\|\boldsymbol{\beta}\|_p,$$

故当 $0<p<1$ 时，$\|X\|$ 不是向量范数.

2.1.2　不同向量范数之间的关系

同一向量在不同的范数定义下得到不同的范数值，接下来将说明有限维线性空间 $\mathbf{R}^n$ 中任意向量范数都是等价的.

定理 2.2　若 $R_1(X)$ 和 $R_2(X)$ 是 $\mathbf{R}^n$ 上两种不同的范数，则必存在 $0<m<M<+\infty$，使 $\forall X\in\mathbf{R}^n$，均有

$$mR_2(X)\leqslant R_1(X)\leqslant MR_2(X),\tag{2.2}$$

并且对于向量的 1,2 和 ∞ 范数有下列等价关系：

$$\|X\|_{\infty}\leqslant\|X\|_1\leqslant n\|X\|_{\infty},\ \frac{1}{\sqrt{n}}\|X\|_1\leqslant\|X\|_2\leqslant\|X\|_1,$$

$$\frac{1}{\sqrt{n}}\|X\|_2\leqslant\|X\|_{\infty}\leqslant\|X\|_2,\ \|X\|_{\infty}\leqslant\|X\|_2\leqslant\sqrt{n}\|X\|_{\infty},$$

$$\|X\|_2 \leqslant \|X\|_1 \leqslant \sqrt{n}\|X\|_2, \quad \|X\|_\infty \leqslant \|X\|_1 \leqslant n\|X\|_\infty .$$

证明 (1)仅证明 $\mathbf{R}^n$ 上任一种范数 $\|X\|_s$ 与无穷范数 $\|X\|_\infty$ 等价,即证明存在常数 $0<m<M<+\infty$,对于 $\forall X \in \mathbf{R}^n$ 且 $X \neq \mathbf{0}$,使得

$$m \leqslant \frac{\|X\|_s}{\|X\|_\infty} \leqslant M.$$

令 $\boldsymbol{X}=\{X: \|X\|_\infty=1, X\in\mathbf{R}^n\}$,则 $\boldsymbol{X}$ 是一个有界闭集,且 $\|X\|_s$ 是 $\boldsymbol{X}$ 上的连续函数,故根据有界闭集的性质,$\|X\|_s$ 在 $\boldsymbol{X}$ 上有最小值 m 和最大值 M. 又当 $X\in\mathbf{R}^n$ 且 $X\neq\mathbf{0}$ 时,有

$$m \leqslant \left\| \frac{X}{\|X\|_\infty} \right\|_s \leqslant M,$$

从而对 $X\neq\mathbf{0}$ 有

$$m\|X\|_\infty \leqslant \|X\|_s \leqslant M\|X\|_\infty$$

成立,而对 $X=\mathbf{0}$,上式显然成立. 特别要指出的是,等价性保证了应用中只需就一种范数进行论证,而对其他范数则也成立.

(2)对于等价关系,只证 $\|X\|_\infty \leqslant \|X\|_2 \leqslant \sqrt{n}\|X\|_\infty$,其余类似可以证明. 记

$$X=(x_1,\cdots,x_n)^{\mathrm{T}}, \quad \|X\|_\infty=\max_{1\leqslant i\leqslant n}|x_i|=|x_j|,$$

于是有

$$\|X\|_\infty^2=|x_j|^2 \leqslant \sum_{i=1}^n |x_i|^2=\|X\|_2^2,$$

$$\|X\|_2^2=\sum_{i=1}^n|x_i|^2 \leqslant \sum_{i=1}^n|x_j|^2=n|x_j|^2=n\|X\|_\infty^2,$$

两边开方即得证.

向量范数的定义提供了度量两个向量的距离标准,于是即可定义向量的极限和收敛概念了.

定义 2.6 设$\{X^{(k)}\}$为 $\mathbf{R}^n$ 上向量序列,$k=1,2,\cdots,n$,若存在一个向量 $\boldsymbol{\alpha}\in\mathbf{R}^n$ 使得

$$\lim_{k\to\infty}\|X^{(k)}-\boldsymbol{\alpha}\|=0,$$

则称向量序列$\{X^{(k)}\}$是**收敛**的,$\boldsymbol{\alpha}$ 称为该向量序列的**极限**.

由向量范数的等价性,向量序列是否收敛与选取哪种范数无关,向量的极限是通过它的所有分量的极限定义的,不论选取那种范数,向量序列 $X^{(m)}=(x_1^{(m)},x_2^{(m)},\cdots,x_n^{(m)})^{\mathrm{T}}$收敛的充分必要条件为其序列的每个分量收敛,即 $\lim\limits_{k\to\infty}x_i^{(k)}$ 存在. 若 $\lim\limits_{k\to\infty}x_i^{(k)}=\alpha_i$,则 $\boldsymbol{\alpha}=(\alpha_1,\alpha_2,\cdots,\alpha_n)^{\mathrm{T}}$ 就是向量序列$\{X^{(k)}\}$的极限. 在数值计算中,当迭代的向量序列中相邻两个向量的误差 $\|X^{(k+1)}-X^{(k)}\|<\varepsilon$,此时 $X^{(k+1)}$ 的极限为向量 X^*,其中 ε 为给定精度.

例 4 设向量序列 $X^{(k)}=\begin{bmatrix}2+10^{-k}\\2-10^{-k}\end{bmatrix}$,$k=1,2,\cdots,n$,求其极限.

解 显然有$\lim\limits_{k\to\infty}X^{(k)}=\begin{bmatrix}2\\2\end{bmatrix}$.

定理 2.3 设$\{X^{(k)}\}$为 $\mathbf{R}^n$ 中一向量序列,且 $\alpha\in\mathbf{R}^n$,则

$$\lim_{k\to\infty} \boldsymbol{X}^{(k)} = \boldsymbol{\alpha} \Leftrightarrow \| \boldsymbol{X}^{(k)} - \boldsymbol{\alpha} \|_v \to 0 (k\to\infty),$$

其中 $\|\cdot\|_v$ 为向量的某一范数.

证明　只证明 $v=\infty, 2$，显然有

$$\begin{aligned}\lim_{k\to\infty} \boldsymbol{X}^{(k)} = \boldsymbol{\alpha} &\Leftrightarrow \lim_{k\to\infty} | x_i^{(k)} - \alpha_i | = 0, i=1,\cdots,n, \\ &\Leftrightarrow \lim_{1\leqslant i\leqslant n} | x_i^{(k)} - \alpha_i | \to 0, k\to\infty, \\ &\Leftrightarrow \| \boldsymbol{X}^{(k)} - \boldsymbol{\alpha} \|_\infty \to 0, k\to\infty.\end{aligned}$$

又由范数的等价性定理有

$$\| \boldsymbol{X}^{(k)} - \boldsymbol{\alpha} \|_\infty \leqslant \| \boldsymbol{X}^{(k)} - \boldsymbol{\alpha} \|_2 \leqslant \sqrt{n} \| \boldsymbol{X}^{(k)} - \boldsymbol{\alpha} \|_\infty,$$

于是有

$$\| \boldsymbol{X}^{(k)} - \boldsymbol{\alpha} \|_\infty \to 0 (k\to\infty) \Leftrightarrow \| \boldsymbol{X}^{(k)} - \boldsymbol{\alpha} \|_2 \to 0 (k\to\infty).$$

§2.2　矩阵范数

2.2.1　矩阵范数的定义

定义 2.7　设 $\boldsymbol{A} \in \mathbf{R}^{n\times n}$，记方阵 $\boldsymbol{A}$ 的范数为 $\|\boldsymbol{A}\|$，矩阵范数满足下列性质：

(1)（正定性）$\|\boldsymbol{A}\| \geqslant 0$，当且仅当 $\boldsymbol{A}=\boldsymbol{0}$ 时有 $\|\boldsymbol{A}\|=0$；

(2)（齐次性）$\boldsymbol{A} \in \mathbf{R}^{n\times n}$，$\forall \lambda \in \mathbf{R}$ 有 $\|\lambda \boldsymbol{A}\| = |\lambda| \|\boldsymbol{A}\|$；

(3)（三角不等式）对于任意两个同阶矩阵 $\boldsymbol{A}$ 和 $\boldsymbol{B}$，有 $\|\boldsymbol{A}+\boldsymbol{B}\| \leqslant \|\boldsymbol{A}\| + \|\boldsymbol{B}\|$；

(4)（相容性）设 $\boldsymbol{A}$ 和 $\boldsymbol{B}$ 为同阶矩阵，则 $\|\boldsymbol{AB}\| \leqslant \|\boldsymbol{A}\| \cdot \|\boldsymbol{B}\|$；

(5) 设 $\boldsymbol{A}$ 为 n 阶方阵，对 $\forall \boldsymbol{X} \in \mathbf{R}^n$，恒有 $\|\boldsymbol{AX}\| \leqslant \|\boldsymbol{A}\| \cdot \|\boldsymbol{X}\|$.

只要满足上述(1)至(3)三个条件就可以定义一个**矩阵范数**，矩阵范数可用向量范数定义.

定义 2.8　设 $\boldsymbol{A} \in \mathbf{R}^{n\times n}$，定义**矩阵范数**为 $\|\boldsymbol{A}\| = \sup\limits_{\boldsymbol{X}\in\mathbf{R}^n, \boldsymbol{X}\neq 0} \dfrac{\|\boldsymbol{AX}\|}{\|\boldsymbol{X}\|}$.

下面简化矩阵范数的定义，$\forall \boldsymbol{X} \in \mathbf{R}^n$，则

$$\|\boldsymbol{A}\| = \sup_{\boldsymbol{X}\in\mathbf{R}^n, \|\boldsymbol{A}\|\neq 1} \|\boldsymbol{AX}\|.$$

定义 2.9　设 $\boldsymbol{A} \in \mathbf{R}^{n\times n}$，$\|\cdot\|$ 是 $\mathbf{R}^n$ 上的一个向量范数，则由 $\|\boldsymbol{A}\| = \max\limits_{\|\boldsymbol{X}\|=1} \{\|\boldsymbol{AX}\|\}$ 定义的实值函数 $\|\boldsymbol{A}\|$ 是一个**矩阵范数**.

很显然，以上定义的这种矩阵的范数完全依赖于向量 $\boldsymbol{X} \in \mathbf{R}^n$ 的范数的选择，一旦给定向量的一种范数，矩阵的范数也就确定了. 对于常用的 $\boldsymbol{X}$ 的三种范数相应地有矩阵的三种范数.

2.2.2 常用矩阵范数

定理 2.4 矩阵的三种范数形式为

(1) $\| A \|_1 = \max\limits_{1\leqslant j\leqslant n}\left\{ \sum\limits_{i=1}^{n} |a_{ij}| \right\}$， (列和范数)

(2) $\| A \|_\infty = \max\limits_{1\leqslant i\leqslant n}\left\{ \sum\limits_{j=1}^{n} |a_{ij}| \right\}$， (行和范数)

(3) $\| A \|_2 = \sqrt{\lambda_{\max}(A^{\mathrm{T}}A)}$. (2-范数)

证明 矩阵范数是 $\mathbf{R}^n$ 上满足 $\| X \| = 1$ 向量范数 $\| AX \|$ 的上确界,那么找到这个上确界也就找到了矩阵的范数.

(1)任取 $X \in \mathbf{R}^n$,设 $\| X \|_1 = 1$,则有

$$\| AX \|_1 = \sum_{i=1}^{n} |(AX)_i| = \sum_{i=1}^{n} \left| \sum_{j=1}^{n} a_{ij}x_j \right| \leqslant \sum_{i=1}^{n}\sum_{j=1}^{n} |a_{ij}|\cdot |x_j|$$
$$= \sum_{j=1}^{n}\left[\left(\sum_{i=1}^{n} |a_{ij}|\right)|x_j|\right] \leqslant \left(\max_{1\leqslant j\leqslant n}\sum_{i=1}^{n} |a_{ij}|\right)\sum_{j=1}^{n}|x_j| \leqslant \max_{1\leqslant j\leqslant n}\sum_{i=1}^{n}|a_{ij}|.$$

设极大值在 k 列达到,有

$$\max_{1\leqslant j\leqslant n}\left\{\sum_{i=1}^{n}|a_{ij}|\right\} = \sum_{i=1}^{n}|a_{ik}|,$$

取 $X = e = (0,0,\cdots,0,1,0,\cdots,0)^{\mathrm{T}}$,于是有

$$\| Ae \|_1 = \| (a_{1k},a_{2k},\cdots,a_{nk})^{\mathrm{T}} \|_1 = \sum_{i=1}^{n}|a_{ik}| \leqslant \left|\max_{1\leqslant j\leqslant n}\left\{\sum_{i=1}^{n}|a_{ij}|\right\}\right..$$

由定义和 $\| e \|_1 = 1$,故

$$\| A \|_1 \geqslant \sum_{i=1}^{n}|a_{ik}| = \max_{1\leqslant j\leqslant n}\left\{\sum_{i=1}^{n}|a_{ij}|\right\},$$

因此有

$$\| A \|_1 = \max_{1\leqslant j\leqslant n}\left\{\sum_{i=1}^{n}|a_{ij}|\right\}.$$

(2)任取 $X \in \mathbf{R}^n$,设 $\| X \|_\infty = 1$,则

$$\| AX \|_\infty = \max_{1\leqslant i\leqslant n}\{|(AX)_i|\} = \max_{1\leqslant i\leqslant n}\left\{\left|\sum_{j=1}^{n}a_{ij}x_j\right|\right\} \leqslant \max_{1\leqslant i\leqslant n}\left\{\sum_{j=1}^{n}|a_{ij}|\cdot|x_j|\right\} \leqslant \max_{1\leqslant i\leqslant n}\left\{\sum_{j=1}^{n}|a_{ij}|\right\}.$$

设极大值在 k 行达到,取

$$X = e = (\operatorname{sign} a_{k1},\operatorname{sign} a_{k2},\cdots,\operatorname{sign} a_{kn})^{\mathrm{T}},\operatorname{sign} a = \begin{cases}1, & a\geqslant 0,\\ -1, & a<0,\end{cases}$$

于是

$$\| Ae \|_\infty = \sum_{j=1}^{n}|a_{kj}|,$$

故

$$\|A\|_{\infty}=\max_{1\leq i\leq n}\left\{\sum_{j=1}^{n}|a_{ij}|\right\}.$$

(3) 由于 $A^{T}A$ 为对称非负矩阵,具有非负特征值,并具有 n 个相互正交的单位特征向量. 设 $A^{T}A$ 的特征值为 $\lambda_1\geq\lambda_2\geq\cdots\geq\lambda_n\geq 0$,相应的特征向量为 $u_1,u_2,\cdots,u_n$,其中 u_i 为相互正交的单位向量. 设 $X=x_1u_1+x_2u_2+\cdots+x_nu_n$,并且 $\|X\|_2=1$,即 $\sum_{i=1}^{n}x_i^2=1$, 则有

$$A^{T}AX=\lambda_1x_1u_1+\lambda_2x_2u_2+\cdots+\lambda_nx_nu_n,$$

$$\|AX\|_2^2=(AX,AX)=(A^{T}AX,X)=\sum_{i=1}^{n}\lambda_ix_i^2\leq\lambda_1\sum_{i=1}^{n}x_i^2=\lambda_1,$$

从而 $\|AX\|_2\leq\sqrt{\lambda_1}$,故有

$$\|A\|_2\leq\sqrt{\lambda_1}=\sqrt{\rho(A^{T}A)}.$$

取 $X=u_1$,则有 $\|A\|_2=\sup\limits_{\|X\|=1}\|AX\|_2=\sqrt{\lambda_1}$,从而得到 $\|A\|_2=\sqrt{\lambda_1}$.

定理 2.5　设 $A\in\mathbf{R}^{n\times n}$,则有

(1) $\|A\|_2=\|A^{T}\|_2$;

(2) $\|A^{T}A\|_2=\|A\|_2^2$;

(3) 若 U 为正交矩阵, $\|UA\|_2=\|A\|_2$.

证明　(1) 由

$$\|A\|_2=\sqrt{\lambda_{\max}(A^{T}A)},\ \|A^{T}\|_2=\sqrt{\lambda_{\max}[(A^{T})^{T}A^{T}]}=\sqrt{\lambda_{\max}(AA^{T})},$$

注意到 AA^{T} 与 $A^{T}A$ 有相同的特征值,从而结论成立.

(2) 记 $B=A^{T}A$,则 B 是一个对称矩阵,从而

$$\|A^{T}A\|_2=\|B\|_2=\sqrt{\lambda_{\max}(B^{T}B)}=\sqrt{\lambda_{\max}(B^2)}=\sqrt{[\lambda_{\max}(B)]^2}=\lambda_{\max}(B)=\|A\|_2^2.$$

(3) 由于 U 为正交矩阵,即 $U^{T}U=I$,故而有

$$\|UA\|_2=\sqrt{\lambda_{\max}[(UA)^{T}(UA)]}=\sqrt{\lambda_{\max}(A^{T}U^{T}UA)}=\|A^{T}\|\cdot\|A\|=\|A\|_2.$$

按定义 2.7 定义的矩阵范数满足矩阵范数中所需的各种条件,称它为**从属于该向量范数的矩阵范数**,对一切非零向量 X,有

$$\|AX\|\leq\|A\|\cdot\|X\|,\tag{2.3}$$

使得(2.3)成立的矩阵与向量范数称为**相容性**.

还要介绍一种向量范数,称为**弗罗贝尼乌斯(Frobenius)范数**,用 $\|A\|_F$ 表示,其定义为

$$\|A\|_F=\sqrt{\sum_{i=1}^{n}\sum_{j=1}^{n}|a_{ij}|^2},\tag{2.4}$$

因为 Frobenius 范数易于计算,在实际应用中是一种十分有用的范数,但它不能从属于任何一种向量范数,因为有 $\|I\|_F=\sqrt{n}$.

与向量范数的等价性质类似,不同定义的矩阵范数之间也是等价的. 关于矩阵的各种范数 Matlab 命令如下:

n = norm(A,1)　　%求 A 的列范数,等于 A 的列向量的 1-范数的最大值

```
n = norm(A,2)          %求A的欧几里德范数,和norm(A)相同
n = norm(A, 'fro' )    %求矩阵A的Frobenius范数
n = norm(A,inf)        %求A的行范数,等于A的行向量的1-范数的最大值
```

定理 2.6 设 $\boldsymbol{A}\in\mathbf{R}^{n\times n}$,则有

$$\frac{1}{\sqrt{n}}\|\boldsymbol{A}\|_{\infty}\leqslant\|\boldsymbol{A}\|_{2}\leqslant\sqrt{n}\|\boldsymbol{A}\|_{\infty},\frac{1}{n}\|\boldsymbol{A}\|_{\infty}\leqslant\|\boldsymbol{A}\|_{1}\leqslant n\|\boldsymbol{A}\|_{\infty}.$$

例 5 已知 $\boldsymbol{A}=\begin{bmatrix}-1&3\\5&7\end{bmatrix}$,分别求 $\|\boldsymbol{A}\|_1$, $\|\boldsymbol{A}\|_\infty$, $\|\boldsymbol{A}\|_2$ 和 $\|\boldsymbol{A}\|_F$.

解 各种范数分别为:

$$\|\boldsymbol{A}\|_1=\max\{|-1|+5,\ 3+7\}=10,$$
$$\|\boldsymbol{A}\|_\infty=\max\{|-1|+3,\ 5+7\}=12,$$

由于

$$\boldsymbol{A}^{\mathrm{T}}\boldsymbol{A}=\begin{bmatrix}-1&5\\3&7\end{bmatrix}\begin{bmatrix}-1&3\\5&7\end{bmatrix}=\begin{bmatrix}26&32\\32&58\end{bmatrix},$$

$\boldsymbol{A}^{\mathrm{T}}\boldsymbol{A}$ 的特征值为 $\lambda_1=77.777\ 1$,$\lambda_2=6.222\ 9$,故而

$$\|\boldsymbol{A}\|_2=\sqrt{77.777\ 1}=8.819\ 1,\ \|\boldsymbol{A}\|_F=(1+9+25+49)^{1/2}=\sqrt{84}=9.165\ 2.$$

在 Matlab 命令窗口输入:

```
>>A=[-1,3;5,7];
>>norm(A,1)
>>norm(A,inf)
>>norm(A,2)
>>norm(A,'fro')
```

结果显示:

```
ans =
    10
ans =
    12
ans =
    8.8191
ans =
    9.1652
```

定理 2.7 设 $\|\boldsymbol{X}\|_v$ 是 $\mathbf{R}^n$ 上的向量范数,则 $\|\boldsymbol{A}\|_v$ 是 $\mathbf{R}^{n\times n}$ 上的一个矩阵范数且满足相容条件:

(1) $\|\boldsymbol{AX}\|_v\leqslant\|\boldsymbol{A}\|_v\cdot\|\boldsymbol{X}\|_v$;

(2) $\|\boldsymbol{AB}\|_v\leqslant\|\boldsymbol{A}\|_v\cdot\|\boldsymbol{B}\|_v$, $\forall\boldsymbol{A},\boldsymbol{B}\in\mathbf{R}^{n\times n}$.

证明 $\forall\boldsymbol{A}\in\mathbf{R}^{n\times n}$,$\boldsymbol{X}\in\mathbf{R}^n$,由 $\|\boldsymbol{A}\|_v$ 定义可知有

$$\frac{\|\boldsymbol{AX}\|_v}{\|\boldsymbol{X}\|_v}\leqslant\|\boldsymbol{A}\|_v,\ \|\boldsymbol{AX}\|_v\leqslant\|\boldsymbol{A}\|_v\cdot\|\boldsymbol{X}\|_v.$$

下面验证三角不等式 $\| A+B \|_v \leqslant \| A \|_v + \| B \|_v$. 由定义

$$\| A+B \|_v = \max_{X \in \mathbf{R}^n, X \neq 0} \frac{\| (A+B)X \|_v}{\| X \|_v},$$

由于

$$\begin{aligned} \| (A+B)X \|_v &\leqslant \| AX \|_v + \| BX \|_v \leqslant \| A \|_v \| X \|_v + \| B \|_v \| X \|_v \\ &= (\| A \|_v + \| B \|_v) \| X \|_v, \end{aligned}$$

也即

$$\frac{\| (A+B)X \|_v}{\| X \|_v} \leqslant \| A \|_v + \| B \|_v, \forall X \in \mathbf{R}^n, X \neq \mathbf{0},$$

故有

$$\| A+B \|_v \leqslant \| A \|_v + \| B \|_v.$$

2.2.3 谱半径与收敛矩阵

若 λ 是矩阵 A 的特征值, X 为其特征向量, 则有 $AX=\lambda X$, 对任一相容的矩阵范数有

$$|\lambda| \cdot \| X \| = \| \lambda X \| = \| AX \| \leqslant \| A \| \cdot \| X \|,$$

从而有 $|\lambda| \leqslant \| A \|$, 即矩阵特征值的模不大于矩阵的任一范数.

定义 2.10 设 $\rho(A)=\max\limits_i \{ |\lambda_i| \}$, 这里 $\lambda_1, \lambda_2, \cdots, \lambda_n$ 为 A 的特征值, $\rho(A)$ 称为 A 的**谱半径**.

由矩阵谱半径定义, 则有 $\| A \|_2 = \sqrt{\rho(A^{\mathrm{T}}A)}$. 求矩阵谱半径的 Matlab 命令为:

```
vrho(A)      %求谱半径或者 max(abs(eig(A)))
```

例如:

```
>>A=[1,2,3; 4,5,6; 7,8,9];
>>vrho(A)
ans =
   16.1168
>>max(abs(eig(A)))
ans =
   16.1168
```

定理 2.8 设 $A \in \mathbf{R}^{n\times n}$, 则 $\rho(A) \leqslant \| A \|$, 即矩阵的谱半径不超过矩阵的任何一种范数.

证明 设 λ 为矩阵 A 的任一特征值, $X \neq \mathbf{0}$ 为相应的特征向量, 则 $AX=\lambda X$, 由定理 2.7 得 $|\lambda| \leqslant \| A \|$. 由矩阵谱半径定义, 可得 $\rho(A) \leqslant \| A \|$.

定理 2.9 设 $A \in \mathbf{R}^{n\times n}$ 为对称矩阵, 则 $\| A \|_2 = \rho(A)$.

证明 $\| A \|_2 = \sqrt{\lambda_{\max}(A^{\mathrm{T}}A)} = \sqrt{\lambda_{\max}(A^2)} = \sqrt{[\,|\lambda|_{\max}(A)\,]^2} = \rho(A)$.

定义 2.11 设 $\{A^{(k)}\}$ 为 $\mathbf{R}^{n\times n}$ 上的矩阵序列, $k=1,2,\cdots$, 若存在 $A \in \mathbf{R}^{n\times n}$ 使得

$$\lim_{k\to\infty} \| A^{(k)} - A \| = 0,$$

则称序列$\{\boldsymbol{A}^{(k)}\}$是**收敛**的,并称$\boldsymbol{A}$为该序列的**极限**.

由矩阵范数的等价性,矩阵序列$\{\boldsymbol{A}^{(k)}\}$的收敛性与矩阵范数的定义无关.

定义 2.12 当$\lim\limits_{k\to\infty}\boldsymbol{A}^k=\boldsymbol{0}$,称$\boldsymbol{A}$为**收敛矩阵**.

定理 2.10 $\lim\limits_{k\to\infty}\boldsymbol{A}^k=\boldsymbol{0}$的充分必要条件是$\rho(\boldsymbol{A})<1$.

定理 2.11 $\lim\limits_{k\to\infty}\boldsymbol{A}^k=\boldsymbol{0}$的充分条件是存在一个范数$\|\cdot\|$,使得$\|\boldsymbol{A}\|<1$.

证明 由定理 2.7 知

$$\|\boldsymbol{A}^k\|\leqslant\|\boldsymbol{A}^{k-1}\|\cdot\|\boldsymbol{A}\|\leqslant\|\boldsymbol{A}^{k-2}\|\cdot\|\boldsymbol{A}\|^2\leqslant\cdots\leqslant\|\boldsymbol{A}\|^k,$$

则有

$$\|\boldsymbol{A}\|<1\Rightarrow\|\boldsymbol{A}\|^k\to0\Rightarrow\|\boldsymbol{A}^k\|\to0,$$

由范数的性质得$\lim\limits_{k\to\infty}\boldsymbol{A}^k=\boldsymbol{0}$.

定理 2.12 设$\|\cdot\|$为矩阵的算子范数,且$\|\boldsymbol{B}\|<1$,则$\boldsymbol{I}\pm\boldsymbol{B}$为非奇异矩阵,且有估计

$$\|(\boldsymbol{I}\pm\boldsymbol{B})^{-1}\|\leqslant\frac{1}{1-\|\boldsymbol{B}\|}.$$

证明 (1)反证法,设$\boldsymbol{I}-\boldsymbol{B}$为奇异阵,则$(\boldsymbol{I}-\boldsymbol{B})\boldsymbol{X}=\boldsymbol{0}$有非零解,记为$\boldsymbol{X}^0$,即$\boldsymbol{B}\boldsymbol{X}^0=\boldsymbol{X}^0$,于是$\dfrac{\|\boldsymbol{B}\boldsymbol{X}^0\|}{\|\boldsymbol{X}^0\|}=1$. 由此,有$\|\boldsymbol{B}\|\geqslant1$,这与假设矛盾.

(2)由$(\boldsymbol{I}-\boldsymbol{B})(\boldsymbol{I}-\boldsymbol{B})^{-1}=\boldsymbol{I}$,即得

$$(\boldsymbol{I}-\boldsymbol{B})^{-1}=\boldsymbol{I}+\boldsymbol{B}(\boldsymbol{I}-\boldsymbol{B})^{-1},$$

从而

$$\|(\boldsymbol{I}-\boldsymbol{B})^{-1}\|\leqslant\|\boldsymbol{I}\|+\|\boldsymbol{B}\|\ \|(\boldsymbol{I}-\boldsymbol{B})^{-1}\|,$$

故而有

$$\|(\boldsymbol{I}-\boldsymbol{B})^{-1}\|\leqslant\frac{1}{1-\|\boldsymbol{B}\|}.$$

§2.3 误差敏感性分析

用某种计算方法解线性方程组时可能所得结果不准确,究其原因有两种:一是方程组本身有问题,二是计算方法不恰当. 方法不恰当时,我们可以改变方法,但若方程组本身有问题,就要仔细研究了.

设有线性方程组$\boldsymbol{AX}=\boldsymbol{b}$,其中$\boldsymbol{A}\in\mathbf{R}^{n\times n}$为非奇异矩阵,$\boldsymbol{X}$为精确解,由于$\boldsymbol{A}$和$\boldsymbol{b}$的元素是测量得到的,常带有某些观测误差,或$\boldsymbol{A}$和$\boldsymbol{b}$的元素是计算的结果,因而包含有舍入误差. 因此,我们处理的实际矩阵是$\boldsymbol{A}+\delta\boldsymbol{A}$和$\boldsymbol{b}+\delta\boldsymbol{b}$. 由此,需要研究方程组数据$\boldsymbol{A}$和$\boldsymbol{b}$的微小误差(扰动)对解$\boldsymbol{X}$的影响,即考虑方程组$(\boldsymbol{A}+\delta\boldsymbol{A})\boldsymbol{Y}=\boldsymbol{b}+\delta\boldsymbol{b}$的解$\boldsymbol{Y}$和$\boldsymbol{X}$的差的估计问题.

例 6　求解方程组$\begin{bmatrix}7 & 10\\5 & 7\end{bmatrix}\begin{bmatrix}x_1\\x_2\end{bmatrix}=\begin{bmatrix}1\\0.7\end{bmatrix}$或记为$\boldsymbol{AX}=\boldsymbol{b}$.

解　其精确解是$\boldsymbol{X}^*=\begin{bmatrix}0\\0.1\end{bmatrix}$,由于实际问题中提供的数据可能带有误差,这些误差对方程组的解有何影响呢？比如,设$\boldsymbol{b}$的元素有误差 0.01,看方程组的解有何变化,即方程组

$$\begin{bmatrix}7 & 10\\5 & 7\end{bmatrix}\begin{bmatrix}x_1\\x_2\end{bmatrix}=\begin{bmatrix}1.01\\0.69\end{bmatrix},$$

解之得$\boldsymbol{X}=\begin{bmatrix}-0.17\\0.22\end{bmatrix}$,可见解的误差为$\delta\boldsymbol{X}=\begin{bmatrix}-0.17\\0.12\end{bmatrix}$. 本来$\boldsymbol{b}$的元素有误差 0.01,而解的误差却很大,这种方程组是不容易求得精确解的.

例 7　求解方程组$\begin{bmatrix}1 & 1\\1 & 1.0001\end{bmatrix}\begin{bmatrix}x_1\\x_2\end{bmatrix}=\begin{bmatrix}2\\2\end{bmatrix}$.

解　记$\boldsymbol{AX}=\boldsymbol{b}$,精确解$\boldsymbol{X}=\begin{bmatrix}2\\0\end{bmatrix}$. 考查常数项的微小扰动对解的影响,即考查方程组$\boldsymbol{A}(\boldsymbol{X}+\delta\boldsymbol{X})=\boldsymbol{b}+\delta\boldsymbol{X}$,即

$$\begin{bmatrix}1 & 1\\1 & 1.0001\end{bmatrix}\begin{bmatrix}y_1\\y_2\end{bmatrix}=\begin{bmatrix}2\\2.0001\end{bmatrix},$$

其中$\delta\boldsymbol{b}=\begin{bmatrix}1 & 1\\1 & 1.0001\end{bmatrix}$,$\boldsymbol{Y}=\boldsymbol{X}+\delta\boldsymbol{X}$,显然有$\boldsymbol{X}+\delta\boldsymbol{X}=\begin{bmatrix}1\\1\end{bmatrix}$,$\delta\boldsymbol{X}=\begin{bmatrix}-1\\1\end{bmatrix}$. 常数项相对误差为$\dfrac{\|\delta\boldsymbol{b}\|_\infty}{\|\boldsymbol{b}\|_\infty}=0.5\times10^{-4}$,而引起解的相对误差为$\dfrac{\|\delta\boldsymbol{X}\|_\infty}{\|\boldsymbol{X}\|_\infty}=0.5$.

由于常数项的微小误差而引起解的相对误差较大,为常数项相对误差的 10^4 倍,也就是说,此方程组解的数据$\boldsymbol{A}$和$\boldsymbol{b}$非常敏感,这样的方程组就是**病态方程组**.

2.3.1　条件数与病态方程组

在解方程组时,我们总是假定系数矩阵$\boldsymbol{A}$和常数项$\boldsymbol{b}$是准确的,而在实际问题中,系数矩阵$\boldsymbol{A}$和常数项$\boldsymbol{b}$往往是由于前面的近似计算所得,元素的误差是不可避免的,这些误差会对方程组$\boldsymbol{AX}=\boldsymbol{b}$的解$\boldsymbol{X}$有多大的影响？矩阵的条件数给出一种粗略的衡量尺度.

定义 2.13　若$\boldsymbol{A}$非奇异,称$\mathrm{cond}(\boldsymbol{A})=\|\boldsymbol{A}^{-1}\|\cdot\|\boldsymbol{A}\|$为$\boldsymbol{A}$的**条件数**,其中$\|\cdot\|$表示矩阵的某种范数.

定理 2.13　矩阵$\boldsymbol{A}$的条件数的一些基本性质:

(1)任何非奇异矩阵$\boldsymbol{A}$,对任一算子范数$\|\cdot\|$均有

$$\mathrm{cond}(\boldsymbol{A})\geqslant 1,\ \mathrm{cond}(\boldsymbol{A})=\mathrm{cond}(\boldsymbol{A}^{-1}),\ \mathrm{cond}(\alpha\boldsymbol{A})=\mathrm{cond}(\boldsymbol{A}),\ \forall\alpha\in\mathbf{R}.$$

(2)根据定义$\|\boldsymbol{A}\|_2=\sqrt{\lambda_{\max}(\boldsymbol{A}^{\mathrm{T}}\boldsymbol{A})}$,可得

$$\mathrm{cond}(\boldsymbol{A})_2=\|\boldsymbol{A}^{-1}\|_2\|\boldsymbol{A}\|_2=\sqrt{\frac{\lambda_{\max}(\boldsymbol{A}^{\mathrm{T}}\boldsymbol{A})}{\lambda_{\min}(\boldsymbol{A}^{\mathrm{T}}\boldsymbol{A})}}.$$

(3)若 $\boldsymbol{U}$ 为正交阵,即 $\boldsymbol{U}\boldsymbol{U}^{\mathrm{T}}=\boldsymbol{I}$,则 $\mathrm{cond}(\boldsymbol{U})_2=1$,又 $\boldsymbol{A}$ 非奇异,则有

$$\mathrm{cond}(\boldsymbol{A})_2=\mathrm{cond}(\boldsymbol{A}\boldsymbol{U})_2=\mathrm{cond}(\boldsymbol{U}\boldsymbol{A})_2.$$

(4)设 λ_1 与 λ_n 为 $\boldsymbol{A}$ 按模最大和最小的特征值,则 $\mathrm{cond}(\boldsymbol{A})\geqslant\frac{|\lambda_1|}{|\lambda_n|}$. 特别地,若 $\boldsymbol{A}$ 为对称矩阵,即 $\boldsymbol{A}=\boldsymbol{A}^{\mathrm{T}}$,则 $\mathrm{cond}(\boldsymbol{A})=\frac{|\lambda_1|}{|\lambda_n|}$;若 $\boldsymbol{A}$ 对称正定,则 $\mathrm{cond}(\boldsymbol{A})_2=\frac{\lambda_1}{\lambda_n}$.

(5)设 $\boldsymbol{A}$ 为非奇异矩阵,$\boldsymbol{R}$ 为正交矩阵,则 $\mathrm{cond}(\boldsymbol{R}\boldsymbol{A})_2=\mathrm{cond}(\boldsymbol{A}\boldsymbol{R})_2=\mathrm{cond}(A)_2$.

证明 只证明(2)和(5),其余易证. 对于(2),有

$$\begin{aligned}\mathrm{cond}(\boldsymbol{A})_2&=\|\boldsymbol{A}^{-1}\|_2\|\boldsymbol{A}\|_2=\|\boldsymbol{A}\|_2\|\boldsymbol{A}^{-1}\|_2=\sqrt{\lambda_{\max}(\boldsymbol{A}^{\mathrm{T}}\boldsymbol{A})}\sqrt{\lambda_{\max}[(\boldsymbol{A}^{-1})^{\mathrm{T}}\boldsymbol{A}^{-1}]}\\&=\sqrt{\lambda_{\max}(\boldsymbol{A}^{\mathrm{T}}\boldsymbol{A})}\sqrt{\lambda_{\max}[(\boldsymbol{A}\boldsymbol{A})^{\mathrm{T}}]^{-1}]}=\sqrt{\lambda_{\max}(\boldsymbol{A}^{\mathrm{T}}\boldsymbol{A})}\sqrt{\frac{1}{\lambda_{\min}(\boldsymbol{A}\boldsymbol{A}^{\mathrm{T}})}},\end{aligned}$$

由于 $\boldsymbol{A}\boldsymbol{A}^{\mathrm{T}}$ 和 $\boldsymbol{A}^{\mathrm{T}}\boldsymbol{A}$ 有相同的特征值,故而有 $\mathrm{cond}(\boldsymbol{A})_2=\sqrt{\frac{\lambda_{\max}(\boldsymbol{A}^{\mathrm{T}}\boldsymbol{A})}{\lambda_{\min}(\boldsymbol{A}^{\mathrm{T}}\boldsymbol{A})}}$成立.

对于(5),由于 $\boldsymbol{R}^{\mathrm{T}}\boldsymbol{R}=\boldsymbol{I}$,故而

$$\begin{aligned}\mathrm{cond}(\boldsymbol{R}\boldsymbol{A})_2&=\sqrt{\frac{\lambda_{\max}[(\boldsymbol{R}\boldsymbol{A})^{\mathrm{T}}(\boldsymbol{R}\boldsymbol{A})]}{\lambda_{\min}[(\boldsymbol{R}\boldsymbol{A})^{\mathrm{T}}(\boldsymbol{R}\boldsymbol{A})]}}=\sqrt{\frac{\lambda_{\max}(\boldsymbol{A}^{\mathrm{T}}\boldsymbol{R}^{\mathrm{T}}\boldsymbol{R}\boldsymbol{A})}{\lambda_{\min}(\boldsymbol{A}^{\mathrm{T}}\boldsymbol{R}^{\mathrm{T}}\boldsymbol{R}\boldsymbol{A})}}\\&=\sqrt{\frac{\lambda_{\max}(\boldsymbol{A}^{\mathrm{T}}\boldsymbol{A})}{\lambda_{\min}(\boldsymbol{A}^{\mathrm{T}}\boldsymbol{A})}}=\mathrm{cond}(\boldsymbol{A})_2,\end{aligned}$$

而

$$\lambda(\boldsymbol{R}^{\mathrm{T}}\boldsymbol{A}^{\mathrm{T}}\boldsymbol{A}\boldsymbol{R})=\lambda(\boldsymbol{A}^{\mathrm{T}}\boldsymbol{A}),$$

从而有

$$\begin{aligned}\mathrm{cond}(\boldsymbol{A}\boldsymbol{R})_2&=\sqrt{\frac{\lambda_{\max}[(\boldsymbol{A}\boldsymbol{R})^{\mathrm{T}}(\boldsymbol{A}\boldsymbol{R})]}{\lambda_{\min}[(\boldsymbol{A}\boldsymbol{R})^{\mathrm{T}}(\boldsymbol{A}\boldsymbol{R})]}}=\sqrt{\frac{\lambda_{\max}(\boldsymbol{R}^{\mathrm{T}}\boldsymbol{A}^{\mathrm{T}}\boldsymbol{A}\boldsymbol{R})}{\lambda_{\min}(\boldsymbol{R}^{\mathrm{T}}\boldsymbol{A}^{\mathrm{T}}\boldsymbol{A}\boldsymbol{R})}}\\&=\sqrt{\frac{\lambda_{\max}(\boldsymbol{A}^{\mathrm{T}}\boldsymbol{A})}{\lambda_{\min}(\boldsymbol{A}^{\mathrm{T}}\boldsymbol{A})}}=\mathrm{cond}(\boldsymbol{A})_2.\end{aligned}$$

用矩阵 $\boldsymbol{A}$ 及其逆矩阵 $\boldsymbol{A}^{-1}$ 的范数的乘积表示矩阵的条件数,由于矩阵范数的定义不同,因而其条件数也不同,但是由于矩阵范数的等价性,故在不同范数下的条件数也是等价的.

矩阵的条件数 Matlab 命令为:

```
cond(A,p)            %p 取 1,2,inf, fro,计算不同条件数
```

例如,运行如下程序:

```
>>A = magic(5)
A =
```

```
    17    24     1     8    15
    23     5     7    14    16
     4     6    13    20    22
    10    12    19    21     3
    11    18    25     2     9
>>cond(A,1)
ans =
    6.8500
>> cond(A,2)
ans =
    5.4618
>> cond(A,inf)
ans =
    6.8500
>> cond(A,'fro')
ans =
    9.6792
```

例 8 设有方程组$\begin{bmatrix}1 & 1\\1 & 1.0001\end{bmatrix}\begin{bmatrix}x_1\\x_2\end{bmatrix}=\begin{bmatrix}2\\2\end{bmatrix}$或$\boldsymbol{AX}=\boldsymbol{b}$，计算 $\mathrm{cond}(\boldsymbol{A})_\infty$.

解 由于

$$\boldsymbol{A}=\begin{bmatrix}1 & 1\\1 & 1.000\,1\end{bmatrix},\boldsymbol{A}^{-1}=\frac{1}{0.000\,1}\begin{bmatrix}1.000\,1 & -1\\-1 & 1\end{bmatrix},$$

容易计算

$$\|\boldsymbol{A}\|_\infty=2.000\,1,\ \|\boldsymbol{A}^{-1}\|_\infty=2.000\,1\times10^4,$$

所以

$$\mathrm{cond}(\boldsymbol{A})_\infty=\|\boldsymbol{A}^{-1}\|_\infty\cdot\|\boldsymbol{A}\|_\infty\approx4\times10^4.$$

例 9 病态矩阵的典型例子为 Hilbert 矩阵 $\boldsymbol{H}_n$，其中

$$\boldsymbol{H}_n=\begin{bmatrix}1 & \frac{1}{2} & \cdots & \frac{1}{n}\\ \frac{1}{2} & \frac{1}{3} & \cdots & \frac{1}{n+1}\\ \vdots & \vdots & & \vdots\\ \frac{1}{n} & \frac{1}{n+1} & \cdots & \frac{1}{2n-1}\end{bmatrix}.$$

解 当 $n=3,5,6,8,10$ 时，条件数 $\mathrm{cond}(\boldsymbol{H}_n)_2$ 分别为 $524.056\,8$，$4.766\,1\times10^5$，$1.495\,1\times10^7$，$1.525\,8\times10^{10}$，$1.602\,5\times10^{13}$. 一般地，$\mathrm{cond}(\boldsymbol{H}_n)_2\approx e^{3.5n}$，可见随着 n 的增大，$\boldsymbol{H}_n$ 的条件数非常迅速地增加. 因而，Hilbert 矩阵阶数越高，病态程度就越严重.

取 $n=5$ 时，在 Matlab 命令窗口输入：

```
>>format rat
>>A=hilb(5)
>>a=cond(A,2)
```

运行结果显示：

```
A =

       1      1/2     1/3     1/4     1/5
     1/2      1/3     1/4     1/5     1/6
     1/3      1/4     1/5     1/6     1/7
     1/4      1/5     1/6     1/7     1/8
     1/5      1/6     1/7     1/8     1/9

a =

    476607
```

2.3.2 舍入误差对解的影响

定义 2.14 如果矩阵 $\boldsymbol{A}$ 或常数项 $\boldsymbol{b}$ 有微小变化时，会引起方程组 $\boldsymbol{AX}=\boldsymbol{b}$ 的解巨大的变化，则称此方程组为**病态方程组**，否则称为**良态方程组**，病（良）态方程组的系数矩阵称为**病（良）态矩阵**.

下面我们研究矩阵 $\sqrt{\dfrac{\lambda_{\max}(\boldsymbol{A}^{\mathrm{T}}\boldsymbol{A})}{\lambda_{\min}(\boldsymbol{A}^{\mathrm{T}}\boldsymbol{A})}}$ 或常数项 $\boldsymbol{b}$ 有微小变化（或称微小扰动）$\delta\boldsymbol{A}$ 或 $\delta\boldsymbol{b}$ 时，解 $\boldsymbol{X}$ 的误差与 $\delta\boldsymbol{A}$ 和 $\delta\boldsymbol{b}$ 有何联系？为研究问题的方便，我们分两种情况来研究：

（1）只有常数项 $\boldsymbol{b}$ 有微小变化，而矩阵 $\boldsymbol{A}$ 是精确的；

（2）只有矩阵 $\boldsymbol{A}$ 有微小变化，而常数项 $\boldsymbol{b}$ 是精确的.

对于线性方程组 $\boldsymbol{AX}=\boldsymbol{b}$，若常数项 $\boldsymbol{b}$ 有小扰动 $\delta\boldsymbol{b}$，设

$$\boldsymbol{A}(\boldsymbol{X}+\delta\boldsymbol{X})=\boldsymbol{b}+\delta\boldsymbol{b},$$

$\delta\boldsymbol{X}$ 受到 $\delta\boldsymbol{b}$ 的影响表示为

$$\frac{\|\delta\boldsymbol{X}\|}{\|\boldsymbol{X}\|}\leqslant \mathrm{cond}(\boldsymbol{A})\frac{\|\delta\boldsymbol{b}\|}{\|\boldsymbol{b}\|}. \tag{2.5}$$

由于

$$\boldsymbol{A}\delta\boldsymbol{X}=\delta\boldsymbol{b},\ \delta\boldsymbol{X}=\boldsymbol{A}^{-1}\delta\boldsymbol{b},\ \|\delta\boldsymbol{X}\|\leqslant\|\boldsymbol{A}^{-1}\|\cdot\|\delta\boldsymbol{b}\|,$$

$$\boldsymbol{AX}=\boldsymbol{b},\ \|\boldsymbol{b}\|\leqslant\|\boldsymbol{A}\|\cdot\|\boldsymbol{X}\|,\ \|\boldsymbol{X}\|\geqslant\frac{\|\boldsymbol{b}\|}{\|\boldsymbol{A}\|},$$

故而有

$$\frac{\|\delta\boldsymbol{X}\|}{\|\boldsymbol{X}\|}\leqslant\|\boldsymbol{A}^{-1}\|\cdot\|\boldsymbol{A}\|\cdot\frac{\|\delta\boldsymbol{b}\|}{\|\boldsymbol{b}\|}=\mathrm{cond}(\boldsymbol{A})\frac{\|\delta\boldsymbol{b}\|}{\|\boldsymbol{b}\|}. \tag{2.6}$$

若系数矩阵有小扰动 $\delta\boldsymbol{A}$，这时方程组的解也有扰动 $\delta\boldsymbol{X}$，于是

$$(\boldsymbol{A}+\delta\boldsymbol{A})(\boldsymbol{X}+\delta\boldsymbol{X})=\boldsymbol{b},$$

$\delta\boldsymbol{X}$ 受到 $\delta\boldsymbol{A}$ 的影响表示为

$$\frac{\|\delta X\|}{\|X\|}\leqslant\frac{\operatorname{cond}(A)\dfrac{\|\delta A\|}{\|A\|}}{1-\operatorname{cond}(A)\dfrac{\|\delta A\|}{\|A\|}}.\tag{2.7}$$

定理 2.14　设 $A\in\mathbf{R}^{n\times n}$，$b\in\mathbf{R}^n$，$AX=b$，$A$ 非奇异，δA 和 δb 是 A 和 b 的扰动，且 $\|A^{-1}\|\cdot\|\delta A\|<1$，则有

$$\frac{\|\delta X\|}{\|X\|}\leqslant\frac{\operatorname{cond}(A)}{1-\operatorname{cond}(A)}\left(\frac{\|\delta A\|}{\|A\|}+\frac{\|\delta b\|}{\|b\|}\right).\tag{2.8}$$

矩阵条件数的大小是衡量矩阵"好"或"坏"的标志. 因此，称 cond(A) 大的矩阵为"坏矩阵"或"病态矩阵"，对于 cond(A) 大的矩阵，小的误差可能会引起解的失真. 一般说来，若 A 的按模最大特征值与按模最小特征值之比值较大时，矩阵就会呈病态. 特别地，当 det$A$ 很小时，A 总是病态的.

定理 2.14 的结果实际包含两种特殊情形：

(1) A 精确，即 $\delta A=\mathbf{0}$，b 有扰动 δb，从而 $A(X+\delta X)=b+\delta b$，则有

$$\frac{\|\delta X\|}{\|X\|}\leqslant\|A^{-1}\|\ \|A\|\frac{\|\delta b\|}{\|b\|}.$$

(2) A 有扰动 δA，b 精确，即 $\delta b=\mathbf{0}$，这时 $(A+\delta A)(X+\delta X)=b$，则有

$$\frac{\|\delta X\|}{\|X\|}\leqslant\frac{\|A^{-1}\|\ \|A\|}{1-\|A^{-1}\|\ \|\delta A\|}\ \frac{\|\delta A\|}{\|A\|}.$$

当 $\|A^{-1}\|\cdot\|\delta A\|$ 很小时，上式可近似表示为

$$\frac{\|\delta X\|}{\|X\|}\approx\|A^{-1}\|\cdot\|A\|\cdot\frac{\|\delta A\|}{\|A\|}.$$

定理 2.15　设方程组 $AX=b$，A 非奇异，$b\neq\mathbf{0}$，X 是精确解，$\overline{X}$ 是近似解，剩余向量 $r=b-A\overline{X}$，则有估计式

$$\frac{1}{\operatorname{cond}(A)}\ \frac{\|r\|}{\|b\|}\leqslant\frac{\|X-\overline{X}\|}{\|X\|}\leqslant\operatorname{cond}(A)\frac{\|r\|}{\|b\|}.$$

证明　因 $AX=b$ 得

$$r=b-A\overline{X}=AX-A\overline{X}=A(X-\overline{X}),$$

从而 $X-\overline{X}=A^{-1}r$，于是

$$\|X-\overline{X}\|\leqslant\|A^{-1}\|\ \|r\|,$$

又由 $\dfrac{1}{\|X\|}\leqslant\dfrac{\|A\|}{\|b\|}$，于是得估计式右端

$$\frac{\|X-\overline{X}\|}{\|X\|}\leqslant\|A^{-1}\|\ \|r\|\frac{\|A\|}{\|b\|}=\operatorname{cond}(A)\frac{\|r\|}{\|b\|}.$$

类似地，由上述 $r=A(X-\overline{X})$，得

$$\|r\|\leqslant\|A\|\ \|X-\overline{X}\|,\ \frac{\|r\|}{\|A\|}\leqslant\|X-\overline{X}\|,$$

由 $X=A^{-1}b$ 得 $\|X\|\leqslant\|A^{-1}\|\ \|b\|$，综合两式得估计式两端

$$\frac{1}{\operatorname{cond}(A)}\frac{\|r\|}{\|b\|}\leqslant\frac{\|r\|}{\|A\|\ \|A^{-1}\|\ \|b\|}\leqslant\frac{\|X-\overline{X}\|}{\|X\|}.$$

例 10 考查方程组

$$\begin{cases}1.000\,2x_1+0.999\,8x_2=2,\\0.999\,8x_1+1.000\,2x_2=2.\end{cases}$$

解 准确解为 $X=(x_1,x_2)^{\mathrm T}=(1,1)^{\mathrm T}$，对常数项 b 引入小扰动 $\delta b=(0.001,-0.001)^{\mathrm T}$，则有

$$\begin{bmatrix}1.000\,2 & 0.999\,8\\0.999\,8 & 1.000\,2\end{bmatrix}\begin{bmatrix}x_1\\x_2\end{bmatrix}=\begin{bmatrix}2.001\\1.999\end{bmatrix},$$

$$\begin{bmatrix}x_1+\delta x_1\\x_2+\delta x_2\end{bmatrix}=\begin{bmatrix}3.5\\-1.5\end{bmatrix},A^{-1}=\begin{bmatrix}1\,250.25 & -1\,249.75\\-1\,249.75 & 1\,250.25\end{bmatrix},$$

故有

$$\operatorname{cond}(A)_\infty=2\times2\,500=5\,000,\frac{\|\delta X\|_\infty}{\|X\|_\infty}=2.5,\frac{\|\delta b\|_\infty}{\|b\|_\infty}=0.001,$$

解的相对误差是右端项相对误差的 2 500 倍.

从几何意义上看，这两个方程是平面上的两条直线，求方程组的解是求两条直线的交点，条件数大表明这两条直线接近平行，求解中对误差必然敏感. 对常数项 b 引入小扰动 $\delta b=(0.000\,1,-0.000\,1)^{\mathrm T}$，则有

$$\begin{bmatrix}1.000\,2 & 0.999\,8\\0.999\,8 & 1.000\,2\end{bmatrix}\begin{bmatrix}x_1\\x_2\end{bmatrix}=\begin{bmatrix}2.000\,1\\1.999\,9\end{bmatrix},\begin{bmatrix}x_1+\delta x_1\\x_2+\delta x_2\end{bmatrix}=\begin{bmatrix}1.25\\0.75\end{bmatrix},$$

对常数项 b 引入小扰动 $\delta b=(0.000\,01,-0.000\,01)^{\mathrm T}$，则

$$\begin{bmatrix}1.000\,2 & 0.999\,8\\0.999\,8 & 1.000\,2\end{bmatrix}\begin{bmatrix}x_1\\x_2\end{bmatrix}=\begin{bmatrix}2.000\,01\\1.999\,99\end{bmatrix},\begin{bmatrix}x_1+\delta x_1\\x_2+\delta x_2\end{bmatrix}=\begin{bmatrix}1.025\\0.975\end{bmatrix}.$$

例 11 解方程组 $\begin{bmatrix}1 & 10^4\\1 & 1\end{bmatrix}\begin{bmatrix}x_1\\x_2\end{bmatrix}=\begin{bmatrix}10^4\\2\end{bmatrix}$.

解 由于

$$A^{-1}=\frac{1}{10^4-1}\begin{bmatrix}-1 & 10^4\\1 & -1\end{bmatrix},$$

所以知 $\operatorname{cond}(A)_\infty\approx10^4$. 若用 $D=\begin{bmatrix}10^{-4} & 0\\0 & 1\end{bmatrix}$ 左乘上述方程组，可得

$$\begin{bmatrix}10^{-4} & 0\\0 & 1\end{bmatrix}\begin{bmatrix}1 & 10^4\\1 & 1\end{bmatrix}\begin{bmatrix}x_1\\x_2\end{bmatrix}=\begin{bmatrix}10^{-4} & 0\\0 & 1\end{bmatrix}\begin{bmatrix}10^4\\2\end{bmatrix},$$

而

$$\overline{A}=\begin{bmatrix}10^{-4} & 0\\0 & 1\end{bmatrix}\begin{bmatrix}1 & 10^4\\1 & 1\end{bmatrix}=\begin{bmatrix}10^{-4} & 1\\1 & 1\end{bmatrix},$$

这时 $\operatorname{cond}(\overline{A})_\infty\approx4$，条件数得到了较大的改善.

§2.4　范数及误差分析数值实验

实验目的：熟练掌握 Matlab 软件计算向量范数、矩阵范数及条件数、谱半径命令.
实验内容：向量与矩阵的范数、条件数、谱半径计算.
实验题目：

(1)计算向量 $X=\begin{bmatrix}3\\-5\\2\end{bmatrix}$ 的范数 $\|X\|_1$，$\|X\|_2$ 和 $\|X\|_\infty$.

(2)计算 $A=\begin{bmatrix}1&2&3\\4&5&6\\1&0&1\end{bmatrix}$ 的范数、条件数和谱半径.

练 习 题 2

1. 计算下列向量 $X=\begin{bmatrix}4\\-5\\a\end{bmatrix}$ 的范数 $\|X\|_1$，$\|X\|_2$ 和 $\|X\|_\infty$.

2. 计算下列方阵 $A=\begin{bmatrix}5&1&1\\0&3&0\\-1&1&6\end{bmatrix}$ 的范数 $\|A\|_1$，$\|A\|_2$ 和 $\|A\|_\infty$.

3. 计算下列方阵的谱半径.

(1) $\begin{bmatrix}3&1\\1&3\end{bmatrix}$；(2) $\begin{bmatrix}5&2&2\\2&6&0\\2&0&4\end{bmatrix}$.

4. 设 $A=\begin{bmatrix}1&-2\\-3&4\end{bmatrix}$，求 $\|A\|_F$，$\|A\|_1$，$\|A\|_\infty$ 和 $\|A\|_2$.

5. 设线性方程组 $\begin{cases}7x_1+10x_2=1,\\5x_1+7x_2=0.7.\end{cases}$

(1) 求系数矩阵 A 的条件数 $\mathrm{cond}(A)_\infty$；

(2) 若右端 b 有误差 $\delta b=(0.01,-0.01)^{\mathrm{T}}$，试估计解的相对误差.

6. 证明：对于矩阵范数，如果 $\|A\|<1$，则

$$\|(I+A)^{-1}\|\leqslant\frac{1}{1-\|A\|}.$$

7. 设 $A\in\mathbf{R}^{n\times n}$，证明：

(1) $\frac{1}{\sqrt{n}}\|A\|_2\leqslant\|A\|_\infty\leqslant\sqrt{n}\|A\|_2$；　(2) $\frac{1}{\sqrt{n}}\|A\|_F\leqslant\|A\|_2\leqslant\|A\|_F$.

第 3 章　线性方程组的直接解法

【教学提示】 在科学研究和工程计算问题中，很多问题都包含解线性方程组问题，如何利用计算机来快速、稳定、有效地求解大规模线性方程组是科学计算的核心之一.

【教学目标】 通过本章学习，学生掌握解线性方程组的 Gauss 消去法、主元消去法、LU 分解等方法及误差估计，重点是正定矩阵平方根法和 LDL^T 分解方法.

§3.1 引　言

线性方程组的求解问题来源于自然科学及工程实际问题，这些实际问题最终要归结为求解含有多个未知量 $x_1, x_2, \cdots, x_n$ 的线性方程组

$$\begin{cases} a_{11}x_1 + a_{12}x_2 + \cdots + a_{1n}x_n = b_1, \\ a_{21}x_1 + a_{22}x_2 + \cdots + a_{2n}x_n = b_2, \\ \cdots\cdots \\ a_{n1}x_1 + a_{n2}x_2 + \cdots + a_{nn}x_n = b_n, \end{cases} \tag{3.1}$$

这里 $a_{ij}(i,j=1,2,\cdots,n)$ 为方程组的系数，$b_i(i=1,2,\cdots,n)$ 为方程组自由项，将方程组(3.1)写成矩阵形式为 $\boldsymbol{AX}=\boldsymbol{b}$，其中

$$\boldsymbol{A}=\begin{bmatrix} a_{11} & a_{12} & \cdots & a_{1n} \\ a_{21} & a_{22} & \cdots & a_{2n} \\ \vdots & \vdots & & \vdots \\ a_{n1} & a_{n2} & \cdots & a_{nn} \end{bmatrix}, \boldsymbol{X}=\begin{bmatrix} x_1 \\ x_2 \\ \vdots \\ x_n \end{bmatrix}, \boldsymbol{b}=\begin{bmatrix} b_1 \\ b_2 \\ \vdots \\ b_n \end{bmatrix}.$$

本章总假定 $D=|\boldsymbol{A}|$，由 Cramer 法则知方程组(3.1)有唯一解

$$x_i=\frac{D_i}{D}, i=1,2,\cdots,n,$$

其中 D_i 等于用 $\boldsymbol{b}$ 代替 $\boldsymbol{A}$ 的第 i 列后得到的行列式，但一般不用 Cramer 法则解线性方程组，原因是计算量太大.

线性方程组的数值解法可以分为直接法和迭代法两类. 所谓**直接法**，就是不考虑舍入误差，通过有限步骤四则运算即能求得线性方程组(3.1)准确解的方法，如 Cramer 法则就是一种直接法，其基本思想是通过等价变换将线性方程组化为结构简单、易于求解的形式，它可靠且效率高，但只适用于中、低阶的线性方程组. 通过前面的知识分析，实际计算中由于受舍入误差的影响，直接法也只能求得近似解，因而寻求线性方程组的快速而有效的解法是十分重要的.

迭代法是用某种极限过程去逐步逼近线性方程组的精确解的一种方法.

在工程实际问题中产生的线性方程组,其系数矩阵大致有两种:一种是低阶稠密矩阵,阶数大约为 $n\leqslant150$,这种矩阵元素全部存放在计算机内存内;另一种是大型稀疏矩阵,此类矩阵阶数高且零元素较多. 本章介绍解线性方程组的直接法,主要是 Gauss 消去法及其各种变形方法,即如果计算过程中没有舍入误差,经过有限步算术运算可求得方程组的精确解,但在实际计算中由于舍入误差的存在和影响,这类方法也只能求得方程组的近似解,其中选主元消去法、三角分解法是求解低阶稠密矩阵方程组的有效方法. 为方便计算,一般地假定 $\boldsymbol{b}\neq\boldsymbol{0}$,当系数矩阵非奇异时,方程组(3.1)有唯一解 $\boldsymbol{X}$.

Matlab 中还有几类特殊的矩阵:

零矩阵:所有元素都为 0 的矩阵,在 Matlab 中零矩阵由 zeros 命令定义,如 A = zeros(m,n)定义一个 $m\times n$ 零矩阵,$n\times n$ 零矩阵可以用命令 A = zeros(n)定义.

单位矩阵:所有对角元为 1 而其余元素均为 0 的方阵,单位矩阵记为 $\boldsymbol{I}$. 在 Matlab 中单位矩阵由 eye 命令定义,如 A = eye(n)定义一个 n 阶单位矩阵.

元素都是 1 的矩阵:在 Matlab 中元素都是 1 的矩阵由 ones 命令定义,如 A = ones(m,n)定义一个 $m\times n$ 的元素都是 1 的矩阵.

§3.2 初等矩阵

介绍一种形式十分简单的矩阵,它是由单位阵得到的,称为初等矩阵,这种矩阵在求解方程组、求矩阵特征值等问题中起着重要作用.

定义 3.1 设 $\boldsymbol{u}=(u_1,u_2,\cdots,u_n)^{\mathrm{T}}\in\mathbf{R}^n$, $\boldsymbol{v}=(v_1,v_2,\cdots,v_n)^{\mathrm{T}}\in\mathbf{R}^n$, σ 为实数,称矩阵 $E(\boldsymbol{u},\boldsymbol{v},\sigma)=\boldsymbol{I}-\sigma\boldsymbol{u}\boldsymbol{v}^{\mathrm{T}}$ 为初等矩阵,即

$$E(\boldsymbol{u},\boldsymbol{v},\sigma)=\begin{bmatrix}1-\sigma u_1v_1 & -\sigma u_1v_2 & \cdots & -\sigma u_1v_n\\ -\sigma u_2v_1 & 1-\sigma u_2v_2 & \cdots & -\sigma u_2v_n\\ \vdots & \vdots & & \vdots\\ -\sigma u_nv_1 & -\sigma u_nv_2 & \cdots & 1-\sigma u_nv_n\end{bmatrix}.$$

初等矩阵容易求逆,事实上设有初等矩阵 $E(\boldsymbol{u},\boldsymbol{v},\sigma)=\boldsymbol{I}-\sigma\boldsymbol{u}\boldsymbol{v}^{\mathrm{T}}$,求 $E^{-1}(\boldsymbol{u},\boldsymbol{v},\sigma)$,由于

$$\begin{aligned}E(\boldsymbol{u},\boldsymbol{v},\sigma)E(\boldsymbol{u},\boldsymbol{v},\alpha)&=(\boldsymbol{I}-\sigma\boldsymbol{u}\boldsymbol{v}^{\mathrm{T}})(\boldsymbol{I}-\alpha\boldsymbol{u}\boldsymbol{v}^{\mathrm{T}})\\&=\boldsymbol{I}-[(\sigma+\alpha)-\sigma\alpha\boldsymbol{v}^{\mathrm{T}}\boldsymbol{u}]\boldsymbol{u}\boldsymbol{v}^{\mathrm{T}},\end{aligned}$$

选取 α 使 $\sigma+\alpha-\sigma\alpha\boldsymbol{v}^{\mathrm{T}}\boldsymbol{u}=0$,即选取 $\alpha=\sigma/(\sigma\boldsymbol{v}^{\mathrm{T}}\boldsymbol{u}-1)$,其中 $\sigma\boldsymbol{v}^{\mathrm{T}}\boldsymbol{u}\neq1$,从而有

$$E^{-1}(\boldsymbol{u},\boldsymbol{v},\sigma)=E(\boldsymbol{u},\boldsymbol{v},\alpha)=\boldsymbol{I}-\alpha\boldsymbol{u}\boldsymbol{v}^{\mathrm{T}}.$$

定义 3.2 取

$$\boldsymbol{u}=\boldsymbol{l}_k=\begin{bmatrix}0\\ \vdots\\ 0\\ m_{k+1}\\ \vdots\\ m_n\end{bmatrix},\boldsymbol{v}=\boldsymbol{e}_k=\begin{bmatrix}0\\ \vdots\\ 1\\ 0\\ \vdots\\ 0\end{bmatrix},\sigma=1,$$

称 $E(\boldsymbol{l}_k,\boldsymbol{e}_k,1)=\boldsymbol{I}-\boldsymbol{l}_k\boldsymbol{e}_k^{\mathrm{T}}\equiv L_k(\boldsymbol{l}_k)$ 为指标 $\boldsymbol{k}$ **初等下三角阵**.

初等下三角阵在解方程直接法中起着重要作用,显然有

$$\boldsymbol{L}_k=\begin{bmatrix}1 & & & & \\ & \ddots & & & \\ & & \dfrac{1}{-m_{k+1}} & 1 & \\ & & \vdots & & \ddots \\ & & m_n & & & 1\end{bmatrix},\ \boldsymbol{L}_k^{-1}=\begin{bmatrix}1 & & & & \\ & \ddots & & & \\ & & \dfrac{1}{-m_{k+1}} & 1 & \\ & & \vdots & & \ddots \\ & & m_n & & & 1\end{bmatrix}=\boldsymbol{I}+\boldsymbol{l}_k\boldsymbol{e}_k^{\mathrm{T}}.$$

定义 3.3 取 $\boldsymbol{u}=\boldsymbol{v}=\boldsymbol{e}_i-\boldsymbol{e}_j,\sigma=1$,称

$$E(\boldsymbol{e}_i-\boldsymbol{e}_j,\boldsymbol{e}_i-\boldsymbol{e}_j,1)=\boldsymbol{I}-(\boldsymbol{e}_i-\boldsymbol{e}_j)(\boldsymbol{e}_i-\boldsymbol{e}_j)^{\mathrm{T}}\equiv\boldsymbol{I}_{ij}$$

为**初等置换阵**.

显然,$\boldsymbol{I}_{ij}$ 是单位阵交换第 i 行与第 j 行,或交换第 i 列与第 j 列得到的矩阵.

定理 3.1 设 $\boldsymbol{I}_{ij}=\boldsymbol{I}-(\boldsymbol{e}_i-\boldsymbol{e}_j)(\boldsymbol{e}_i-\boldsymbol{e}_j)^{\mathrm{T}}$,则

(1)$\boldsymbol{I}_{ij}$ 是正交阵,即 $\boldsymbol{I}_{ij}^{-1}=\boldsymbol{I}_{ij}^{\mathrm{T}}$,$\boldsymbol{I}_{ij}$ 是对称阵,即 $\boldsymbol{I}_{ij}^{\mathrm{T}}=\boldsymbol{I}_{ij}$;

(2)$\det\boldsymbol{I}_{ij}=-1$;

(3)$\boldsymbol{I}_{ij}\boldsymbol{A}$ 用 $\boldsymbol{I}_{ij}$ 左乘于 $\boldsymbol{A}$,相当于交换 $\boldsymbol{A}$ 的第 i 行与第 j 行元素;

$\boldsymbol{A}\boldsymbol{I}_{ij}$ 用 $\boldsymbol{I}_{ij}$ 右乘于 $\boldsymbol{A}$,相当于交换 $\boldsymbol{A}$ 的第 i 列与第 j 列元素.

§ 3.3 Gauss 消去法

3.3.1 三角形方程组

Gauss 消去法是一个古老的求解线性方程组的方法,早在公元前 250 年我国就掌握了解方程组的消去法,它是求解线性方程组及矩阵 $\boldsymbol{A}$ 的逆的一种直接方法. Gauss 消去法的基本思想是通过逐步消元,把方程组化为系数矩阵为三角形矩阵的同解方程组,然后用回代法解此三角形方程组得原方程组的解. 同时,由它改进和变形得到的 Gauss 选主元

消去法及三角分解法，仍然是目前计算机上常用的求解低阶稠密矩阵的线性方程组的有效方法.

例 1　用消去法解方程组

$$\begin{cases} x_1+4x_2+7x_3=1, & (E_1) \\ 2x_1+5x_2+8x_3=1, & (E_2) \\ 3x_1+6x_2+11x_3=1. & (E_3) \end{cases} \tag{3.2}$$

解　第 1 步，利用行的初等变换消去 E_2 和 E_3 中未知数 x_1，即用 -2 乘方程 E_1 加到方程 E_2，记为 $E_2-2E_1\to E_2$，用 -3 乘方程 E_1 加到方程 E_3，即 $E_3-3E_1\to E_3$，于是得到与原方程组等价的方程组

$$\begin{cases} x_1+4x_2+7x_3=1, \\ \quad -3x_2-6x_3=-1, \\ \quad -6x_2-10x_3=-2. \end{cases} \tag{3.3}$$

第 2 步，对方程组(3.3)中第 2 个方程利用行的初等变换消去第 3 个方程中未知数 x_2，即 $E_3-2E_2\to E_3$，得到与(3.2)等价的方程组

$$\begin{cases} x_1+4x_2+7x_3=1, \\ \quad -3x_2-6x_3=-1, \\ \quad 2\qquad x_3=0. \end{cases} \tag{3.4}$$

对方程组(3.4)用回代方法，即求得方程组(3.2)的解为 $\boldsymbol{x}=\left(-\dfrac{1}{3},\dfrac{1}{3},0\right)^{\mathrm{T}}$.

用矩阵来描述上述消去法过程为：

$$(\boldsymbol{A},\boldsymbol{b})\to\left[\begin{array}{ccc:c} 1 & 4 & 7 & 1 \\ 0 & -3 & -6 & -1 \\ 0 & -6 & -10 & -2 \end{array}\right]\to\left[\begin{array}{ccc:c} 1 & 4 & 7 & 1 \\ 0 & -3 & -6 & -1 \\ 0 & 0 & 2 & 0 \end{array}\right],$$

这种求解过程称为具有回代的 **Gauss 消去法**.

从这个例子看出，Gauss 消去法解 $\boldsymbol{AX}=\boldsymbol{b}$ 的基本思想是用矩阵行的初等变换将方程组系数矩阵 $\boldsymbol{A}$ 化为简单的三角形矩阵，然后求解三角形方程组.

三角形方程组是指下面两种形式的方程组

$$\begin{cases} a_{11}x_1 & =b_1, \\ a_{21}x_1+a_{22}x_2 & =b_2, \\ \cdots\cdots & \\ a_{n1}x_1+a_{n2}x_2+\cdots+a_{nn}x_n & =b_n \end{cases} \tag{3.5}$$

和

$$\begin{cases} a_{11}x_1+a_{12}x_2+\cdots+a_{1n}x_n & =b_1, \\ a_{22}x_2+\cdots+a_{2n}x_n & =b_2, \\ \cdots\cdots & \\ a_{nn}x_n & =b_n, \end{cases} \tag{3.6}$$

方程组(3.5)叫作**下三角形方程组**,方程组(3.6)叫作**上三角形方程组**.

如果 $a_{ii}\neq 0, i=1,2,\cdots,n$,则(3.5)的解为

$$\begin{cases} x_1 = b_1/a_{11}, \\ x_k = (b_k - a_{k1}x_1 - a_{k2}x_2 - \cdots - a_{k,k-1}x_{k-1})/a_{kk}, k=1,2,\cdots,n, \end{cases} \tag{3.7}$$

此过程称为**消元过程**.

同样地,若 $a_{ii}\neq 0, i=1,2,\cdots,n$,则(3.6)的解为

$$\begin{cases} x_n = b_n/a_{nn}, \\ x_k = (b_k - a_{k,k+1}x_{k+1} - \cdots - a_{kn}x_n)/a_{kk}, k=n-1,n-2,\cdots,1, \end{cases} \tag{3.8}$$

此过程称为**回代过程**.

从(3.7)~(3.8)可以看出,求解三角形方程组是很简单的,只要把方程组化成等价的三角形方程组,求解过程就很容易完成.

Matlab 实现下三角矩阵求逆的程序为:

```
function A=ch3ex2(A)
n=size(A,1);
for k=1:n
    A(k,k)= 1/A(k,k);
    if k~=n
        A(k+1:n,k)=-A(k+1:n,k) * A(k,k);
    end
    if k~=1 & k~=n
        A(k+1:n,1:k-1)=A(k+1:n,1:k-1)+A(k+1:n,k) * A(k,1:k-1);
    end
    if k~=1
        A(k,1:k-1)=A(k,1:k-1) * A(k,k);
    end
end
```

例 2 编程实现求下三角矩阵 $\boldsymbol{A}=\begin{pmatrix} 1 & 0 & 0 & 0 & 0 \\ 2 & 3 & 0 & 0 & 0 \\ 4 & 5 & 6 & 0 & 0 \\ 7 & 8 & 9 & 10 & 0 \\ 11 & 12 & 13 & 14 & 15 \end{pmatrix}$的逆矩阵.

解 在 Matlab 命令窗口输入:

```
>>A=[1 0 0 0 0;2 3 0 0 0;4 5 6 0 0;7 8 9 10 0;11 12 13 14 15];
>>B=ch3ex2(A)
B=
        1.0000        0        0        0        0
```

-0.6667	0.3333	0	0	0
-0.1111	-0.2778	0.1667	0	0
-0.0667	-0.0167	-0.1500	0.1000	0
-0.0415	0.0104	-0.0044	-0.0933	0.0667

```
>>inv(A)
```

运行结果和上述结果一致.

3.3.2 顺序 Gauss 消去法

下面考察一般形式线性方程组(3.1)的解法,如果 $a_{11}\neq 0$,令 $l_{i1}=a_{i1}/a_{11},i=2,3,\cdots,n$,用$(-l_{i1})$乘第1个方程加到第 $i(i=2,3,\cdots,n)$ 个方程上,得方程组(3.1)的同解方程组:

$$\begin{cases} a_{11}^{(1)}x_1+a_{12}^{(1)}x_2+\cdots+a_{1n}^{(1)}x_n=b_1^{(1)}, \\ \qquad a_{22}^{(2)}x_2+\cdots+a_{2n}^{(2)}x_n=b_2^{(2)}, \\ \qquad \cdots\cdots \\ \qquad a_{n2}^{(2)}x_2+\cdots+a_{nn}^{(2)}x_n=b_n^{(2)}, \end{cases} \tag{3.9}$$

其中

$$a_{1j}^{(1)}=a_{1j},\ b_1^{(1)}=b_1,$$

$$a_{ij}^{(2)}=a_{ij}-l_{i1}a_{1j},b_j^{(2)}=b_j-l_{i1}b_1,i,j=2,3,\cdots,n,$$

由方程(3.1)到(3.9)的过程中,元素 a_{11} 起着重要的作用,特别地,把 a_{11} 称为主元素.

如果(3.9)中 $a_{22}^{(2)}\neq 0$,则以 $a_{22}^{(2)}$ 为主元素,又可以把方程组(3.9)化为

$$\begin{cases} a_{11}^{(1)}x_1+a_{12}^{(1)}x_2+a_{13}^{(1)}x_3+\cdots+a_{1n}^{(1)}x_n=b_1^{(1)}, \\ \qquad a_{22}^{(2)}x_2+a_{23}^{(2)}x_3+\cdots+a_{2n}^{(2)}x_n=b_2^{(2)}, \\ \qquad a_{33}^{(3)}x_3+\cdots+a_{3n}^{(3)}x_n=b_3^{(3)}, \\ \qquad \cdots\cdots \\ \qquad a_{n3}^{(3)}x_3+\cdots+a_{nn}^{(3)}x_n=b_n^{(3)}, \end{cases} \tag{3.10}$$

针对(3.10)继续消元,重复同样的手段,第 $k-1$ 步后化为如下的同解方程组为

$$\begin{cases} a_{11}^{(1)}x_1+a_{12}^{(1)}x_2+a_{13}^{(1)}x_3+\cdots+a_{1n}^{(1)}x_n=b_1^{(1)}, \\ \qquad a_{22}^{(2)}x_2+a_{23}^{(2)}x_3+\cdots+a_{2n}^{(2)}x_n=b_2^{(2)}, \\ \cdots\cdots \\ a_{kk}^{(k)}x_k+\cdots+a_{kn}^{(k)}x_n=b_k^{(k)}, \\ \cdots\cdots \\ a_{nk}^{(k)}x_k+\cdots+a_{nn}^{(k)}x_n=b_n^{(k)}, \end{cases} \tag{3.11}$$

设 $a_{kk}^{(k)}\neq 0$,令 $l_{ik}=a_{ik}^{(k)}/a_{kk}^{(k)},i=k+1,k+2,\cdots,n$,用$(-l_{ik})$乘第 k 个方程分别加到第 i $(i=k+1,k+2,\cdots,n)$个方程上后得到如下同解方程组

$$\begin{cases} a_{11}^{(1)}x_1+a_{12}^{(1)}x_2+a_{13}^{(1)}x_3+\cdots+a_{1n}^{(1)}x_n=b_1^{(1)}, \\ \qquad a_{22}^{(2)}x_2+a_{23}^{(2)}x_3+\cdots+a_{2n}^{(2)}x_n=b_2^{(2)}, \\ \cdots\cdots \\ a_{kk}^{(k)}x_k+\cdots+a_{kn}^{(k)}x_n=b_k^{(k)}, \\ a_{k+1,k+1}^{(k+1)}x_{k+1}+\cdots+a_{k+1,n}^{(k+1)}x_n=b_{k+1}^{(k+1)}, \\ \cdots\cdots \\ a_{n,k+1}^{(k+1)}x_{k+1}+\cdots+a_{nn}^{(k+1)}x_n=b_n^{(k+1)}, \end{cases} \tag{3.12}$$

按照上述步骤进行 n 次后,将原方程组加工成如下的上三角形方程组

$$\begin{cases} a_{11}^{(1)}x_1+a_{12}^{(1)}x_2+a_{13}^{(1)}x_3+\cdots+a_{1n}^{(1)}x_n=b_1^{(1)}, \\ \qquad a_{22}^{(2)}x_2+a_{23}^{(2)}x_3+\cdots+a_{2n}^{(2)}x_n=b_2^{(2)}, \\ \cdots\cdots \\ a_{kk}^{(k)}x_k+\cdots+a_{kn}^{(k)}x_n=b_k^{(k)}, \\ \cdots\cdots \\ a_{nn}^{(n)}x_n=b_n^{(n)}, \end{cases} \tag{3.13}$$

当 $a_{nn}^{(n)}\neq 0$ 时,逐步回代得原方程的解为

$$\begin{cases} x_n = b_n^{(n)}/a_{nn}^{(n)}, \\ x_k = \left(b_k^{(k)} - \sum\limits_{j=k+1}^{n} a_{kj}^{(k)}x_j\right)\Big/ a_{kk}^{(k)}, k = n-1,\cdots,1. \end{cases} \tag{3.14}$$

综上所述,Gauss 消去法分为消元过程与回代过程,消元过程将所给方程组加工成上三角形方程组,再经回代过程求解,由于计算时不涉及 $x_i, i=1,2,\cdots,n$,所以在存储时可将方程组 $\boldsymbol{AX}=\boldsymbol{b}$ 写成增广矩阵$(\boldsymbol{A},\boldsymbol{b})$.

由以上知,Gauss 消去法每次迭代都要求主元素 $a_{kk}^{(k)}\neq 0$,那么矩阵 $\boldsymbol{A}$ 满足什么条件才能使 $a_{kk}^{(k)}\neq 0$? 又若存在某个 i_1 使 $a_{i_1i_1}^{(i_1)}=0$,应该如何处理呢?

定理 3.2 若矩阵 $\boldsymbol{A}$ 为 n 阶非奇异矩阵,则可通过 Gauss 消去法将方程组(3.1)化为三角形方程组.

定理 3.3 若 n 阶矩阵 $\boldsymbol{A}$ 满足所有顺序主子式均不为零,即

$$a_{11}\neq 0, \begin{vmatrix} a_{11} & a_{12} \\ a_{21} & a_{22} \end{vmatrix}\neq 0,\cdots,|\boldsymbol{A}|\neq 0,$$

则可通过 Gauss 消去法将方程组(3.1)化为三角形方程组.

证明 只需证明主元素 $a_{kk}^{(k)}\neq 0$ 即可,用 $\Delta_1,\Delta_2,\cdots,\Delta_n$ 表示矩阵 $\boldsymbol{A}$ 的顺序主子式,由数学归纳法,当 $k=1$ 时,由于 $\Delta_1=a_{11}=a_{11}^{(1)}\neq 0$,所以 $k=1$ 时成立. 假设对 $k-1$ 成立,即若 $\Delta_1,\Delta_2,\cdots,\Delta_{k-1}\neq 0$ 时,$a_{ii}^{(i)}\neq 0, i=1,\cdots,k-1$. 下证当 $\Delta_1,\Delta_2,\cdots,\Delta_k\neq 0$ 时,$a_{kk}^{(k)}\neq 0$ 成立. 由归纳假设,$a_{ii}^{(i)}\neq 0, i=1,\cdots,k-1$,所以 $\boldsymbol{A}^{(1)}$ 可由 Gauss 消去法约化到 $\boldsymbol{A}^{(k)}$,即

$$A^{(1)} \to A^{(k)} = \begin{bmatrix} a_{11}^{(1)} & a_{12}^{(1)} & \cdots & \cdots & \cdots & a_{1n}^{(1)} \\ & a_{22}^{(2)} & \cdots & \cdots & \cdots & a_{2n}^{(2)} \\ & & \ddots & & & \vdots \\ & & & a_{kk}^{(k)} & \cdots & a_{kn}^{(k)} \\ & & & \vdots & & \vdots \\ & & & a_{nk}^{(k)} & \cdots & a_{nn}^{(k)} \end{bmatrix},$$

由于

$$A^{(1)} \to \Delta_2 = \begin{vmatrix} a_{11} & a_{12} \\ a_{21} & a_{22} \end{vmatrix} = \begin{vmatrix} a_{11}^{(1)} & a_{12}^{(1)} \\ & a_{22}^{(2)} \end{vmatrix} = a_{11}^{(1)} a_{22}^{(2)},$$

$$A^{(1)} \to \Delta_3 = \begin{vmatrix} a_{11} & a_{12} & a_{13} \\ a_{21} & a_{22} & a_{23} \\ a_{31} & a_{32} & a_{33} \end{vmatrix} = \begin{vmatrix} a_{11}^{(1)} & a_{12}^{(1)} & a_{13}^{(1)} \\ & a_{22}^{(2)} & a_{23}^{(2)} \\ & & a_{33}^{(3)} \end{vmatrix} = a_{11}^{(1)} a_{22}^{(2)} a_{33}^{(3)},$$

$$A^{(1)} \to \cdots, \Delta_k = a_{11}^{(1)} a_{22}^{(2)} \cdots a_{kk}^{(k)},$$

由于 $\Delta_k \neq 0$ 及归纳假设知,必有 $a_{kk}^{(k)} \neq 0$ 成立.

算法 3.1 Gauss 消去法算法设计如下:

(1)消元计算过程:对 $k=1,2,\cdots,n-1$,有

$$m_{ik} = \frac{a_{ik}^{(k)}}{a_{kk}^{(k)}}, a_{ij}^{(k+1)} = a_{ij}^{(k)} - m_{ik} a_{kj}^{(k)},$$

$$b_i^{(k+1)} = b_i^{(k)} - m_{ik} b_k^{(k)}, i,j = k+1,\cdots,n.$$

(2)回代计算过程:解 $\boldsymbol{UX}=\boldsymbol{f}$,有

$$x_n = \frac{f_n}{u_{nn}}, x_k = \frac{1}{u_{kk}}\left(f_k - \sum_{j=k+1}^{n} u_{kj} x_j\right), k = n-1,\cdots,2,1.$$

下面分析 Gauss 消去法的计算工作量.

(1)消元计算过程中,对 $k=1,2,\cdots,n-1$, $m_{ik} = \dfrac{a_{ik}^{(k)}}{a_{kk}^{(k)}}$, $i=k+1,\cdots,n$,需要 $n-k$ 次除法,求 $a_{ij}^{(k+1)}$, $i,j=k+1,\cdots,n$,需要 $(n-k)^2$ 次乘法及 $(n-k)^2$ 加减法,所以此过程共需要乘除法次数为

$$\sum_{k=1}^{n-1}(n-k) + \sum_{k=1}^{n-1}(n-k)^2 = \frac{n^3}{3} - \frac{n}{3},$$

而需要加减法次数

$$\sum_{k=1}^{n-1}(n-k)^2 = \frac{n(n-1)(2n-1)}{6}.$$

求 $b_n^{(n)}$ 时,由

$$b_i^{(k+1)} = b_i^{(k)} - m_{ik} b_k^{(k)}, i = k+1,\cdots,n$$

知,需乘法、加法各 $\sum_{k=1}^{n-1}(n-k) = \dfrac{n(n-1)}{2}$ 次.

(2) 回代计算过程中,解 $\boldsymbol{UX}=\boldsymbol{f}$ 共需乘除法次数为

$$\left[\sum_{k=1}^{n-1}(n-k)\right]+n=\frac{n(n-1)}{2}+n=\frac{n(n+1)}{2},$$

加减法$\frac{n(n-1)}{2}$次,故有以下定理:

定理 3.4 若矩阵 $\boldsymbol{A}$ 为 n 阶非奇异矩阵,则用 Gauss 消去法解方程组(3.1)共需乘除法次数$\frac{n^3}{3}+n^2-\frac{n}{3}$,加减法次数$\frac{n(n-1)(2n+5)}{6}$.

由此可见,若 $n=10$,用 Gauss 消去法解方程组(3.1)共需乘除法次数为 430 次,但若用 Cramer 法则约需 11! =39 916 800 次乘除法.

Gauss 消去法 Matlab 程序设计如下:

```
function x=ch3ex3(A,b)
n=length(b);        %消元过程
for k=1:(n-1)
    m=A(k+1:n,k)/A(k,k);A(k+1:n,k+1:n)=A(k+1:n,k+1:n)-m*A(k,k+1:n);
    b(k+1:n)=b(k+1:n)-m*b(k); A(k+1:n,k)=zeros(n-k,1);
end
x=zeros(n,1); x(n)=b(n)/A(n,n);        %回代过程
for k=n-1:-1:1
  x(k)=(b(k)-A(k,k+1:n)*x(k+1:n))/A(k,k);
end
```

例 3 计算方程组$\begin{bmatrix}1&1&1&1\\-1&2&-3&1\\3&-3&6&-2\\-4&5&2&-3\end{bmatrix}\boldsymbol{X}=\begin{bmatrix}10\\-2\\7\\0\end{bmatrix}$的解.

解 在 Matlab 命令窗口输入:

```
>>A=[1 1 1 1;-1 2 -3 1;3 -3 6 -2;-4 5 2 -3];
>>b=[10 -2 7 0]';
>>x=ch3ex3(A,b);
>>X=x'
X=
     1     2     3     4
```

§3.4 主元 Gauss 消去法

由上节知识知在 Gauss 消去法中,有可能出现 $a_{kk}^{(k)}=0$ 的情况,这时计算中断,必须引

入行交换才能继续进行. 在实际计算中,有时即使 $a_{kk}^{(k)} \neq 0$,但 $a_{kk}^{(k)}$ 绝对值很小,最后使得解不可靠.

例如,用 Gauss 消去法解方程组

$$\begin{cases} 0.3\times10^{-11}x_1+x_2=0.7, \\ x_1+x_2=0.9, \end{cases}$$

要求用具有舍入的 10 位浮点数进行计算,精确到 10 位真解为

$$\boldsymbol{X}^*=(0.200\,000\,000\,0, 0.700\,000\,000\,0)^{\mathrm{T}}.$$

第一种方法,利用 Gauss 消去法有

$$(\boldsymbol{A},\boldsymbol{b})=\begin{bmatrix} 0.3\times10^{-11} & 1 & 0.7 \\ 1 & 1 & 0.9 \end{bmatrix}$$

$$\rightarrow\begin{bmatrix} 0.3\times10^{-11} & 1 & 0.7 \\ 0 & -0.333\,333\,333\,3\times10^{12} & -0.233\,333\,333\,3\times10^{12} \end{bmatrix},$$

计算解为

$$\begin{cases} x_2=0.700\,000\,000\,0, \\ x_1=0.000\,000\,000\,0, \end{cases}$$

显然这个计算解与真解相差太大,其原因是用绝对值很小的数 $a_{11}^{(1)}$ 作除数,使得计算结果的数量级大大增大,计算不可靠.

第二种方法,用行变换的 Gauss 消去法,避免用绝对值很小的元素作除数,有

$$\begin{cases} x_1+x_2=0.9, \\ 0.3\times10^{-11}x_1+x_2=0.7, \end{cases}$$

则有

$$(\boldsymbol{A},\boldsymbol{b})\rightarrow\begin{bmatrix} 1 & 1 & 0.9 \\ 0.3\times10^{-11} & 1 & 0.7 \end{bmatrix}\rightarrow\begin{bmatrix} 1 & 1 & 0.9 \\ 0 & 1 & 0.7 \end{bmatrix},$$

计算解为

$$\begin{cases} x_2=0.700\,000\,000\,0, \\ x_1=0.200\,000\,000\,0, \end{cases}$$

这是一个较好的计算结果. 这个例子表明,在采用 Gauss 消去法解方程组时,应避免采用绝对值很小的主元素 $a_{kk}^{(k)}$. 对一般系数矩阵,最好保持乘数 m_{ik} 的绝对值小于计算过程中舍入误差对求解的影响.

3.4.1　完全主元 Gauss 消去法

设 $\boldsymbol{AX}=\boldsymbol{b}, \boldsymbol{A}\in\mathbf{R}^{n\times n}$ 为非奇异矩阵,方程组的增广矩阵为

$$(\boldsymbol{A},\boldsymbol{b})=\begin{bmatrix} a_{11} & a_{12} & \cdots & a_{1n} & b_1 \\ a_{21} & a_{22} & \cdots & a_{2n} & b_2 \\ \vdots & \vdots & & \vdots & \vdots \\ a_{n1} & a_{n2} & \cdots & a_{nn} & b_n \end{bmatrix}.$$

第 1 步,在 $\boldsymbol{A}$ 中选取绝对值最大的元素作为主元素,即确定 i_1 和 j_1,使

$$|a_{i_1 j_1}| = \max_{1\leqslant i,j\leqslant n} |a_{ij}| \neq 0.$$

第 2 步,交换 $(\boldsymbol{A},\boldsymbol{b})$ 第 1 行与第 i_1 行元素,交换 $\boldsymbol{A}$ 第 1 列与第 j_1 列元素,再进行消元计算,一直进行到第 k 步,重复上述过程,设已完成第 1 步至第 $k-1$ 步的选主元,交换行进行消元计算,使 $(\boldsymbol{A},\boldsymbol{b})$ 约化为

$$(\boldsymbol{A},\boldsymbol{b})\to(\boldsymbol{A}^{(k)},\boldsymbol{b}^{(k)})=\begin{bmatrix} a_{11} & a_{12} & \cdots & a_{1k} & \cdots & a_{1n} & b_1 \\ & a_{22} & \cdots & a_{2k} & \cdots & a_{2k} & b_2 \\ & & & \vdots & & \vdots & \vdots \\ & & & a_{kk} & \cdots & a_{kn} & b_k \\ & & & \vdots & & \vdots & \vdots \\ & & & a_{nk} & \cdots & a_{nn} & b_n \end{bmatrix},$$

上式矩阵 $\boldsymbol{A}$ 中右下部分表示第 k 步选主元区域,$k=1,2,\cdots,n-1$.

(1)选主元:确定 i_k,j_k,使

$$|a_{i_k,j_k}| = \max_{k\leqslant i,j\leqslant n} |a_{ij}| \neq 0;$$

(2)当 $i_k\neq k$ 时,交换 $(\boldsymbol{A}^{(k)},\boldsymbol{b}^{(k)})$ 第 k 行与第 i_k 行元素,当 $j_k\neq k$ 时,交换 $(\boldsymbol{A}^{(k)},b^{(k)})$ 的第 k 列与第 j_k 列元素;

(3)消元计算:

$m_{ik}=\dfrac{a_{ik}}{a_{kk}},i=k+1,\cdots,n,$

$a_{ij}\leftarrow a_{ij}-m_{ik}a_{kj},i,j=k+1,\cdots,n,$

$b_i\leftarrow b_i-m_{ik}b_k,i=k+1,\cdots,n.$

回代求解:经过上述过程,最后方程组化为

$$\begin{bmatrix} a_{11} & a_{12} & \cdots & a_{1n} \\ & a_{22} & \cdots & a_{2n} \\ & & \ddots & \vdots \\ & & & a_{nn} \end{bmatrix}\begin{bmatrix} y_1 \\ y_2 \\ \vdots \\ y_n \end{bmatrix}=\begin{bmatrix} b_1 \\ b_2 \\ \vdots \\ b_n \end{bmatrix},$$

其中 $y_1,y_2,\cdots,y_n$ 为未知数,按 $y_1,y_2,\cdots,y_n$ 调换后的次序,回代求解

$$\begin{cases} y_n = b_n/a_{nn}, \\ y_i = (b_i - \sum\limits_{j=i+1}^{n} a_{ij}x_j)/a_{ii}, i = n-1,\cdots,2,1. \end{cases}$$

算法 3.2 完全主元 Gauss 消去法算法设计:

设 $\boldsymbol{AX}=\boldsymbol{b},\boldsymbol{A}\in\mathbf{R}^{n\times n}$,本算法用完全主元 Gauss 消去法解方程组,消元结果覆盖 $\boldsymbol{A}$,乘数 m_{ij} 覆盖 a_{ij},计算下标 $1,2,\cdots,n$,最后记录调换后未知数的下标.

1. 对于 $i=1,2,\cdots,n,IZ(i)\leftarrow i.$

2. 对于 $k=1,2,\cdots,n-1$,有

(1)选主元,$|a_{i_k,j_k}| = \max\limits_{k\leqslant i,j\leqslant n} |a_{ij}|.$

(2)如果 $a_{i_k,j_k}=0$,则计算停止,$|\boldsymbol{A}|=0$.

(3)a. 如果 $i_k=k$,则转 b.

换行 $a_{kj}\longleftrightarrow a_{i_k,j}, j=k,\cdots,n, b_k\longleftrightarrow b_{i_k}$.

b. 如果 $j_k=k$,则转(4).

换列 $a_{ik}\longleftrightarrow a_{i,j_k}, j=1,2,\cdots,n, IZ(k)\longleftrightarrow IZ(j_k)$.

(4)消元计算:对于 $i=k+1,\cdots,n$,有

a. $a_{ik}\leftarrow m_{ik}=a_{ik}/a_{kk}$.

b. 对于 $j=k+1,\cdots,n, a_{ij}\leftarrow a_{ij}-m_{ik}a_{kj}$.

c. $b_i\leftarrow b_i-m_{ik}b_k$.

3. 回代求解:

(1)如果 $a_{nn}=0$,则计算停止,$|\boldsymbol{A}|=0$.

(2)$b_n\leftarrow b_n/a_{nn}$.

(3) 对于 $i=n-1,\cdots,2,1, b_i\leftarrow(b_i-\sum_{j=i+1}^{n}a_{ij}b_j)/a_{ii}$.

4. 调整未知数的次序:

对于 $i=1,2,\cdots,n$,有 $x(IZ(i))\leftarrow b_i$.

完全主元 Gauss 消去法是一个数值稳定的方法,且有 $|m_{ik}|\leqslant 1$. 完全主元 Gauss 消去法 Matlab 程序如下:

```
function [x,Q]=ch3ex4(A,b)
d=[A b];
RA=rank(A);RD=rank(d);L=length(b);n=size(A);pos=1:n(1);
if RA~=RD
    fprintf('无解')
else
        if RA~=L
            fprintf('有无数多个解')
        else
                fprintf('有唯一解')
                for q=1:n
                    big=max(max(abs(A(q:n,q:n))));
                    for r=q:n
                        for t=q:n
                            if big==abs(A(r,t))
                                zhuh=r;zhul=t;
                            end
                        end
                    end
                    p=A(q,:); A(q,:)=A(zhuh,:); A(zhuh,:)=p;
```

```
            bb=b(q); b(q)=b(zhuh); b(zhuh)=bb;
            p=A(:,q); A(:,q)=A(:,zhul);A(:,zhul)=p;
            p=pos(q);pos(q)=pos(zhul);pos(zhul)=p;
        end
        c=[A b];
        for j=1:L-1
            for i=(j+1):L
                m=c(i,j)/c(j,j);c(i,:)=c(i,:)-c(j,:)*m;
            end
        end
        x(L,1)=c(L,L+1)/c(L,L);
        for k=L-1:-1:1
            x(k,1)=(c(k,L+1)-c(k,k+1:L)*x(k+1:L))/c(k,k);
        end
        y=[1:n(1)]';
        for w=1:n
            for v=1:n
                if (pos(v)==w)
                    y(w)=x(v);
                end
            end
        end
        x=y;
    end
end
Q=A ;
```

例 4　用完全主元 Gauss 消去法解方程组

$$\begin{cases}2x_1+3x_2+2x_3+6x_4=9,\\4x_1+9x_2+6x_3+15x_4=23,\\2x_1+6x_2+9x_3+18x_4=22,\\6x_1+15x_2+18x_3+40x_4=47.\end{cases}$$

解　在 Matlab 命令窗口输入:

```
>>A=[2 3 2 6;4 9 6 15;2 6 9 18;6 15 18 40];
>>b=[9 23 22 47]';
>>[x,Q]=ch3ex4(A,b)
有唯一解
x =
```

```
   4.6250
   0.2500
   4.7500
  -1.7500
Q =
   40   18   15    6
   18    9    6    2
   15    6    9    4
    6    2    3    2
```

3.4.2　列主元 Gauss 消去法

用完全主元 Gauss 消去法解 $\boldsymbol{AX}=\boldsymbol{b}$，在选主元素时要花费较多的时间，下面考虑一种常用的列主元 Gauss 消去法，它仅考虑依列选取绝对值最大的元素作为主元素，然后换行使之换到主元素位置上，再进行消元计算，且 $|m_{ik}|\leqslant 1$.

算法 3.3　列主元素消去法算法设计：

设 $\boldsymbol{AX}=\boldsymbol{b}$，其中 $\boldsymbol{A}\in\mathbf{R}^{n\times n}$，本算法采用具有行交换的列主元 Gauss 消去法解方程组，消元结果覆盖 $\boldsymbol{A}$，乘数 m_{ik} 覆盖 a_{ik}，解 $\boldsymbol{X}$ 存放在 $\boldsymbol{b}$ 内（当有唯一解时），行列式存放在 det 中.

1. det→1.

2. 对于 $k=1,2,\cdots,n-1$，有

(1) 按列选主元：确定 i_k，使 $|a_{i_k,k}|=\max\limits_{k\leqslant i\leqslant 1}|a_{ik}|$.

(2) 如果 $a_{i_k,k}=0$，则计算停止（$|\boldsymbol{A}|=0$）.

(3) 如果 $i_k=k$，则转(4)，

换行：$a_{kj}\leftrightarrow a_{i_k,j}$，$j=k,\cdots,n$，$b_k\leftrightarrow b_{i_k}$，det← −det.

(4) 消元计算：对于 $i=k+1,\cdots,n$，有

a. $a_{ik}\leftarrow m_{ik}=a_{ik}/a_{kk}$.

b. $a_{ij}\leftarrow a_{ij}-m_{ik}a_{kj}$，$j=k+1,\cdots,n$.

c. $b_i\leftarrow b_i-m_{ik}b_k$.

(5) det←a_{kk}det.

3. 如果 $a_{nn}=0$，则计算停止（$|\boldsymbol{A}|=0$）.

4. 回代求解：

$$\begin{cases} b_n \leftarrow b_n/a_{nn}, \\ b_i \leftarrow (b_i - \sum\limits_{j=i+1}^{n} a_{ij}b_j)/a_{ii}, \quad i = n-1,\cdots,2,1. \end{cases}$$

5. det←a_{nn}det.

6. 输出：计算解 $b(i)$ 及 det，$i=1,\cdots,n$.

列主元 Gauss 消去法 Matlab 程序如下：

```
function x=ch3ex5(A,b)
n=length(b);
for k=1:(n-1)
    [ap,p]=max(abs(A(k:n,k)));
    p=p+k-1;
    if p>k
        A([k p],:)=A([p k],:);b([k p],:)=b([p k],:);
    end
    m=A(k+1:n,k)/A(k,k);
    A(k+1:n,k+1:n)=A(k+1:n,k+1:n)-m*A(k,k+1:n);
    b(k+1:n)=b(k+1:n)-m*b(k);A(k+1:n,k)=zeros(n-k,1);
end
x=zeros(n,1);x(n)=b(n)/A(n,n);
for k=n-1:-1:1
    x(k)=(b(k)-A(k,k+1:n)*x(k+1:n))/A(k,k);
end
x=x';
```

在列主元 Gauss 消去法中,未知数仍然是顺序地消去的,但是把各方程中要消去的那个未知数的系数按绝对值最大值作为主元素,然后用顺序 Gauss 消去法的公式求解.

例 5 用列主元 Gauss 消去法求解方程

$$\begin{cases}2x_1-x_2+3x_3=1,\\4x_1+2x_2+5x_3=4,\\x_1+2x_2=7.\end{cases}$$

解 由于解方程组取决于它的系数,因此可用这些系数(包括右端项)所构成的"增广矩阵"作为方程组的一种简化形式,对这种增广矩阵施行消元

$$(\boldsymbol{A},\boldsymbol{b})=\begin{bmatrix}2&-1&3&1\\4&2&5&4\\1&2&0&7\end{bmatrix}.$$

首先,将 4 选为主元素,并把主元素所在的行定为主元行,然后将主元行换到第一行得到

$$(\boldsymbol{A},\boldsymbol{b})=\begin{bmatrix}4&2&5&4\\2&-1&3&1\\1&2&0&7\end{bmatrix}\to\begin{bmatrix}1&0.5&1.25&1\\0&-2&0.5&-1\\0&1.5&-1.25&6\end{bmatrix}$$

$$\to\begin{bmatrix}1&0.5&1.25&1\\0&1&-0.25&0.5\\0&0&-0.875&5.25\end{bmatrix}\to\begin{bmatrix}1&0.5&1.25&1\\0&1&-0.25&0.5\\0&0&1&-6\end{bmatrix},$$

消元过程的结果归结到下列三角形方程组

$$\begin{cases} x_1+0.5x_2+1.25x_3=1, \\ \qquad\quad x_2-0.25x_3=0.5, \\ \qquad\qquad\qquad x_3=-6, \end{cases}$$

回代求得 $x_1=9, x_2=-1, x_3=-6$.

本例 Matlab 程序如下：

```
>>A=[2 -1 3;4 2 5;1 2 0];
>>b=[1 4 7]';
>>X=ch3ex5(A,b)
X=
     9    -1    -6
```

3.4.3　列主元 Gauss-Jordan 消去法

Gauss 消去法解方程组 $\boldsymbol{AX}=\boldsymbol{b}$ 自始至终仅仅是对 $\boldsymbol{A}^{(k)}$ 的第 k 行下面的元素进行消元计算，现考虑一个修正方法，即消元计算对 $\boldsymbol{A}^{(k)}$ 的第 k 行上面和下面的元素都进行消元计算，最后不需要回代即可求得方程组的解，这就是高斯-约当(Gauss-Jordan)消去法，再引进按列选主元，就是列主元 Gauss-Jordan 消去法，列主元 Gauss-Jordan 消去法从第 k 步计算，$k=1,2,\cdots,n$.

设 Gauss-Jordan 消去法已完成第 1 步至第 $k-1$ 步，得到与原方程组等价的方程组 $\boldsymbol{A}^{(k)}\boldsymbol{X}=\boldsymbol{b}^{(k)}$，其中

$$\boldsymbol{A}^{(k)}=\begin{bmatrix} 1 & & & a_{1k}^{(k)} & \cdots & a_{1n}^{(k)} \\ & \ddots & & \vdots & & \\ & & 1 & a_{k-1,k}^{(k)} & \cdots & a_{k-1,n}^{(k)} \\ & & & a_{kk}^{(k)} & \cdots & a_{kn}^{(k)} \\ & & & \vdots & & \vdots \\ & & & a_{nk}^{(k)} & \cdots & a_{nn}^{(k)} \end{bmatrix}, \quad \boldsymbol{b}^{(k)}=\begin{bmatrix} b_1^{(k)} \\ \vdots \\ b_k^{(k)} \\ \vdots \\ b_n^{(k)} \end{bmatrix}.$$

第 k 步计算，不妨设 $a_{kk}^{(k)}\neq 0$，否则做行交换：

(1)按列选主元，即确定 i_k，使 $|a_{i_k,k}|=\max\limits_{k\leqslant i\leqslant n}|a_{ik}|$；

(2)当 $i_k\neq k$ 时，交换$(\boldsymbol{A},\boldsymbol{b})$第 k 行与第 i_k 行元素；

(3)消元计算：

$$a_{ik}\leftarrow m_{ik}=-a_{ik}/a_{kk}, i=1,2,\cdots,n, \text{且 } i\neq k, m_{kk}=1/a_{kk},$$

$$a_{ij}\leftarrow a_{ij}+m_{ik}a_{kj}, i=1,2,\cdots,n, j=k+1,\cdots,n, i\neq k,$$

$$b_i\leftarrow b_i+m_{ik}b_k, i=1,2,\cdots,n, \text{且 } i\neq k;$$

(4)计算主行：

$$a_{kj}\leftarrow a_{kj}\cdot m_{kk}, j=k,k+1,\cdots,n, b_k\leftarrow b_k\cdot m_{kk}, k=1,2,\cdots,n,$$

上述过程完成后，则有

$$(\boldsymbol{A},\boldsymbol{b})\to(\boldsymbol{A}(n+1),\boldsymbol{b}(n+1))=\begin{bmatrix}1 & \cdots & \cdots & \cdots & \bar{b}_1\\ & 1 & \cdots & \cdots & \bar{b}_2\\ & & \ddots & & \vdots\\ & & & 1 & \bar{b}_n\end{bmatrix},$$

从而计算解 $x_i=\bar{b}_i(i=1,2,\cdots,n)$,不需要回代.

列主元 Gauss-Jordan 消去法将 $\boldsymbol{A}$ 化为单位矩阵,计算解就在常数项位置得到. 因此,Gauss-Jordan 消去法不用回代求解,用列主元 Gauss-Jordan 消去法计算量大约为 $n^3/2$ 次乘除法,比 Gauss 消去法计算量要大,但用列主元 Gauss-Jordan 消去法求一个非奇异矩阵的逆矩阵是比较适合的.

例 6 用列主元 Gauss-Jordan 消去法求 $\boldsymbol{A}=\begin{bmatrix}1&2&3\\2&4&5\\3&5&6\end{bmatrix}$ 的逆矩阵 $\boldsymbol{A}^{-1}$.

解 利用初等行变换

$$(\boldsymbol{A},\boldsymbol{I})=\begin{bmatrix}1&2&3&1&0&0\\2&4&5&0&1&0\\3&5&6&0&0&1\end{bmatrix}\to\begin{bmatrix}3&5&6&0&0&1\\2&4&5&0&1&0\\1&2&3&1&0&0\end{bmatrix}$$

$$\to\begin{bmatrix}1&5/3&2&0&0&1/3\\0&2/3&1&0&1&-2/3\\0&1/3&1&1&0&-1/3\end{bmatrix}\to\begin{bmatrix}1&0&-1/2&0&-5/2&2\\0&1&3/2&0&3/2&-1\\0&0&1/2&1&-1/2&0\end{bmatrix}$$

$$\to\begin{bmatrix}1&0&0&1&-3&2\\0&1&0&-3&3&-1\\0&0&1&2&-1&0\end{bmatrix}=(\boldsymbol{I},\boldsymbol{A}^{-1}),$$

从而

$$\boldsymbol{A}^{-1}=\begin{bmatrix}1&-3&2\\-3&3&-1\\2&-1&0\end{bmatrix}.$$

也可在 Matlab 命令窗口输入:

```
>> A=[1 2 3;2 4 5;3 5 6];
>> inv(A)
ans =
      1.0000   -3.0000    2.0000
     -3.0000    3.0000   -1.0000
      2.0000   -1.0000         0
```

两种方法结果一致.

例 7 设 $\boldsymbol{A}=\begin{bmatrix}1&2&3\\2&2&1\\3&4&3\end{bmatrix}$, $\boldsymbol{B}=\begin{bmatrix}2&5\\3&1\\4&3\end{bmatrix}$,若 $\boldsymbol{AX}=\boldsymbol{B}$,求 $\boldsymbol{X}$.

解 利用初等行变换将$(\boldsymbol{A},\boldsymbol{B})$变换为$(\boldsymbol{I},\boldsymbol{A}^{-1}\boldsymbol{B})$,则

$$\boldsymbol{X}=\boldsymbol{A}^{-1}\boldsymbol{B}=\begin{bmatrix}3 & 2\\ -2 & -3\\ 1 & 3\end{bmatrix}.$$

§3.5 用三角分解法解线性方程组

本节我们先用矩阵理论来分析 Gauss 消去法的实质,从而建立矩阵三角分解定理,并由此建立当方程组的系数矩阵具有某些特殊性质时的数值解法.

3.5.1 矩阵的三角分解

设方程组$\boldsymbol{AX}=\boldsymbol{b}$的系数矩阵$\boldsymbol{A}$的各阶顺序主子式均不为0,由于对$\boldsymbol{A}$施行一次初等行变换相当于用一个初等矩阵左乘$\boldsymbol{A}$,从而由$\boldsymbol{A}^{(1)}$化为$\boldsymbol{A}^{(2)}$,$\boldsymbol{b}^{(1)}$化为$\boldsymbol{b}^{(2)}$,这个过程相当于对方程组$\boldsymbol{AX}=\boldsymbol{b}$的增广矩阵进行初等变换来实现,即

$$\boldsymbol{L}_1\boldsymbol{A}^{(1)}=\boldsymbol{A}^{(2)},\boldsymbol{L}_1\boldsymbol{b}^{(1)}=\boldsymbol{b}^{(2)},$$

其中

$$\boldsymbol{L}_1=\begin{bmatrix}1 & & & \\ -m_{21} & 1 & & \\ \vdots & & \ddots & \\ -m_{n1} & \cdots & & 1\end{bmatrix}.$$

一般地,由$\boldsymbol{A}^{(k)}$化为$\boldsymbol{A}^{(k+1)}$,$\boldsymbol{b}^{(k)}$化为$\boldsymbol{b}^{(k+1)}$的过程相当于

$$\boldsymbol{L}_k\boldsymbol{A}^{(k)}=\boldsymbol{A}^{(k+1)},\boldsymbol{L}_k\boldsymbol{b}^{(k)}=\boldsymbol{b}^{(k+1)},$$

其中

$$\boldsymbol{L}_k=\begin{bmatrix}1 & & & & \\ & \ddots & & & \\ & & 1 & & \\ & & -m_{k+1,k} & 1 & \\ & & \vdots & & \ddots \\ & & -m_{nk} & \cdots & & 1\end{bmatrix}, \tag{3.15}$$

其中$k=1,\cdots,n-1$,所以由$\boldsymbol{A}^{(1)}$化为$\boldsymbol{A}^{(n)}$,$\boldsymbol{b}^{(1)}$化为$\boldsymbol{b}^{(n)}$的整个过程相当于

$$\boldsymbol{L}_{n-1}\cdots\boldsymbol{L}_2\boldsymbol{L}_1\boldsymbol{A}^{(1)}=\boldsymbol{A}^{(n)},\boldsymbol{L}_{n-1}\cdots\boldsymbol{L}_2\boldsymbol{L}_1\boldsymbol{b}^{(1)}=\boldsymbol{b}^{(n)},$$

又因为$\boldsymbol{L}_k$是可逆矩阵,$k=1,\cdots,n-1$,故有

$$\boldsymbol{A}=\boldsymbol{A}^{(1)}=\boldsymbol{L}_1^{-1}\cdots\boldsymbol{L}_{n-1}^{-1}\boldsymbol{A}^{(n)}. \tag{3.16}$$

又$\boldsymbol{A}^{(n)}$为上三角矩阵,$\boldsymbol{L}_k$是单位下三角矩阵,$k=1,\cdots,n-1$,其逆矩阵也是单位下三角矩

阵,而单位下三角矩阵的乘积也是单位下三角矩阵. 令

$$A^{(n)}=U,L_1^{-1}\cdots L_{n-1}^{-1}=L,$$

则式(3.16)变为 $A=LU$,其中 L 是单位下三角矩阵,U 为上三角矩阵,由此知 Gauss 消去法的实质是对系数矩阵 A 做了一次三角分解,于是得到下面定理:

定理 3.5 (矩阵的 LU 分解定理) n 阶方阵 A 的 n 个顺序主子矩阵都非奇异,则矩阵 A 可唯一分解为单位下三角矩阵 L 与上三角矩阵 U 的乘积,即 $A=LU$.

证明 由以上分析知存在性得证,下证唯一性,假设 A 可以分解成

$$A=LU=L_1U_1. \tag{3.17}$$

即假设 A 有两种分解,其中 L 和 L_1 是单位下三角矩阵,U 和 U_1 为上三角矩阵,因为 L,L_1,U 和 U_1 均为可逆矩阵,在(3.17)式两边左乘 L^{-1},右乘 U_1^{-1} 得

$$UU_1^{-1}=L^{-1}L_1. \tag{3.18}$$

式(3.18)左边为一个上三角矩阵,右边为一个单位下三角矩阵,所以必为一个单位矩阵,即

$$UU_1^{-1}=L^{-1}L_1=I,$$

故而有 $U=U_1$ 和 $L=L_1$,得证.

定义 3.4 矩阵 A 的 LU 分解中,取 L 是单位下三角阵,而 U 是上三角阵,称此分解为**杜利特尔(Doolittle)分解**;取 U 是单位上三角阵,而 L 是下三角阵,那么称此分解为**克劳特(Courant)分解**.

定理 3.6 设 A 为 n 阶非奇异矩阵,则存在排列矩阵 P,使 $PA=LU$.

矩阵的 Doolittle 三角分解 Matlab 程序如下:

```
function x=ch3ex8(A,b)
n=length(b);U=zeros(n,n);L=eye(n,n);
U(1,:)=A(1,:);L(2:n,1)=A(2:n,1)/U(1,1);
for k=2:n
    U(k,k:n)=A(k,k:n)-L(k,1:k-1)*U(1:k-1,k:n);
    L(k+1:n,k)=(A(k+1:n,k)-L(k+1:n,1:k-1)*U(1:k-1,k))/U(k,k);
end
y=zeros(n,1);y(1)=b(1);
for k=2:n
    y(k)=b(k)-L(k,1:k-1)*y(1:k-1);
end
x=zeros(n,1);x(n)=y(n)/U(n,n);
for k=n-1:-1:1
    x(k)=(y(k)-U(k,k+1:n)*x(k+1:n))/U(k,k);
end
```

例 8　用 Doolittle 三角分解法求解

$$\begin{bmatrix}1 & 2 & 3\\2 & 5 & 2\\3 & 1 & 5\end{bmatrix}\begin{bmatrix}x_1\\x_2\\x_3\end{bmatrix}=\begin{bmatrix}14\\18\\20\end{bmatrix}.$$

解　(1) 对于 $r=1$,有

$$u_{11}=1,u_{12}=2,u_{13}=3,l_{21}=2,l_{31}=3.$$

(2) 对于 $r=2$,有

$$u_{22}=a_{22}-l_{21}u_{12}=5-2\times2=1,$$

$$u_{23}=a_{23}-l_{21}u_{13}=2-2\times3=-4,$$

$$l_{32}=\frac{(a_{32}-l_{31}u_{12})}{u_{22}}=\frac{(1-3\times2)}{1}=-5.$$

(3) 对于 $r=3$,有

$$u_{33}=a_{33}-(l_{31}u_{13}+l_{32}u_{23})=5-[3\times3+(-5)\cdot(-4)]=-24,$$

于是

$$\boldsymbol{A}=\begin{bmatrix}1 & & \\2 & 1 & \\3 & -5 & 1\end{bmatrix}\begin{bmatrix}1 & 2 & 3\\ & 1 & -4\\ & & -24\end{bmatrix}=\boldsymbol{LU}.$$

(4) 求解 $\boldsymbol{LY}=\boldsymbol{b}$,得

$$y_1=14,$$

$$y_2=b_2-l_{21}y_1=18-2\times14=-10,$$

$$y_3=b_3-(l_{31}y_1+l_{32}y_2)=20-[3\times14+(-5)(-10)]=-72,$$

从而 $\boldsymbol{Y}=(14,-10,-72)^{\mathrm{T}}$. 由 $\boldsymbol{UX}=\boldsymbol{Y}$,得

$$x_3=\frac{y_3}{u_{33}}=\frac{-72}{-24}=3,$$

$$x_2=\frac{(y_2-u_{23}x_3)}{u_{22}}=\frac{-10-(-4\times3)}{1}=2,$$

$$x_1=\frac{y_1-(u_{12}x_2+u_{13}x_3)}{u_{11}}=\frac{14-(2\times2+3\times3)}{1}=1,$$

故 $\boldsymbol{X}=(1,\ 2,\ 3)^{\mathrm{T}}$.

在 Matlab 命令窗口输入:

```
>>A=[1 2 3;2 5 2;3 1 5];
>>b=[14 18 20]';
>>x=ch3ex8(A,b);
>>X=x'
```

运行结果为:

```
X=
    1    2    3
```

3.5.2 不选主元的直接三角分解法

前面可知 Gauss 消去法的实质是对系数矩阵 $\boldsymbol{A}$ 做了一次三角分解，即 $\boldsymbol{A}=\boldsymbol{LU}$，这时解方程组 $\boldsymbol{AX}=\boldsymbol{b}$ 的问题就变为求解 $\boldsymbol{LUX}=\boldsymbol{b}$ 的问题了，若令 $\boldsymbol{UX}=\boldsymbol{Y}$，则有 $\boldsymbol{LY}=\boldsymbol{b}$. 因为 $\boldsymbol{L}$ 和 $\boldsymbol{U}$ 均为三角矩阵，所以这两个方程组都是容易求解的. 可见一旦矩阵 $\boldsymbol{A}$ 实现了 $\boldsymbol{L}$ 和 $\boldsymbol{U}$ 的分解，则解 $\boldsymbol{AX}=\boldsymbol{b}$ 就变为求解两个三角形方程组了，即解 $\boldsymbol{LY}=\boldsymbol{b}$ 求 $\boldsymbol{Y}$，解 $\boldsymbol{UX}=\boldsymbol{Y}$ 求 $\boldsymbol{X}$. 下面讨论矩阵 $\boldsymbol{A}$ 的 LU 分解问题，设

$$\boldsymbol{A}=\begin{bmatrix} a_{11} & a_{12} & a_{13} & \cdots & a_{1n} \\ a_{21} & a_{22} & a_{23} & \cdots & a_{2n} \\ a_{31} & a_{32} & a_{33} & \cdots & a_{3n} \\ \vdots & \vdots & \vdots & & \vdots \\ a_{n1} & a_{n2} & a_{n3} & \cdots & a_{nn} \end{bmatrix}=\begin{bmatrix} 1 & & & & \\ l_{21} & 1 & & & \\ l_{31} & l_{32} & 1 & & \\ \vdots & \vdots & \vdots & \ddots & \\ l_{n1} & l_{n2} & l_{n3} & \cdots & 1 \end{bmatrix}\begin{bmatrix} u_{11} & u_{12} & u_{13} & \cdots & u_{1n} \\ & u_{22} & u_{23} & \cdots & u_{2n} \\ & & u_{33} & \cdots & u_{3n} \\ & & & \ddots & \vdots \\ & & & & u_{nn} \end{bmatrix},$$

由矩阵乘法知 $a_{1i}=u_{1i}$，故而 $u_{1i}=a_{1i}, i=1,\cdots,n$，即 $\boldsymbol{U}$ 的第 1 行可求得，进一步

$$a_{21}=l_{21}u_{11}, a_{31}=l_{31}u_{11}, \cdots, a_{n1}=l_{n1}u_{11},$$

故而

$$l_{i1}=\frac{a_{i1}}{u_{11}}, i=2,\cdots,n,$$

即 $\boldsymbol{L}$ 的第 1 列可求得. 假设已求出 $\boldsymbol{U}$ 的第 1 行到第 $r-1$ 行及 $\boldsymbol{L}$ 的第 1 列到第 $r-1$ 列，其中 $2\leqslant r\leqslant n$，下面求 $\boldsymbol{U}$ 的第 r 行及 $\boldsymbol{L}$ 的第 r 列：

(1) 求 $u_{ri}, i=r,r+1,\cdots,n$，由

$$a_{ri}=\sum_{k=1}^{n} l_{rk}u_{ki}=\sum_{k=1}^{r} l_{rk}u_{ki}=\sum_{k=1}^{r-1} l_{rk}u_{ki}+u_{ri},$$

得

$$u_{ri}=a_{ri}-\sum_{k=1}^{r-1} l_{rk}u_{ki},\ i=r,r+1,\cdots,n. \tag{3.19}$$

(2) 求 $l_{ir}, i=r+1,\cdots,n$，由

$$a_{ir}=\sum_{k=1}^{n} l_{ik}u_{kr}=\sum_{k=1}^{r} l_{ik}u_{kr}=\sum_{k=1}^{r-1} l_{ik}u_{kr}+l_{ir}u_{rr},$$

得

$$l_{ir}=\frac{1}{u_{rr}}\left(a_{ir}-\sum_{k=1}^{r-1} l_{ik}u_{kr}\right), i=r+1,\cdots,n. \tag{3.20}$$

由(3.19)和(3.20)式即可完成分解，从而解 $\boldsymbol{LY}=\boldsymbol{b}$ 及 $\boldsymbol{UX}=\boldsymbol{Y}$.

算法 3.4 矩阵直接三角分解法具体算法如下：

(1) $u_{1i}=a_{1i}, i=1,\cdots,n, l_{i1}=\dfrac{a_{i1}}{u_{11}}, i=2,\cdots,n$. 对 $r=2,\cdots,n$ 转到第(2)步；

(2) 求 $\boldsymbol{U}$ 的第 r 行，有

$$u_{ri}=a_{ri}-\sum_{k=1}^{r-1}l_{rk}u_{ki},i=r,r+1,\cdots,n;$$

(3) 求 $\boldsymbol{L}$ 的第 r 列,有

$$l_{ir}=\frac{1}{u_{rr}}(a_{ir}-\sum_{k=1}^{r-1}l_{ik}u_{kr}),i=r+1,\cdots,n;$$

(4) 求 $\boldsymbol{LY}=\boldsymbol{b}$,有

$$y_1=b_1,y_k=b_k-\sum_{i=1}^{k-1}l_{ki}y_i,k=2,\cdots,n;$$

(5) 求 $\boldsymbol{UX}=\boldsymbol{Y}$,有

$$x_n=\frac{y_n}{u_{nn}}x_k=\frac{1}{u_{kk}}(y_k-\sum_{i=k+1}^{n}u_{ki}x_i),k=n-1,\cdots,2,1.$$

例 9　用直接三角分解法解方程组

$$\begin{bmatrix}1&4&7\\2&5&8\\3&6&11\end{bmatrix}\begin{bmatrix}x_1\\x_2\\x_3\end{bmatrix}=\begin{bmatrix}1\\1\\1\end{bmatrix}.$$

解　实现分解计算 $\boldsymbol{A}=\boldsymbol{LU}$,具体过程如下:

(1)$r=1$,利用公式计算得 $u_{11}=1,u_{12}=4,u_{13}=7,l_{21}=2,l_{31}=3$;

(2)$r=2,u_{2i}=a_{2i}-l_{21}u_{1i},i=2,3$,

$u_{22}=-3,u_{23}=-6,l_{32}=(a_{32}-l_{31}u_{12})/u_{22}=2$;

(3)$r=3,u_{33}=a_{33}-(l_{31}u_{13}+l_{32}u_{23})=2$,于是

$$\boldsymbol{A}=\begin{bmatrix}1&&\\2&1&\\3&2&1\end{bmatrix}\begin{bmatrix}1&4&7\\&-3&-6\\&&2\end{bmatrix}=\boldsymbol{LU};$$

(4)求解 $\boldsymbol{LY}=\boldsymbol{b}$ 得到 $\boldsymbol{Y}=[1,-1,0]^{\mathrm{T}}$;

(5)求解 $\boldsymbol{UX}=\boldsymbol{Y}$ 得到方程组的解 $\boldsymbol{X}=(-1/3,1/3,0)^{\mathrm{T}}$.

显然,当 $u_{rr}\neq0(r=1,2,\cdots,n)$ 时,解 $\boldsymbol{AX}=\boldsymbol{b}$ 直接三角分解法才能进行计算.

Matlab 提供了 lu 函数来求矩阵的 LU 分解:

[L,U]=lu(A)　　　%$\boldsymbol{A}=\boldsymbol{LU}$,$\boldsymbol{U}$ 为上三角矩阵,$\boldsymbol{L}$ 为下三角矩阵,分解以后方程组 $\boldsymbol{AX}=\boldsymbol{b}$ 的解可写为 X=U\(L\b);

[L,U,P] =lu(A)　%产生一个上三角矩阵 $\boldsymbol{U}$ 和一个下三角矩阵 $\boldsymbol{L}$ 及置换矩阵 $\boldsymbol{P}$,使得 $\boldsymbol{PA}=\boldsymbol{LU}$,分解以后方程组 $\boldsymbol{AX}=\boldsymbol{b}$ 的解可写为 X=U\(L\P * b).

例 10　用 LU 分解求解下列线性方程组

$$\begin{bmatrix}1.5&3&-0.8&4\\2&0&9&10\\-7&4.8&-0.6&1\\14&12.3&-4&5\end{bmatrix}\begin{bmatrix}x_1\\x_2\\x_3\\x_4\end{bmatrix}=\begin{bmatrix}4\\0\\1\\-2\end{bmatrix}.$$

解　在 Matlab 命令窗口输入:

```
>>A=[1.5 3 -0.8 4;2 0 9 10;-7 4.8 -0.6 1;14 12.3 -4 5];
>>b=[4 0 1 -2]';
>>[L,U]=lu(A)
L=

    0.1071    0.1536    0.0031    1.0000
    0.1429   -0.1605    1.0000         0
   -0.5000    1.0000         0         0
    1.0000         0         0         0

U=

   14.0000   12.3000   -4.0000    5.0000
         0   10.9500   -2.6000    3.5000
         0         0    9.1542    9.8474
         0         0         0    2.8965

>>x=U\(L\b);
>>X=x'
X=
  -0.3721   -0.8291   -1.5336    1.4547
>>[L,U,P]=lu(A)
L=

    1.0000         0         0         0
   -0.5000    1.0000         0         0
    0.1429   -0.1605    1.0000         0
    0.1071    0.1536    0.0031    1.0000

U=

   14.0000   12.3000   -4.0000    5.0000
         0   10.9500   -2.6000    3.5000
         0         0    9.1542    9.8474
         0         0         0    2.8965

P=
     0     0     0     1
     0     0     1     0
     0     1     0     0
     1     0     0     0
>>x=U\(L\P*b);
>>X=x'
```

```
X =
   -0.3721    -0.8291    -1.5336     1.4547
```

§3.6 解对称正定矩阵方程组的平方根法

对于一般线性方程组 $AX=b$ 可以用以上介绍的几种方法求解,但对于系数矩阵 A 有某些特殊性质时,可用特殊方法来求解. 本节讨论系数矩阵 A 为对称正定矩阵时常用的平方根法及改进的平方根法.

3.6.1 对称正定矩阵及其性质

定义 3.5 设 A 为 n 阶对称矩阵,若对任意 $0\neq X\in\mathbf{R}^n$,有 $X^{\mathrm{T}}AX>0$,则称二次型 $f=X^{\mathrm{T}}AX$ 为**正定二次型**,矩阵 A 称为**对称正定矩阵**.

定理 3.7 如果 $A\in\mathbf{R}^{n\times n}$ 为对称正定阵,则

(1) A 为非奇异矩阵,且 A^{-1} 亦是对称正定阵;

(2) 记 A_k 为 A 的顺序主子阵,A_k 亦是对称正定阵($k=1,2,\cdots,n$);

(3) A 的特征值 $\lambda_i(A)>0,i=1,2,\cdots,n$;

(4) A 的顺序主子式都大于零,即 $\det A_k>0,k=1,2,\cdots,n$.

证明 (1) 若 $\det A=0$,于是 $AX=0$ 有非零解 $X\neq 0$,由此有 $(AX,X)=0$,这与 A 为对称正定矩阵矛盾,故 $\det A\neq 0$. 显然 $(A^{-1})^{\mathrm{T}}=(A^{\mathrm{T}})^{-1}=A^{-1}$,说明 A^{-1} 亦是对称矩阵. 此外,对任意非零向量 $Y\neq 0$,则由 A 为对称正定阵有

$$(A^{-1}Y,Y)=(X,AX)=(AX,X)>0,$$

记 $A^{-1}Y=X,X\neq 0$,所以 A^{-1} 亦是对称正定阵.

(2) 记

$$A_k=\begin{bmatrix} a_{11} & \cdots & a_{1k} \\ \vdots & & \vdots \\ a_{1k} & \cdots & a_{kk} \end{bmatrix},$$

显然有 $A_k^{\mathrm{T}}=A_k$,对任意非零向量 $x_1\in\mathbf{R}^k$,考查 $(A_kx_1,x_1)>0$ 是否成立. 事实上,令

$$X=\begin{bmatrix} x_1 \\ 0 \end{bmatrix}\in\mathbf{R}^n,X\neq 0,$$

由 A 的正定性,则

$$(A_kx_1,x_1)=(AX,X)>0,$$

所以 A_k 亦是对称正定阵.

(3) 设 λ 为 A 的特征值,于是存在向量 $X\neq 0$,使 $AX=\lambda X$,且有 $(AX,X)=(\lambda X,X)$,即有

$$\lambda=(AX,X)/(X,X)>0.$$

(4)设 $\lambda_i(i=1,\cdots,n)$ 为 A 的特征值,由于 $\det A=\lambda_1\lambda_2\cdots\lambda_n$,由(3)可知 $\lambda_i>0$,故 $\det A>0$,又由性质(2)知 A_k 为对称正定阵,所以 $\det A_k>0,k=1,\cdots,n$.

3.6.2 平方根法

设 A 为对称正定矩阵,显然 A 的各阶顺序主子式均不等于0,从而由定理3.5知,A 可以唯一地分解成 $A=LU$,其中 L 是单位下三角矩阵,U 为上三角矩阵,而 U 还可以分解成

$$U=\begin{bmatrix} u_{11} & u_{12} & \cdots & u_{1n} \\ & u_{22} & \cdots & u_{2n} \\ & & \ddots & \vdots \\ & & & u_{nn} \end{bmatrix}=\begin{bmatrix} u_{11} & & & \\ & u_{22} & & \\ & & \ddots & \\ & & & u_{nn} \end{bmatrix}\begin{bmatrix} 1 & \frac{u_{12}}{u_{11}} & \cdots & \frac{u_{1n}}{u_{11}} \\ & 1 & \cdots & \frac{u_{2n}}{u_{22}} \\ & & \ddots & \vdots \\ & & & 1 \end{bmatrix}=DU_0,$$

从而 $A=LU=LDU_0$.

又因为 $A^{\mathrm{T}}=A$,所以

$$(LDU_0)^{\mathrm{T}}=U_0^{\mathrm{T}}(DL^{\mathrm{T}})=LDU_0=L(DU_0).$$

再注意到分解是唯一的,故有 $U_0^{\mathrm{T}}=L$,即有 A 分解成 $A=LDL^{\mathrm{T}}$.

以下再考虑对角矩阵 $D=\mathrm{diag}(u_{11},u_{22},\cdots,u_{nn})$ 的元素,由矩阵 A 的正定性知,A 的各阶顺序主子矩阵也是对称正定矩阵,且各阶顺序主子式全大于0,即

$$\det A_k=u_{11}u_{22}\cdots u_{kk}>0,k=1,\cdots,n,$$

所以 $u_{ii}>0,i=1,\cdots,n$,故有

$$D=\begin{bmatrix} u_{11} & & & \\ & u_{22} & & \\ & & \ddots & \\ & & & u_{nn} \end{bmatrix}=\begin{bmatrix} \sqrt{u_{11}} & & & \\ & \sqrt{u_{22}} & & \\ & & \ddots & \\ & & & \sqrt{u_{nn}} \end{bmatrix}\begin{bmatrix} \sqrt{u_{11}} & & & \\ & \sqrt{u_{22}} & & \\ & & \ddots & \\ & & & \sqrt{u_{nn}} \end{bmatrix}=D^{\frac{1}{2}}D^{\frac{1}{2}},$$

从而得

$$A=LDL^{\mathrm{T}}=(LD^{\frac{1}{2}})(LD^{\frac{1}{2}})^{\mathrm{T}}=\bar{L}\bar{L}^{\mathrm{T}}.$$

定理3.8 若 A 为 n 阶对称正定矩阵,则存在一个实非奇异下三角矩阵 L,使得 $A=LL^{\mathrm{T}}$,且当限定 L 的对角元素为正时,这种分解是唯一的.

对称正定矩阵 A 三角分解 $A=LL^{\mathrm{T}}$ 称为**乔勒斯基(Cholesky)分解**.

同以上的三角分解法,下面我们讨论矩阵 L 的元素的求法,令

$$\begin{bmatrix} a_{11} & a_{12} & \cdots & a_{1n} \\ a_{21} & a_{22} & \cdots & a_{2n} \\ \vdots & \vdots & & \vdots \\ a_{n1} & a_{n2} & \cdots & a_{nn} \end{bmatrix}=\begin{bmatrix} l_{11} & & & \\ l_{21} & l_{22} & & \\ \vdots & \vdots & \ddots & \\ l_{n1} & l_{n2} & \cdots & l_{nn} \end{bmatrix}\begin{bmatrix} l_{11} & l_{21} & \cdots & l_{n1} \\ & l_{22} & \cdots & l_{n2} \\ & & \ddots & \vdots \\ & & & l_{nn} \end{bmatrix},$$

其中 $l_{ii}>0,i=1,\cdots,n$,且当 $j<k$ 时有 $l_{jk}=0$,由矩阵乘法知

$$a_{11}=l_{11}^2,a_{i1}=l_{i1}l_{11},$$

所以

$$l_{11}=\sqrt{a_{11}},l_{i1}=\frac{a_{i1}}{l_{11}},i=2,\cdots,n,$$

得 $\boldsymbol{L}$ 的第 1 列及 $\boldsymbol{L}^{\mathrm{T}}$ 的第 1 行,以下求 $\boldsymbol{L}$ 的第 j 列及 $\boldsymbol{L}^{\mathrm{T}}$ 的第 j 行,$j=2,\cdots,n$,即求 $l_{ij},i=j,j+1,\cdots,n$. 考虑到 $\boldsymbol{L}^{\mathrm{T}}$ 的第 j 列为 $\boldsymbol{L}$ 的第 j 行,所以有

$$a_{ij}=\sum_{k=1}^{n}l_{ik}l_{jk}=\sum_{k=1}^{j}l_{ik}l_{jk}=\sum_{k=1}^{j-1}l_{ik}l_{jk}+l_{ij}l_{jj},$$

当 $i=j$ 时,有

$$a_{jj}=\sum_{k=1}^{n}l_{jk}^2=\sum_{k=1}^{j-1}l_{jk}^2+l_{ij}^2,$$

从而有

$$l_{jj}=(a_{jj}-\sum_{k=1}^{j-1}l_{jk}^2)^{\frac{1}{2}},\ l_{ij}=\frac{1}{l_{jj}}(a_{ij}-\sum_{k=1}^{j-1}l_{ik}l_{jk}).$$

算法 3.5　对称正定方程组平方根法计算公式如下:

(1) 对 $i=2,\cdots,n$,有

$$l_{11}=\sqrt{a_{11}},l_{i1}=\frac{a_{i1}}{l_{11}};$$

(2) 对 $j=2,\cdots,n,i=j,j+1,\cdots,n$,有

$$l_{jj}=(a_{jj}-\sum_{k=1}^{j-1}l_{jk}^2)^{\frac{1}{2}},l_{ij}=\frac{1}{l_{jj}}(a_{ij}-\sum_{k=1}^{j-1}l_{ik}l_{jk});$$

(3) 解 $\boldsymbol{LY}=\boldsymbol{b}$,有

$$y_1=\frac{b_1}{l_{11}},y_i=\frac{1}{l_{ii}}(b_i-\sum_{k=1}^{i-1}l_{ik}y_k),i=2,\cdots,n;$$

(4) 解 $\boldsymbol{L}^{\mathrm{T}}\boldsymbol{X}=\boldsymbol{Y}$,有

$$x_n=\frac{y_n}{l_{nn}},x_i=\frac{1}{l_{ii}}(y_i-\sum_{k=i+1}^{n}l_{ki}x_k),i=n-1,\cdots,2,1.$$

根据以上的计算公式可知,分解过程中元素 l_{jk} 是有界的,且 $l_{jj}>0$,所以平方根法是稳定的. 又因为矩阵 $\boldsymbol{A}$ 是对称的,存储时只需存储对角线以下的元素即可,这是平方根法的一个优点.

对称正定方程组平方根法 Matlab 程序如下:

```
function [x,L,D]=ch3ex11(A,b)
%用乔勒斯基(Cholesky)法(LDL'分解)解对称正定方程组AX=b
n=length(b); D=zeros(1,n); L=eye(n,n);
U(1,:)=A(1,:);L(2:n,1)=U(1,2:n)/U(1,1);
for k=2:n
   U(k,k:n)=A(k,k:n)-L(k,1:k-1)*U(1:k-1,k:n);
```

```
    L(k+1:n,k)=U(k,k+1:n)/U(k,k);
end
D=diag(diag(U));
%求解下三角方程组 LY=b(向前消去法)
y=zeros(n,1);   y(1)=b(1);
for k=2:n,
      y(k)=b(k)-L(k,1:k-1)*y([1:k-1]);
end
%求解对角方程组 DZ=Y
for k=1:n,
      z(k)=y(k)/D(k,k);
end
%求解上三角方程组 L'X=Z(回代法)
x=zeros(n,1);    U=L';   x(n)=z(n);
for k=(n-1):-1:1,
      x(k)=z(k)-U(k,k+1:n)*x(k+1:n);
end
```

例 11 用乔勒斯基(Cholesky)分解法求解下列方程组

$$\begin{bmatrix} 4 & 2 & -2 \\ 2 & 2 & -3 \\ -2 & -3 & 14 \end{bmatrix}\begin{bmatrix} x_1 \\ x_2 \\ x_3 \end{bmatrix}=\begin{bmatrix} 4 \\ 1 \\ 0 \end{bmatrix}.$$

解 在 Matlab 命令窗口输入:

```
>>A=[4 2 -2;2 2 -3;-2 -3 14];
>>b=[4 1 0]';
>>[x,L,D]=ch3ex11(A,b)
```

运行结果为:

```
x=
    1.5000
   -1.0000
         0
L=
      1.0000          0         0
      0.5000     1.0000         0
     -0.5000    -2.0000    1.0000
D=
     4     0     0
     0     1     0
     0     0     9
```

3.6.3　改进平方根法

由于解对称正定方程组的平方根法在计算元素 $l_{ii}(i=1,\cdots,n)$ 时需要进行 n 次开方运算,为了避免开方运算,可采用对称正定矩阵的分解式 $\boldsymbol{A}=\boldsymbol{LDL}^{\mathrm{T}}$,即有

$$\boldsymbol{A}=\begin{bmatrix}1 & & & & \\ l_{21} & 1 & & & \\ l_{31} & l_{32} & 1 & & \\ \vdots & \vdots & & \ddots & \\ l_{n1} & l_{n2} & \cdots & & 1\end{bmatrix}\begin{bmatrix}d_1 & & & \\ & d_2 & & \\ & & \ddots & \\ & & & \ddots & \\ & & & & d_n\end{bmatrix}\begin{bmatrix}1 & l_{21} & l_{31} & \cdots & l_{n1} \\ & 1 & l_{32} & \cdots & l_{n2} \\ & & 1 & \cdots & l_{n3} \\ & & & \ddots & \vdots \\ & & & & 1\end{bmatrix}=\boldsymbol{TL}^{\mathrm{T}},\quad(3.21)$$

其中 $\boldsymbol{T}=\boldsymbol{LD}$.

显然,$d_1=a_{11}$. 现计算 $\boldsymbol{L}$ 第 i 行元素 $l_{ij}(j=1,2,\cdots,i-1)$,由矩阵乘法有

$$a_{ij}=\sum_{k=1}^{n}(\boldsymbol{LD})_{ik}(\boldsymbol{L}^{\mathrm{T}})_{kj}=\sum_{k=1}^{j-1}l_{ik}d_kl_{jk}+l_{ij}d_j,$$

当 $j<k$ 时,$l_{jk}=0$. 对于 $i=2,3,\cdots,n$,有

$$l_{ij}=(a_{ij}-\sum_{k=1}^{j-1}l_{ik}d_kl_{jk})/d_j,j=1,2,\cdots,i-1,d_i=a_{ii}-\sum_{k=1}^{i-1}l_{ik}^2d_k.\qquad(3.22)$$

为了避免重复计算,引进中间量 $t_{ij}=l_{ij}d_j$,由(3.22)式得到对称正定方程组 $\boldsymbol{AX}=\boldsymbol{b}$ 的解.

算法 3.6　改进平方根法计算公式:

1. $\boldsymbol{A}=\boldsymbol{LDL}^{\mathrm{T}}$ 分解计算:

(1) $d_1=a_{11}$;

(2) 对于 $i=2,3,\cdots,n$,有

①$t_{ij}=a_{ij}-\sum\limits_{k=1}^{j-1}t_{ik}l_{jk},j=1,2,\cdots,i-1$;

②$l_{ij}=t_{ij}/d_j,j=1,2,\cdots,i-1$;

③$d_i=a_{ii}-\sum\limits_{k=1}^{i-1}t_{ik}l_{ik}$.

2. 求解 $\boldsymbol{AX}=\boldsymbol{b}\Leftrightarrow\boldsymbol{LDL}^{\mathrm{T}}\boldsymbol{X}=\boldsymbol{b}$,具体步骤如下:

(1) 求解 $\boldsymbol{LY}=\boldsymbol{b}$,有

$$\begin{cases}y_1=b_1,\\ y_i=b_i-\sum\limits_{k=1}^{i-1}l_{ik}y_k,\ i=2,\cdots,n.\end{cases}$$

(2) 求解 $\boldsymbol{L}^{\mathrm{T}}\boldsymbol{X}=\boldsymbol{D}^{-1}\boldsymbol{Y}$,有

$$\begin{cases}x_n=y_n/d_n,\\ x_i=y_i/d_i-\sum\limits_{k=i+1}^{n}l_{ki}x_k,\ i=n-1,\cdots,2,1.\end{cases}$$

实现分解计算 $A=LDL^{\mathrm{T}}$，大约需要$\frac{n^3}{6}$次乘除法，但没有开方运算．计算出 $T=LD$ 第 i 行元素 $t_{ij}(j=1,\cdots,i-1)$ 存放在 A 的第 i 行位置，然后计算 L 的第 i 行元素 $t_{ij}(j=1,\cdots,i-1)$ 仍存放在 A 的第 i 行位置且计算出 d_i．Matlab 程序如下：

```
function x=ch3ex12(A,b)
n=length(b); D=zeros(1,n); L=eye(n,n);U(1,:)=A(1,:);
L(2:n,1)=U(1,2:n)/U(1,1);
for k=2:n
   U(k,k:n)=A(k,k:n)-L(k,1:k-1)*U(1:k-1,k:n);
   L(k+1:n,k)=U(k,k+1:n)/U(k,k);
end
D=diag(diag(U));y=zeros(n,1); y(1)=b(1);
for k=2:n,
     y(k)=b(k)-L(k,1:k-1)*y([1:k-1]);
end
for k=1:n,
     z(k)=y(k)/D(k,k);
end
x=zeros(n,1); U=L'; x(n)=z(n);
for k=(n-1):-1:1,
     x(k)=z(k)-U(k,k+1:n)*x(k+1:n);
end
X=x';
```

平方根法或改进平方根法是目前计算机上解对称正定线性方程组的一个有效方法，比消去法优越，其计算量和存储量都比用消去法大约节省一半，且不需要选取主元，能求得较高精度的计算解．

例 12 用改进平方根法求解方程组

$$\begin{bmatrix}2&-2&0&0&-1\\-2&3&-2&0&0\\0&-2&5&-3&0\\0&0&-3&10&4\\-1&0&0&4&10\end{bmatrix}\begin{bmatrix}x_1\\x_2\\x_3\\x_4\\x_5\end{bmatrix}=\begin{bmatrix}-1\\-1\\0\\11\\13\end{bmatrix}$$

解 实现分解计算 $A=LDL^{\mathrm{T}}$，即

$$A=\begin{bmatrix}1&&&&\\-1&1&&&\\0&-2&1&&\\0&0&-3&1&\\-1/2&-1&-2&-2&1\end{bmatrix}\begin{bmatrix}2&&&&\\&1&&&\\&&1&&\\&&&1&\\&&&&1/2\end{bmatrix}L^{\mathrm{T}}=LDL^{\mathrm{T}}.$$

求解计算

$$AX=b \Leftrightarrow LDL^{T}X=b,$$

求解 $LY=b$ 得到

$$Y=(-1,-2,-4,-1,1/2)^{T},$$

求解 $L^{T}X=D^{-1}Y$ 得到方程组的解为

$$X=(1,1,1,1,1)^{T}.$$

在 Matlab 命令窗口输入:

```
>>A=[2 -2 0 0 -1;-2 3 -2 0 0;0 -2 5 -3 0;0 0 -3 10 4;-1 0 0 4 10];
>>b=[-1 -1 0 11 13]';
>>X=ch3ex12(A,b)
```

运行结果为:

```
X =
     1     1     1     1     1
>>L=chol(A)
L =
    1.4142   -1.4142         0         0   -0.7071
         0    1.0000   -2.0000         0   -1.0000
         0         0    1.0000   -3.0000   -2.0000
         0         0         0    1.0000   -2.0000
         0         0         0         0    0.7071

>>x=L\(L'\b);
>>X=x'
```

运行结果为:

```
X =
   1.0000   1.0000   1.0000   1.0000   1.0000
```

§ 3.7　对角线性方程组的追赶法

3.7.1　三对角线性方程组

在实际问题中,经常遇到以下形式的方程组

$$\begin{bmatrix} b_1 & c_1 & & & & & \\ a_2 & b_2 & c_2 & & & & \\ & \ddots & \ddots & \ddots & & & \\ & & a_i & b_i & c_i & & \\ & & & \ddots & \ddots & \ddots & \\ & & & & a_{n-1} & b_{n-1} & c_{n-1} \\ & & & & & a_n & b_n \end{bmatrix} \begin{bmatrix} x_1 \\ x_2 \\ \vdots \\ x_i \\ \vdots \\ x_{n-1} \\ x_n \end{bmatrix} = \begin{bmatrix} f_1 \\ f_2 \\ \vdots \\ f_i \\ \vdots \\ f_{n-1} \\ f_n \end{bmatrix}, \tag{3.23}$$

其中 a_i, b_i, c_i 满足

$$|b_1| > |c_1|, |b_i| > |c_i|, |b_i| \geqslant |a_i| + |c_i|, a_i c_i \neq 0, i=2,\cdots,n-1, \tag{3.24}$$

称(3.23)为**三对角占优方程组**. 由系数矩阵 $\boldsymbol{A}$ 的特点,矩阵 $\boldsymbol{A}$ 可以分解成 $\boldsymbol{A}=\boldsymbol{LU}$,其中 $\boldsymbol{L}$ 是下三角矩阵,$\boldsymbol{U}$ 为单位上三角矩阵,以下说明这种分解是可以实现的. 设

$$\boldsymbol{A} = \begin{bmatrix} b_1 & c_1 & & & & & \\ a_2 & b_2 & c_2 & & & & \\ & \ddots & \ddots & \ddots & & & \\ & & a_i & b_i & c_i & & \\ & & & \ddots & \ddots & \ddots & \\ & & & & a_{n-1} & b_{n-1} & c_{n-1} \\ & & & & & a_n & b_n \end{bmatrix}$$

$$= \begin{bmatrix} \alpha_1 & & & & & & \\ \gamma_2 & \alpha_2 & & & & & \\ & \ddots & \ddots & & & & \\ & & \gamma_i & \alpha_i & & & \\ & & & \ddots & \ddots & & \\ & & & & \gamma_{n-1} & \alpha_{n-1} & \\ & & & & & \gamma_n & \alpha_n \end{bmatrix} \begin{bmatrix} 1 & \beta_1 & & & & & \\ & 1 & \beta_2 & & & & \\ & & \ddots & \ddots & & & \\ & & & 1 & \beta_{i-1} & & \\ & & & & 1 & \beta_i & \\ & & & & & \ddots & \ddots \\ & & & & & & 1 \end{bmatrix},$$

由矩阵乘法知

$$b_1 = \alpha_1, c_1 = \alpha_1\beta_1, a_i = \gamma_i, b_i = \gamma_i\beta_{i-1} + \alpha_i, i=2,\cdots,n;$$
$$c_i = \alpha_i\beta_i, i=2,\cdots,n-1,$$

所以有

$$\alpha_1 = b_1, \beta_1 = \frac{c_1}{\alpha_1}, \gamma_i = a_i, \alpha_i = b_i - \gamma_i\beta_{i-1}, i=2,\cdots,n;$$

$$\beta_i = \frac{c_i}{\alpha_i}, i=2,\cdots,n-1.$$

以下证明 $|\alpha_i| > |c_i| \neq 0$, 当 $i=1$ 时, $\alpha_1 = b_1 \neq 0$, 且 $\beta_1 = \frac{c_1}{\alpha_1}$, 由于 $|\alpha_1| = |b_1| > |c_1| \neq 0$, 且有 $0 < |\beta_1| < 1$, 假设 $|\alpha_{i-1}| > |c_{i-1}| \neq 0$, 且 $0 < |\beta_{i-1}| < 1$ 成立, 下证对 i 也成立, 注意到

$0<|\beta_{i-1}|<1$,故而

$$|\alpha_i|=|b_i-\gamma_i\beta_{i-1}|=|b_i-a_i\beta_{i-1}|\geqslant|b_i|-|a_i|\cdot|\beta_{i-1}|>|b_i|-|a_i|\geqslant|c_i|\neq 0.$$

又 $\beta_i=\dfrac{c_i}{\alpha_i}$,所以 $0<|\beta_i|<1$ 成立.

由以上知,只要矩阵 $\boldsymbol{A}$ 为三对角占优矩阵,即可将 $\boldsymbol{A}$ 分解成 $\boldsymbol{A}=\boldsymbol{LU}$,从而将解三对角线性方程组的问题转化为求解 $\boldsymbol{LY}=\boldsymbol{b}$ 及 $\boldsymbol{UX}=\boldsymbol{Y}$ 的问题.

算法 3.7 三对角线性方程组追赶法:

(1)计算 β_i 的递推公式,有

$$\beta_1=\frac{c_1}{\alpha_1},\beta_i=\frac{c_i}{b_i-a_i\beta_{i-1}},i=2,\cdots,n-1.$$

(2)解 $\boldsymbol{LY}=\boldsymbol{f}$,有

$$y_1=\frac{f_1}{b_1},y_i=\frac{f_i-a_iy_{i-1}}{b_i-a_i\beta_{i-1}},i=2,\cdots,n.$$

(3)解 $\boldsymbol{UX}=\boldsymbol{Y}$,有

$$x_i=y_i-\beta_ix_{i+1},i=n-1,\cdots,2,1.$$

将计算 $\beta_1\to\beta_2\to\cdots\to\beta_{n-1}$ 及 $y_1\to y_2\to\cdots\to y_n$ 的过程称为**追的过程**,计算方程组解 $x_n\to x_{n-1}\to\cdots\to x_1$ 的过程称为**赶的过程**. 追赶法实际是三角分解法,用于解三对角线性方程组的情形,只是由于系数矩阵较简单,所以计算公式也简单,并且计算是稳定的.

Matlab 程序如下:

```
function x=ch3ex13(A,b)
n=length(b);
for k=2:n
    b(k)=b(k)-a(k)/b(k-1)*c(k-1);
    d(k)=d(k)-a(k)/b(k-1)*d(k-1);
end
x(n)=d(n)/b(n);
for k=n-1:-1:1
    x(k)=(d(k)-c(k)*x(k+1))/b(k);
end
x=x'
```

定理 3.9 设有三对角线性方程组 $\boldsymbol{AX}=\boldsymbol{f}$,其中 $\boldsymbol{A}$ 满足(3.24),则由追赶法公式计算满足:

(1)$0<|\beta_i|<1,i=1,2,\cdots,n-1$;

(2)$0<|c_i|\leqslant|b_i|-|a_i|<|\alpha_i|<|b_i|+|a_i|,i=2,\cdots,n-1$;

(3)$0<|b_n|-|a_n|<|\alpha_n|<|b_n|+|a_n|$.

证明 显然由(3.24)得 $0<|\beta_1|=\left|\dfrac{c_1}{b_1}\right|<1$,现归纳法假设 $0<|\beta_{i-1}|<1$,求证 $0<|\beta_i|<1$. 事实上有

$$|\alpha_i|=|b_i-a_i\beta_{i-1}|\geqslant|b_i|-|a_i|\cdot|\beta_{i-1}|>|b_i|-|a_i|\geqslant|c_i|,$$

即有

$$0<|\beta_i|=\left|\frac{c_i}{\alpha_i}\right|<1.$$

定理 3.9 说明追赶法计算公式中不会出现中间结果数量级巨大增长和相应的舍入误差的严重累积,即追赶法计算公式对于舍入误差是稳定的.

例 13 编程实现求解如下三对角线性方程组的解.

$$\begin{bmatrix}2&-1&&\\-1&3&-2&\\&-2&4&-3\\&&-3&5\end{bmatrix}\begin{bmatrix}x_1\\x_2\\x_3\\x_4\end{bmatrix}=\begin{bmatrix}6\\1\\-2\\1\end{bmatrix}.$$

解 在 Matlab 命令窗口输入:

```
>>a=[0 -1 -2 -3];b=[2 3 4 5];c=[-1 -2 -3 0];d=[6 1 -2 1];
>>X=ch3ex13(a,b,c,d)
X=
    5    4    3    2
```

3.7.2 五对角线性方程组

考虑如下五对角线性方程组

$$\begin{bmatrix}c_1&d_1&e_1&&&&\\b_2&c_2&d_2&e_2&&&\\a_3&b_3&c_3&d_3&e_3&&\\&\ddots&\ddots&\ddots&\ddots&\ddots&\\&&a_{n-2}&b_{n-2}&c_{n-2}&d_{n-2}&e_{n-2}\\&&&a_{n-1}&b_{n-1}&c_{n-1}&d_{n-1}\\&&&&a_n&b_n&c_n\end{bmatrix}\begin{bmatrix}x_1\\x_2\\x_3\\\vdots\\x_{n-2}\\x_{n-1}\\x_n\end{bmatrix}=\begin{bmatrix}f_1\\f_2\\f_3\\\vdots\\f_{n-2}\\f_{n-1}\\f_n\end{bmatrix},\tag{3.25}$$

简记为 $\boldsymbol{AX}=\boldsymbol{F}$,其中 $\boldsymbol{A}$ 为非奇异的五对角带状矩阵,系数满足 $|i-j|>2$ 时,有 $a_{ij}=0$.

当系数 $\boldsymbol{A}$ 为对角占优矩阵时,利用矩阵的直接三角分解,将矩阵 $\boldsymbol{A}$ 分解为两个三角矩阵的乘积 $\boldsymbol{A}=\boldsymbol{LU}$,其中 $\boldsymbol{L}$ 和 $\boldsymbol{U}$ 有如下形式:

$$\boldsymbol{L}=\begin{bmatrix}\alpha_1&&&&&\\\gamma_2&\alpha_2&&&&\\z_3&\gamma_3&\alpha_3&&&\\&\ddots&\ddots&\ddots&&\\&&z_{n-1}&\gamma_{n-1}&\alpha_{n-1}&\\&&&z_n&\gamma_n&\alpha_n\end{bmatrix},\boldsymbol{U}=\begin{bmatrix}1&\beta_1&q_1&&&\\&1&\beta_2&q_2&&\\&&\ddots&\ddots&\ddots&\\&&&1&\beta_{n-2}&q_{n-2}\\&&&&1&\beta_{n-1}\\&&&&&1\end{bmatrix},\tag{3.26}$$

比较(3.25)和(3.26)中方程组的系数,可得

$$\begin{cases}c_1=\alpha_1,d_1=\alpha_1\beta_1,e_i=\alpha_i q_i,i=1,2,\cdots,n-2,\\ b_2=\gamma_2,b_i=z_i\beta_{i-2}+\gamma_i,i=3,4,\cdots,n,\\ c_2=\gamma_2\beta_1+\alpha_2,c_i=z_i q_{i-2}+\gamma_i\beta_{i-1}+\alpha_i,i=3,4,\cdots,n,\\ a_i=z_i,i=3,4,\cdots,n,\\ d_i=\gamma_i q_{i-1}+\alpha_i\beta_i,i=2,3,\cdots,n-1.\end{cases}\tag{3.27}$$

从而得到如下递推公式,求出待定系数:

$$\begin{cases}\alpha_1=c_1,\beta_1=d_1/\alpha_1,\\ \gamma_2=b_2,\alpha_2=c_2-\gamma_2\beta_1,\\ q_i=e_i/\alpha_i,i=1,2,\cdots,n-2,\\ \beta_i=(d_i-\gamma_i q_{i-1})/\alpha_i,i=2,3,\cdots,n-1,\\ z_i=a_i,i=3,4,\cdots,n,\\ \gamma_i=b_i-z_i\beta_{i-2},i=3,4,\cdots,n,\\ \alpha_i=c_i-z_i q_{i-2}-\gamma_i\beta_{i-1},i=3,4,\cdots,n.\end{cases}\tag{3.28}$$

将矩阵 $\boldsymbol{A}$ 分解为 $\boldsymbol{A}=\boldsymbol{LU}$ 后,方程组(3.25)等价于两个方程组 $\boldsymbol{LY}=\boldsymbol{F}$ 和 $\boldsymbol{UX}=\boldsymbol{Y}$.

算法 3.8 五对角线性方程组求解:

(1) 设 $\boldsymbol{LY}=\boldsymbol{F}$,求 $\boldsymbol{Y}$,这是一个"追"的过程,算法设计如下:

$Y_1=f_1/\alpha_1$,

$Y_2=(f_2-\gamma_2 Y_1)/\alpha_2$,

$Y_i=(f_i-z_i Y_{i-2}-\gamma_i Y_{i-1})/\alpha_i,i=3,4,\cdots,n.$

(2) 设 $\boldsymbol{UX}=\boldsymbol{Y}$,求 $\boldsymbol{X}$,这是一个"赶"的过程,算法设计如下:

$X_n=Y_n$,

$X_{n-1}=Y_{n-1}-\beta_{n-1}X_n$,

$X_i=Y_i-q_i X_{i+2}-\beta_i X_{i+1},i=n-2,n-3,\cdots,1.$

五对角线性方程组求解 Matlab 程序如下:

```
function ch3ex14(a,b,c,d,e,F)
% Solve a pentadiagonal system AX=F
N=length(F);
alpha=zeros(N-1,1);beta=zeros(N-2,1);z=zeros(N,1);
gama=zeros(N,1);mv=zeros(N,1);gama(1)=0;
mv(1)=d(1);alpha(1)=a(1)/mv(1);
beta(1)=b(1)/mv(1);z(1)=F(1)/mv(1);
gama(2)=c(2);mv(2)=d(2)-alpha(1)*gama(2);
alpha(2)=(a(2)-beta(1)*gama(2))/mv(2);
beta(2)=b(2)/mv(2);z(2)=(F(2)-z(1)*gama(2))/mv(2);
%"追"的过程
for i=3:N-2
```

```
    gama(i)=c(i)-alpha(i-2)*e(i);
    mv(i)=d(i)-beta(i-2)*e(i)-alpha(i-1)*gama(i);
    alpha(i)=(a(i)-beta(i-1)*gama(i))/mv(i);
    beta(i)=b(i)/mv(i);z(i)=(F(i)-z(i-2)*e(i)-z(i-1)*gama(i))/mv(i);
end
gama(N-1)=c(N-1)-alpha(N-3)*e(N-1);
mv(N-1)=d(N-1)-beta(N-3)*e(N-1)-alpha(N-2)*gama(N-1);
alpha(N-1)=(a(N-1)-beta(N-2)*gama(N-1))/mv(N-1);
gama(N)=c(N)-alpha(N-2)*e(N);
mv(N)=d(N)-beta(N-2)*e(N)-alpha(N-1)*gama(N);
z(N-1)=(F(N-1)-z(N-3)*e(N-1)-z(N-2)*gama(N-1))/mv(N-1);
z(N)=(F(N)-z(N-2)*e(N)-z(N-1)*gama(N))/mv(N);
%"赶"的过程
X(N)=z(N);X(N-1)=z(N-1)-alpha(N-1)*X(N);
for k=N-2:-1:1
    X(k)=z(k)-alpha(k)*X(k+1)-beta(k)*X(k+2);
end
X
```

例 14 考虑如下五对角线性方程组

$$\begin{bmatrix}1&2&1&&&&&&&\\3&2&2&5&&&&&&\\1&2&3&1&-2&&&&&\\&3&1&-4&5&1&&&&\\&&1&2&5&-7&5&&&\\&&&5&1&6&3&2&&\\&&&&2&2&7&-1&4&\\&&&&&2&1&-1&4&-3\\&&&&&&2&-2&1&5\\&&&&&&&-1&4&8\end{bmatrix}\begin{bmatrix}x_1\\x_2\\x_3\\x_4\\x_5\\x_6\\x_7\\x_8\\x_9\\x_{10}\end{bmatrix}=\begin{bmatrix}8\\33\\8\\24\\29\\98\\99\\17\\57\\108\end{bmatrix}.$$

解 在 Matlab 命令窗口输入：

```
>>F=[8 33 8 24 29 98 99 17 57 108]';
>>c=[1 2 3 -4 5 6 7 -1 1 8]';
>>d=[2 2 1 5 -7 3 -1 4 5 0]';
>>e=[1 5 -2 1 5 2 4 -3 0 0]';
>>b=[0 3 2 1 2 1 2 1 -2 4]';
>>a=[0 0 1 3 1 5 2 2 2 -1]';
>>ch3ex14(a,b,c,d,e,F)
```

运行结果为：

```
X =
   1.0000    2.0000    3.0000    4.0000    5.0000
   6.0000    7.0000    8.0000    9.0000   10.0000
```

3.7.3　七对角线性方程组

考虑如下七对角线性方程组

$$\begin{bmatrix} c_1 & d_1 & e_1 & f_1 & & & & \\ b_2 & c_2 & d_2 & e_2 & f_2 & & & \\ a_3 & b_3 & c_3 & d_3 & e_3 & f_3 & & \\ g_4 & a_4 & b_4 & c_4 & d_4 & e_4 & f_4 & \\ \ddots & \ddots & \ddots & \ddots & \ddots & \ddots & \ddots & \\ & g_{n-2} & a_{n-2} & b_{n-2} & c_{n-2} & d_{n-2} & e_{n-2} & \\ & & g_{n-1} & a_{n-1} & b_{n-1} & c_{n-1} & d_{n-1} & \\ & & & g_n & a_n & b_n & c_n & \end{bmatrix} \begin{bmatrix} x_1 \\ x_2 \\ x_3 \\ x_4 \\ \vdots \\ x_{n-2} \\ x_{n-1} \\ x_n \end{bmatrix} = \begin{bmatrix} h_1 \\ h_2 \\ h_3 \\ h_4 \\ \vdots \\ h_{n-2} \\ h_{n-1} \\ h_n \end{bmatrix}, \tag{3.29}$$

简记为 $\boldsymbol{AX}=\boldsymbol{H}$，其中 $\boldsymbol{A}$ 为非奇异的七对角带状矩阵，系数满足 $|i-j|>3$ 时，有 $a_{ij}=0$.

当系数 $\boldsymbol{A}$ 为对角占优矩阵时，利用矩阵的直接三角分解，将矩阵 $\boldsymbol{A}$ 分解为两个三角矩阵的乘积 $\boldsymbol{A}=\boldsymbol{LU}$，其中 $\boldsymbol{L}$ 和 $\boldsymbol{U}$ 有如下形式：

$$\boldsymbol{L}=\begin{bmatrix} \alpha_1 & & & & & \\ \gamma_2 & \alpha_2 & & & & \\ z_3 & \gamma_3 & \alpha_3 & & & \\ m_4 & \ddots & \ddots & \ddots & & \\ & \ddots & z_{n-1} & \gamma_{n-1} & \alpha_{n-1} & \\ & & m_n & z_n & \gamma_n & \alpha_n \end{bmatrix}, \quad \boldsymbol{U}=\begin{bmatrix} 1 & \beta_1 & q_1 & n_1 & & \\ & 1 & \beta_2 & q_2 & \ddots & \\ & & \ddots & \ddots & \ddots & \ddots \\ & & & 1 & \beta_{n-2} & q_{n-2} \\ & & & & 1 & \beta_{n-1} \\ & & & & & 1 \end{bmatrix}, \tag{3.30}$$

类似于五对角线性方程组求解，将矩阵 $\boldsymbol{A}$ 分解为 $\boldsymbol{A}=\boldsymbol{LU}$ 后，方程(3.29)等价于两个方程组 $\boldsymbol{LY}=\boldsymbol{H}$ 和 $\boldsymbol{UX}=\boldsymbol{Y}$.

算法 3.9　七对角线性方程组求解：

(1) 设 $\boldsymbol{LY}=\boldsymbol{H}$，求 $\boldsymbol{Y}$，这是一个“追”的过程，算法设计如下：

$Y_1=h_1/\alpha_1$,

$Y_2=(h_2-\gamma_2 Y_1)/\alpha_2$,

$Y_3=(h_3-z_3 Y_3-\gamma_3 Y_2)/\alpha_3$,

$Y_i=(h_i-m_i Y_{i-3}-z_i Y_{i-2}-\gamma_i Y_{i-1})/\alpha_i, i=4,5,\cdots,n.$

(2) 设 $\boldsymbol{UX}=\boldsymbol{Y}$，求 $\boldsymbol{X}$，这是一个“赶”的过程，算法设计如下：

$X_n=Y_n$,

$X_{n-1}=Y_{n-1}-\beta_{n-1}X_n$,

$$X_{n-2}=Y_{n-2}-\beta_{n-2}X_{n-1}-q_{n-2}X_n,$$

$$X_i=Y_i-\beta_iX_{i+1}-q_iX_{i+2}-n_iX_{i+3},i=n-3,n-4,\cdots,1.$$

例 15 考虑如下七对角线性方程组

$$\begin{bmatrix} 4 & 5 & 1 & 7 & & & & & & \\ 3 & 4 & 5 & 1 & 7 & & & & & \\ 2 & 3 & 4 & 5 & 1 & 7 & & & & \\ 1 & 2 & 3 & 4 & 5 & 1 & 7 & & & \\ & 1 & 2 & 3 & 4 & 5 & 1 & 7 & & \\ & & 1 & 2 & 3 & 4 & 5 & 1 & 7 & \\ & & & 1 & 2 & 3 & 4 & 5 & 1 & 7 \\ & & & & 1 & 2 & 3 & 4 & 5 & 1 \\ & & & & & 1 & 2 & 3 & 4 & 5 \\ & & & & & & 1 & 2 & 3 & 4 \end{bmatrix}\begin{bmatrix} x_1 \\ x_2 \\ x_3 \\ x_4 \\ x_5 \\ x_6 \\ x_7 \\ x_8 \\ x_9 \\ x_{10} \end{bmatrix}=\begin{bmatrix} 17 \\ 20 \\ 22 \\ 23 \\ 23 \\ 23 \\ 23 \\ 16 \\ 15 \\ 10 \end{bmatrix}.$$

解 本例 Matlab 程序如下：

```
function ch3ex15
clc;N=10;% Solve a 7-adiagonal system Ax=F
c=zeros(N,1);d=zeros(N,1);e=zeros(N,1);
f=zeros(N,1);b=zeros(N,1);a=zeros(N,1);g=zeros(N,1);
g(4:N)=1;a(3:N)=2;b(2:N)=3;c(1:N)=4;
d(1:N-1)=5;e(1:N-2)=1;f(1:N-3)=7;
F=[17 20 22 23 23 23 23 16 15 10]';
alpha=zeros(N,1);beta=zeros(N,1);gama=zeros(N,1);y=zeros(N,1);
q=zeros(N,1);z=zeros(N,1);mu=zeros(N,1);nv=zeros(N,1);x=zeros(N,1);
%LUx=F
alpha(1)=c(1);beta(1)=d(1)/alpha(1);
q(1)=e(1)/alpha(1);nv(1)=f(1)/alpha(1);
gama(2)=b(2);alpha(2)=c(2)-beta(1)*gama(2);
beta(2)=(d(2)-q(1)*gama(2))/alpha(2);
q(2)=(e(2)-nv(1)*gama(2))/alpha(2);
nv(2)=f(2)/alpha(2);
z(3)=a(3);gama(3)=b(3)-z(3)*beta(1);
alpha(3)=c(3)-z(3)*q(1)-gama(3)*beta(2);
beta(3)=(d(3)-z(3)*nv(1)-q(2)*gama(3))/alpha(3);
q(3)=(e(3)-nv(2)*gama(3))/alpha(3);
nv(3)=f(3)/alpha(3);
for i=4:N-3
    mu(i)=g(i);
```

```
        z(i)=a(i)-mu(i)*beta(i-3);
        gama(i)=b(i)-mu(i)*q(i-3)-z(i)*beta(i-2);
        alpha(i)=c(i)-mu(i)*nv(i-3)-z(i)*q(i-2)-gama(i)*beta(i-1);
        beta(i)=(d(i)-z(i)*nv(i-2)-q(i-1)*gama(i))/alpha(i);
        q(i)=(e(i)-nv(i-1)*gama(i))/alpha(i);
        nv(i)=f(i)/alpha(i);
    end
    %N-2
    mu(N-2)=g(N-2);
    z(N-2)=a(N-2)-mu(N-2)*beta(N-5);
    gama(N-2)=b(N-2)-mu(N-2)*q(N-5)-z(N-2)*beta(N-4);
    alpha(N-2)=c(N-2)-mu(N-2)*nv(N-5)-z(N-2)*q(N-4)-gama(N-2)*beta(N
-3);
    beta(N-2)=(d(N-2)-z(N-2)*nv(N-4)-q(N-3)*gama(N-2))/alpha(N-2);
    q(N-2)=(e(N-2)-nv(N-3)*gama(N-2))/alpha(N-2);
    %N-1
    mu(N-1)=g(N-1);
    z(N-1)=a(N-1)-mu(N-1)*beta(N-4);
    gama(N-1)=b(N-1)-mu(N-1)*q(N-4)-z(N-1)*beta(N-3);
    alpha(N-1)=c(N-1)-mu(N-1)*nv(N-4)-z(N-1)*q(N-3)-gama(N-1)*beta(N
-2);
    beta(N-1)=(d(N-1)-z(N-1)*nv(N-3)-q(N-2)*gama(N-1))/alpha(N-1);
    %N
    mu(N)=g(N);
    z(N)=a(N)-mu(N)*beta(N-3);
    gama(N)=b(N)-mu(N)*q(N-3)-z(N)*beta(N-2);
    alpha(N)=c(N)-mu(N)*nv(N-3)-z(N)*q(N-2)-gama(N)*beta(N-1);
    % Back substitution Ly=F
    y(1)=F(1)/alpha(1);
    y(2)=(F(2)-gama(2)*y(1))/alpha(2);
    y(3)=(F(3)-z(3)*y(1)-gama(3)*y(2))/alpha(3);
    for i=4:N
        y(i)=(F(i)-mu(i)*y(i-3)-z(i)*y(i-2)-gama(i)*y(i-1))/alpha(i);
    end
    x(N)=y(N);x(N-1)=y(N-1)-beta(N-1)*x(N);
    x(N-2)=y(N-2)-beta(N-2)*x(N-1)-q(N-2)*x(N);
    for k=N-3:-1:1
        x(k)=y(k)-beta(k)*x(k+1)-q(k)*x(k+2)-nv(k)*x(k+3);
```

```
end
X = x'
```

运行结果为：

```
X =
   1.0000    1.0000    1.0000    1.0000    1.0000
   1.0000    1.0000    1.0000    1.0000    1.0000
```

3.7.4 九对角线性方程组

考虑如下九对角线性方程组

$$\begin{bmatrix} c_1 & d_1 & e_1 & f_1 & k_1 & & & & \\ b_2 & c_2 & d_2 & e_2 & f_2 & k_2 & & & \\ a_3 & b_3 & c_3 & d_3 & e_3 & f_3 & \ddots & & \\ g_4 & a_4 & b_4 & c_4 & d_4 & e_4 & \ddots & & \\ j_5 & g_5 & a_5 & b_5 & c_5 & d_5 & \ddots & \ddots & \\ & \ddots & \ddots & \ddots & \ddots & \ddots & \ddots & \ddots & \\ & & j_{n-2} & g_{n-2} & a_{n-2} & b_{n-2} & c_{n-2} & d_{n-2} & e_{n-2} \\ & & & j_{n-1} & g_{n-1} & a_{n-1} & b_{n-1} & c_{n-1} & d_{n-1} \\ & & & & j_n & g_n & a_n & b_n & c_n \end{bmatrix} \begin{bmatrix} x_1 \\ x_2 \\ x_3 \\ x_4 \\ x_5 \\ \vdots \\ x_{n-2} \\ x_{n-1} \\ x_n \end{bmatrix} = \begin{bmatrix} h_1 \\ h_2 \\ h_3 \\ h_4 \\ h_5 \\ \vdots \\ h_{n-2} \\ h_{n-1} \\ h_n \end{bmatrix}, \tag{3.31}$$

简记为 $\boldsymbol{AX}=\boldsymbol{H}$，其中 $\boldsymbol{A}$ 为非奇异的九对角带状矩阵，系数满足 $|i-j|>4$ 时，有 $a_{ij}=0$.

当系数 $\boldsymbol{A}$ 为对角占优矩阵时，利用矩阵的直接三角分解，将矩阵 $\boldsymbol{A}$ 分解为两个三角矩阵的乘积 $\boldsymbol{A}=\boldsymbol{LU}$，其中 $\boldsymbol{L}$ 和 $\boldsymbol{U}$ 有如下形式：

$$\boldsymbol{L}=\begin{bmatrix} \alpha_1 & & & & & & & & \\ \gamma_2 & \alpha_2 & & & & & & & \\ z_3 & \gamma_3 & \alpha_3 & & & & & & \\ m_4 & z_4 & \gamma_4 & \alpha_4 & & & & & \\ u_5 & \ddots & \ddots & \ddots & \ddots & & & & \\ & \ddots & m_{n-2} & z_{n-2} & \gamma_{n-2} & \alpha_{n-2} & & & \\ & & u_{n-1} & m_{n-1} & z_{n-1} & \gamma_{n-1} & \alpha_{n-1} & & \\ & & & u_n & m_n & z_n & \gamma_n & \alpha_n & \end{bmatrix},$$

$$
\boldsymbol{U}=\begin{bmatrix}
1 & \beta_1 & q_1 & n_1 & v_1 & & & & \\
 & 1 & \beta_2 & q_2 & n_2 & v_2 & & & \\
 & & 1 & \beta_3 & q_3 & n_3 & v_3 & & \\
 & & & \ddots & \ddots & \ddots & \ddots & \ddots & \\
 & & & & 1 & \beta_{n-3} & q_{n-3} & n_{n-3} \\
 & & & & & 1 & \beta_{n-2} & q_{n-2} \\
 & & & & & & 1 & \beta_{n-1} \\
 & & & & & & & 1
\end{bmatrix}.
$$

类似于七对角方程组求解,将矩阵 $\boldsymbol{A}$ 分解为 $\boldsymbol{A}=\boldsymbol{LU}$ 后,方程(3.29)等价于两个方程组 $\boldsymbol{LY}=\boldsymbol{H}$ 和 $\boldsymbol{UX}=\boldsymbol{Y}$.

算法 3.10　九对角线性方程组求解:

(1) 设 $\boldsymbol{LY}=\boldsymbol{H}$,求 $\boldsymbol{Y}$,这是一个"追"的过程,算法设计如下:

$Y_1=h_1/\alpha_1$,

$Y_2=(h_2-\gamma_2Y_1)/\alpha_2$,

$Y_3=(h_3-z_3Y_3-\gamma_3Y_2)/\alpha_3$,

$Y_4=(h_4-m_4Y_1-z_4Y_2-\gamma_4Y_1)/\alpha_4$,

$Y_i=(h_i-u_iY_{i-4}-m_iY_{i-3}-z_iY_{i-2}-\gamma_iY_{i-1})/\alpha_i,\ i=5,6,\cdots,n.$

(2) 设 $\boldsymbol{UX}=\boldsymbol{Y}$,求 $\boldsymbol{X}$,这是一个"赶"的过程,算法设计如下:

$X_n=Y_n$,

$X_{n-1}=Y_{n-1}-\beta_{n-1}X_n$,

$X_{n-2}=Y_{n-2}-\beta_{n-2}X_{n-1}-q_{n-2}X_n$,

$X_{n-3}=Y_{n-3}-\beta_{n-3}X_{n-2}-q_{n-3}X_{n-1}-n_{n-3}X_n$,

$X_i=Y_i-\beta_iX_{i+1}-q_iX_{i+2}-n_iX_{i+3}-v_iX_{i+4},\ i=n-4,n-5,\cdots,1.$

例 16　考虑如下九对角线性方程组

$$
\begin{bmatrix}
3&1&1&1&1&&&&&&&&\\
1&1&3&1&1&1&&&&&&&\\
1&1&1&1&1&1&1&&&&&&\\
1&1&1&0&1&1&1&1&&&&&\\
1&1&1&1&-1&1&1&1&1&&&&\\
&1&1&1&1&1&1&1&1&1&&&\\
&&1&1&1&1&1&1&1&1&1&&\\
&&&1&1&1&1&1&1&1&1&1&\\
&&&&1&1&1&1&1&1&1&1&1\\
&&&&&1&1&1&1&1&1&2&1\\
&&&&&&1&1&1&1&1&1&1\\
&&&&&&&1&1&1&1&1&1\\
&&&&&&&&-1&1&1&1&1
\end{bmatrix}
\begin{bmatrix}x_1\\x_2\\x_3\\x_4\\x_5\\x_6\\x_7\\x_8\\x_9\\x_{10}\\x_{11}\\x_{12}\\x_{13}\end{bmatrix}
=\begin{bmatrix}7\\8\\7\\7\\7\\9\\9\\9\\9\\9\\7\\6\\3\end{bmatrix}.
$$

解 本例 Matlab 程序如下:

```
function ch3ex16
Y=[7 8 7 7 7 9 9 9 9 9 7 6 3]';
N=length(Y);
c=[3 1 1 0 -1 1 1 1 1 1 1 1 1]';
d=[1 3 1 1 1 1 1 1 1 1 1 1 0]';
e=[1 1 1 1 1 1 1 1 1 2 1 0 0]';
f=[1 1 1 1 1 1 1 1 1 1 0 0 0]';
k=[1 1 1 1 1 1 1 1 1 0 0 0 0]';
b=[0 1 1 1 1 1 1 1 1 1 1 1 1]';
a=[0 0 1 1 1 1 1 1 1 1 1 1 1]';
g=[0 0 0 1 1 1 1 1 1 1 1 1 1]';
j=[0 0 0 0 1 1 1 1 1 1 1 1 -1]';
% A=LU, LUX=Y
alpha=zeros(N,1);gama=zeros(N,1);z=zeros(N,1);m=zeros(N,1);
u=zeros(N,1);beta=zeros(N,1);q=zeros(N,1);n=zeros(N,1);v=zeros(N,1);
%
alpha(1)=c(1);beta(1)=d(1)/alpha(1);
q(1)=e(1)/alpha(1);n(1)=f(1)/alpha(1);v(1)=k(1)/alpha(1);
%
gama(2)=b(2);alpha(2)=c(2)-beta(1)*gama(2);
beta(2)=(d(2)-q(1)*gama(2))/alpha(2);
q(2)=(e(2)-n(1)*gama(2))/alpha(2);
n(2)=(f(2)-v(1)*gama(2))/alpha(2);v(2)=k(2)/alpha(2);
%
z(3)=a(3);gama(3)=b(3)-beta(1)*z(3);
alpha(3)=c(3)-q(1)*z(3)-beta(2)*gama(3);
beta(3)=(d(3)-n(1)*z(3)-q(2)*gama(3))/alpha(3);
q(3)=(e(3)-v(1)*z(3)-n(2)*gama(3))/alpha(3);
n(3)=(f(3)-v(2)*gama(3))/alpha(3);v(3)=k(3)/alpha(3);
%
m(4)=g(4);z(4)=a(4)-beta(1)*m(4);
gama(4)=b(4)-q(1)*m(4)-beta(2)*z(4);
alpha(4)=c(4)-n(1)*m(4)-q(2)*z(4)-beta(3)*gama(4);
beta(4)=(d(4)-v(1)*m(4)-n(2)*z(4)-q(3)*gama(4))/alpha(4);
q(4)=(e(4)-v(2)*z(4)-n(3)*gama(4))/alpha(4);
n(4)=(f(4)-v(3)*gama(4))/alpha(4);v(4)=k(4)/alpha(4);
%
```

```
u(5)=j(5);m(5)=g(5)-beta(1)*u(5);
z(5)=a(5)-q(1)*u(5)-beta(2)*m(5);
gama(5)=b(5)-n(1)*u(5)-q(2)*m(5)-beta(3)*z(5);
alpha(5)=c(5)-v(1)*u(5)-n(2)*m(5)-q(3)*z(5)-beta(4)*gama(5);
beta(5)=(d(5)-v(2)*m(5)-n(3)*z(5)-q(4)*gama(5))/alpha(5);
q(5)=(e(5)-v(3)*z(5)-n(4)*gama(5))/alpha(5);
n(5)=(f(5)-v(4)*gama(5))/alpha(5);v(5)=k(5)/alpha(5);
for i=6:(N-4)
    u(i)=j(i);m(i)=g(i)-u(i)*beta(i-4);
    z(i)=a(i)-q(i-4)*u(i)-beta(i-3)*m(i);
    gama(i)=b(i)-n(i-4)*u(i)-q(i-3)*m(i)-beta(i-2)*z(i);
    alpha(i)=c(i)-v(i-4)*u(i)-n(i-3)*m(i)-q(i-2)*z(i)-beta(i-1)*ga-
ma(i);
    beta(i)=(d(i)-m(i)*v(i-3)-n(i-2)*z(i)-q(i-1)*gama(i))/alpha(i);
    q(i)=(e(i)-v(i-2)*z(i)-n(i-1)*gama(i))/alpha(i);
    n(i)=(f(i)-v(i-1)*gama(i))/alpha(i);
    v(i)=k(i)/alpha(i);
end
%N-3
u(N-3)=j(N-3);m(N-3)=g(N-3)-u(N-3)*beta(N-7);
z(N-3)=a(N-3)-u(N-3)*q(N-7)-m(N-3)*beta(N-6);
gama(N-3)=b(N-3)-u(N-3)*n(N-7)-m(N-3)*q(N-6)-z(N-3)*beta(N-
5);
alpha(N-3)=c(N-3)-u(N-3)*v(N-7)-m(N-3)*n(N-6)-z(N-3)*q(N-5)-
gama(N-3)*beta(N-4);
beta(N-3)=(d(N-3)-m(N-3)*v(N-6)-z(N-3)*n(N-5)-gama(N-3)*q(N-
4))/alpha(N-3);
q(N-3)=(e(N-3)-z(N-3)*v(N-5)-gama(N-3)*n(N-4))/alpha(N-3);
n(N-3)=(f(N-3)-gama(N-3)*v(N-4))/alpha(N-3);
%N-2
u(N-2)=j(N-2);m(N-2)=g(N-2)-u(N-2)*beta(N-6);
z(N-2)=a(N-2)-u(N-2)*q(N-6)-m(N-2)*beta(N-5);
gama(N-2)=b(N-2)-u(N-2)*n(N-6)-m(N-2)*q(N-5)-z(N-2)*beta(N-
4);
alpha(N-2)=c(N-2)-u(N-2)*v(N-6)-m(N-2)*n(N-5)-z(N-2)*q(N-4)-
gama(N-2)*beta(N-3);
beta(N-2)=(d(N-2)-m(N-2)*v(N-5)-z(N-2)*n(N-4)-gama(N-2)*q(N-
3))/alpha(N-2);
```

```
q(N-2)=(e(N-2)-z(N-2)*v(N-4)-gama(N-2)*n(N-3))/alpha(N-2);
%N-1
u(N-1)=j(N-1);m(N-1)=g(N-1)-u(N-1)*beta(N-5);
z(N-1)=a(N-1)-u(N-1)*q(N-5)-m(N-1)*beta(N-4);
gama(N-1)=b(N-1)-u(N-1)*n(N-5)-m(N-1)*q(N-4)-z(N-1)*beta(N-3);
alpha(N-1)=c(N-1)-u(N-1)*v(N-5)-m(N-1)*n(N-4)-z(N-1)*q(N-3)-gama(N-1)*beta(N-2);
beta(N-1)=(d(N-1)-m(N-1)*v(N-4)-z(N-1)*n(N-3)-gama(N-1)*q(N-2))/alpha(N-1);
%N
u(N)=j(N);m(N)=g(N)-u(N)*beta(N-4);
z(N)=a(N)-u(N)*q(N-4)-m(N)*beta(N-3);
gama(N)=b(N)-u(N)*n(N-4)-m(N)*q(N-3)-z(N)*beta(N-2);
alpha(N)=c(N)-u(N)*v(N-4)-m(N)*n(N-3)-z(N)*q(N-2)-gama(N)*beta(N-1);
%Ly=Y
y(1)=Y(1)/alpha(1);y(2)=(Y(2)-gama(2)*y(1))/alpha(2);
y(3)=(Y(3)-z(3)*y(1)-gama(3)*y(2))/alpha(3);
y(4)=(Y(4)-m(4)*y(1)-z(4)*y(2)-gama(4)*y(3))/alpha(4);
y(5)=(Y(5)-u(5)*y(1)-m(5)*y(2)-z(5)*y(3)-gama(5)*y(4))/alpha(5);
for i=6:N
    y(i)=(Y(i)-u(i)*y(i-4)-m(i)*y(i-3)-z(i)*y(i-2)-gama(i)*y(i-1))/alpha(i);
end
%Ux=y
x(N)=y(N);x(N-1)=y(N-1)-beta(N-1)*x(N);
x(N-2)=y(N-2)-beta(N-2)*x(N-1)-q(N-2)*x(N);
x(N-3)=y(N-3)-beta(N-3)*x(N-2)-q(N-3)*x(N-1)-n(N-3)*x(N);
for i=(N-4):-1:1
    x(i)=y(i)-beta(i)*x(i+1)-q(i)*x(i+2)-n(i)*x(i+3)-v(i)*x(i+4);
end
X=x'
```

运行结果为：

```
X =
1.0000    1.0000    1.0000    1.0000    1.0000    1.0000    1.0000
1.0000    1.0000    1.0000    1.0000    1.0000    1.0000
```

§ 3.8　线性方程组的直接解法数值实验

1. 主元 Gauss 消去法

实验题目：

(1)用列主元 Gauss 消去求解线性方程组

$$\begin{bmatrix} 12 & -2 & 3 \\ 18 & 3 & -2 \\ -1 & -1 & -15 \end{bmatrix}\begin{bmatrix} x_1 \\ x_2 \\ x_3 \end{bmatrix}=\begin{bmatrix} 15 \\ -12 \\ 21 \end{bmatrix}.$$

(2)分别用列主元 Gauss 消去法和顺序 Gauss 消去法求解下面的线性方程组

$$\begin{bmatrix} 0.3\times10^{-16} & 59.14 & 3 & 1 \\ 1 & 2 & 1 & 1 \\ 11.2 & 9 & 5 & 2 \\ 5.291 & -6.13 & -1 & 2 \end{bmatrix}\begin{bmatrix} x_1 \\ x_2 \\ x_3 \\ x_4 \end{bmatrix}=\begin{bmatrix} 51.97 \\ 2 \\ 1 \\ 46.78 \end{bmatrix}.$$

2. LU 分解

实验题目：

给定矩阵 $\boldsymbol{A}=\begin{bmatrix} 1 & 2 & 3 \\ 5 & 4 & 10 \\ 3 & 0.2 & 2 \end{bmatrix}$ 和向量 $\boldsymbol{b}=\begin{bmatrix} 1 \\ 0 \\ 2 \end{bmatrix}$，求 $\boldsymbol{A}$ 的 LU 分解，并利用 $\boldsymbol{A}$ 的分解求解 $\boldsymbol{AX}=\boldsymbol{b}$.

3. 追赶法

实验题目：

(1)利用追赶法求解如下线性方程组，其中 $n=101$.

$$\begin{bmatrix} 12 & 1 & & & \\ 1 & 12 & 1 & & \\ & 1 & 12 & \ddots & \\ & & \ddots & \ddots & 1 \\ & & & 1 & 12 \end{bmatrix}\begin{bmatrix} x_1 \\ x_2 \\ x_3 \\ \vdots \\ x_n \end{bmatrix}=\begin{bmatrix} 11 \\ 10 \\ 10 \\ \vdots \\ 11 \end{bmatrix}.$$

(2)用追赶法求解如下五对角线性方程组，其中 $n=201$.

$$\begin{bmatrix} 13 & 4 & 5 & & & & \\ 2 & 13 & 4 & 5 & & & \\ 1 & 2 & 13 & 4 & 5 & & \\ & \ddots & \ddots & \ddots & \ddots & \ddots & \\ & & 1 & 2 & 13 & 4 & 5 \\ & & & 1 & 2 & 13 & 4 \\ & & & & 1 & 2 & 13 \end{bmatrix} \begin{bmatrix} x_1 \\ x_2 \\ x_3 \\ \vdots \\ x_{n-2} \\ x_{n-1} \\ x_n \end{bmatrix} = \begin{bmatrix} 22 \\ 24 \\ 25 \\ \vdots \\ 25 \\ 20 \\ 16 \end{bmatrix}.$$

(3)用追赶法求解如下七对角线性方程组,其中 $n=301$.

$$\begin{bmatrix} 20 & 3 & 5 & 2 & & & \\ 4 & 20 & 3 & 5 & 2 & & \\ 2 & 4 & 20 & 3 & 5 & \ddots & \\ 1 & \ddots & \ddots & \ddots & \ddots & \ddots & 2 \\ & \ddots & 2 & 4 & 20 & 3 & 5 \\ & & 1 & 2 & 4 & 20 & 3 \\ & & & 1 & 2 & 4 & 20 \end{bmatrix} \begin{bmatrix} x_1 \\ x_2 \\ x_3 \\ \vdots \\ x_{n-2} \\ x_{n-1} \\ x_n \end{bmatrix} = \begin{bmatrix} 100 \\ 100 \\ 100 \\ \vdots \\ 100 \\ 100 \\ 100 \end{bmatrix}.$$

(4)用追赶法求解方程组

$$\begin{bmatrix} 4 & 1 & 0 & 0 \\ 1 & 4 & 1 & 0 \\ 0 & 1 & 4 & 1 \\ 0 & 0 & 1 & 4 \end{bmatrix} \begin{bmatrix} x_1 \\ x_2 \\ x_3 \\ x_4 \end{bmatrix} = \begin{bmatrix} 9 \\ 10 \\ 20 \\ 16 \end{bmatrix},$$

再用 LU 分解法解此方程组,并对两者进行比较.

(5)用追赶法求解如下九对角线性方程组,其中 $n=1\ 001$.

$$\begin{bmatrix} 30 & 3 & 5 & 1 & 7 & & & & \\ 6 & 30 & 3 & 5 & 1 & 7 & & & \\ 4 & 6 & 30 & 3 & 5 & 1 & \ddots & & \\ 2 & 4 & 6 & 30 & 3 & 5 & \ddots & & \\ 1 & 2 & 4 & 6 & 30 & 3 & \ddots & \ddots & \\ & \ddots & \ddots & \ddots & \ddots & \ddots & \ddots & \ddots & \\ & & 1 & 2 & 4 & 6 & 30 & 3 & 5 \\ & & & 1 & 2 & 4 & 6 & 30 & 3 \\ & & & & 1 & 2 & 4 & 6 & 30 \end{bmatrix} \begin{bmatrix} x_1 \\ x_2 \\ x_3 \\ x_4 \\ x_5 \\ \vdots \\ x_{n-2} \\ x_{n-1} \\ x_n \end{bmatrix} = \begin{bmatrix} 1\ 000 \\ 1\ 000 \\ 1\ 000 \\ 1\ 000 \\ 1\ 000 \\ \vdots \\ 1\ 000 \\ 1\ 000 \\ 1\ 000 \end{bmatrix}.$$

练 习 题 3

1. 用顺序 Gauss 消去法求解方程组

$$\begin{cases}2x_1+3x_2+4x_3=6,\\3x_1+5x_2+2x_3=5,\\4x_1+3x_2+30x_3=32.\end{cases}$$

2. 用列主元 Gauss 消去法求解方程组

$$\begin{bmatrix}-3 & 2 & 6\\10 & -7 & 0\\5 & -1 & 5\end{bmatrix}\begin{bmatrix}x_1\\x_2\\x_3\end{bmatrix}=\begin{bmatrix}4\\7\\6\end{bmatrix}.$$

3. 利用 LU 分解法分解矩阵

$$\boldsymbol{A}=\begin{bmatrix}5 & 2 & -4 & 0\\2 & 1 & -2 & 1\\-4 & -2 & 5 & 0\\0 & 1 & 0 & 2\end{bmatrix}.$$

4. 利用矩阵的 LU 分解求解方程组

$$\begin{cases}2x_1+4x_2+2x_3+6x_4=9,\\4x_1+9x_2+6x_3+15x_4=23,\\2x_1+6x_2+9x_3+18x_4=22,\\6x_1+15x_2+18x_3+40x_4=47.\end{cases}$$

5. 用追赶法求解三对角线性方程组

$$\begin{bmatrix}2 & 1 & 0 & 0\\1 & 2 & -3 & 0\\0 & 3 & -7 & 4\\0 & 0 & 2 & 5\end{bmatrix}\begin{bmatrix}x_1\\x_2\\x_3\\x_4\end{bmatrix}=\begin{bmatrix}3\\-3\\-10\\2\end{bmatrix}.$$

6. 已知方程组 $\boldsymbol{AX}=\boldsymbol{b}$,其中

$$\boldsymbol{A}=\begin{bmatrix}2 & -1 & b\\-1 & 2 & a\\b & -1 & 2\end{bmatrix},\ \boldsymbol{b}=\begin{bmatrix}0\\1\\0\end{bmatrix},$$

(1)试问参数满足什么条件时,可用 Cholesky 分解法求解该方程组?

(2)取 $a=1,b=0$,试用追赶法求解该方程组.

7. 设有方程组 $\boldsymbol{AX}=\boldsymbol{b}$,其中 $\boldsymbol{A}$ 为 $m\times n$ 对称且非奇异矩阵,设 $\boldsymbol{A}$ 有误差 $\delta\boldsymbol{A}$,则原方程组变化为$(\boldsymbol{A}+\delta\boldsymbol{A})(\boldsymbol{X}+\delta\boldsymbol{X})=\boldsymbol{b}$,其中 $\delta\boldsymbol{X}$ 为解的误差向量. 证明:

$$\frac{\|\delta\boldsymbol{X}\|_2}{\|\boldsymbol{X}+\delta\boldsymbol{X}\|_2}\leqslant\left|\frac{\lambda_1}{\lambda_n}\right|\cdot\frac{\|\delta\boldsymbol{A}\|_2}{\|\boldsymbol{A}\|_2},$$

这里 λ_1 和 λ_n 分别为按模最大和最小的特征值.

第4章　最小二乘问题的数值解法

【教学提示】在求解线性方程组时,如果系数矩阵不是方阵,或者即使系数矩阵是方阵但不可逆,此时方程组可能无解或者有无穷多解,这就需要考虑用最小二乘法求解.

【教学目标】通过本章学习,学生掌握最小二乘问题的数值解法,重点是矩阵广义逆的求法及其应用.

§4.1　直线拟合

在实际问题中,常常给定一组测定的离散数据(x_i,y_i) $(i=1,2,\cdots,n)$,求自变量x和因变量y的近似表达式$y=\phi(x)$. 由于测量值本身就带有误差,并且测量数据往往数据量很大,因此使用插值法工作量会很大,效果也往往不好,解决该类问题最常用的方法就是最小二乘法,下面通过一个简单的例子进行说明.

例1　某种合成纤维的强度与其拉伸倍数有关,现有10个纤维样品的抗拉强度y与相应的拉伸倍数x的记录(强度单位:kgf/mm^2)如下表,讨论变量y与x之间的关系.

拉伸倍数x	1.9	2.1	2.7	3.5	4.0	4.5	5.0	5.2	6.0	6.3
抗拉强度y	1.4	1.8	2.8	3.0	4.0	4.2	5.5	5.0	5.5	6.4

解　为了研究纤维的强度y和拉伸倍数x之间的关系,首先将表中各组数据(x_i,y_i) $(i=1,2,\cdots,10)$在坐标平面xOy内描出对应的点.

由离散点得到的图通常被称为**散点图**,通过观察图4.1可以发现,这些点大致分布在一条直线上,因此就考虑利用直线$y=a+bx$去描述y与x之间的关系. 但是怎样确定系数a和b,才能使近似函数$y=\phi(x)$能尽量反映所给数据点的变化趋势呢? 一般采用的方法是确定a和b使所有的实测值和计算值之差

$$\delta_i=y_i-\phi(x_i)$$

的平方之和最小,这里δ_i又称为**偏差**或**残差**,也即使得

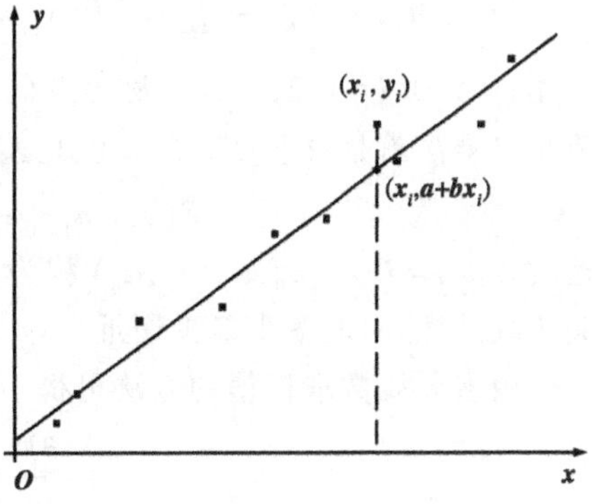

图4.1　散点图

$$S=\sum_{i=1}^{10}\delta_i^2=\sum_{i=1}^{10}[y_i-(a+bx_i)]^2$$

最小，这个方法称为**最小二乘法**，这里 S 称为**偏差平方和**.

由微分学中求极值的方法可知，只需求 S 关于 a 和 b 的一阶偏导数，并令其为0，可以得到 a 和 b 满足的方程组

$$\begin{cases} \dfrac{\partial S}{\partial a} = -2\sum\limits_{i=1}^{10}(y_i - a - bx_i) = 0, \\ \dfrac{\partial S}{\partial b} = -2\sum\limits_{i=1}^{10}(y_i - a - bx_i)\cdot x_i = 0, \end{cases}$$

求解可得 $a=-0.400\ 44, b=1.058\ 36$.

可以证明 a 和 b 可以使 S 取得最小值，这样直线方程 $y=-0.400\ 44+1.058\ 36x$ 就可以确定.

对于给定的一组数据如何进行数据拟合？可以根据以下步骤来进行：

(1) 画出给定数据的粗略图形——散点图；

(2) 根据散点图的形状与趋势，确定因变量与自变量之间的函数类型；

(3) 通过最小二乘原理确定函数表达式中的未知参数(系数).

§4.2 离散数据的最小二乘逼近

4.2.1 最小二乘法的一般理论

设给定的数据为 $(x_i, y_i)(i=1,2,\cdots,m)$，拟合曲线为

$$\phi(x) = P(x_i, a_0, a_1, \cdots, a_n),$$

令

$$F(a_0, a_1, \cdots, a_n) = \sum_{i=1}^{m}\omega_i[P(x_i, a_0, a_1, \cdots, a_n) - y_i]^2, n < m+1, \tag{4.1}$$

这里 $\omega_i > 0(i=1,2,\cdots,m)$ 称为点 (x_i, y_i) 的**权系数**，在实际问题中权系数往往取 $\omega_i \equiv 1$，最小二乘法就是求参量 $a_i(i=0,1,2,\cdots,n)$，使 $F(a_0, a_1, \cdots, a_n)$ 最小，即求 $a_i = a_i^*$ 使

$$F(a_0^*, a_1^*, \cdots, a_n^*) \leqslant F(a_0, a_1, \cdots, a_n),$$

这时 $\phi(x) = P(x_i, a_0, a_1, \cdots, a_n)$ 称为函数 $y=y(x)$ 在点集 $X = \{(x_i, y_i), i=1,2,\cdots,m\}$ 上关于权系数 ω_i 的**最小二乘逼近**.

由多元函数求极值的方法可得

$$\frac{\partial F}{\partial a_i} = 0, i=0,1,\cdots,n, \tag{4.2}$$

这个方程称为**法方程**或**正规方程**. 当 F 为 a_i 的线性函数时，则称为**线性最小二乘法**，当 F 为 a_i 的非线性函数时，则称为**非线性最小二乘法**.

若拟合函数为

$$\phi(x)=a_0\phi_0(x)+a_1\phi_1(x)+\cdots+a_n\phi_n(x),$$

其中 $\phi_0(x),\phi_1(x),\cdots,\phi_n(x)$ 线性无关,由公式(4.1)可得

$$F(a_0,a_1,\cdots,a_n)=\sum_{i=1}^{m}\omega_i\left[\sum_{k=0}^{n}a_k\phi_k(x_i)-y_i\right]^2, \tag{4.3}$$

由公式(4.2)可得

$$\frac{\partial F}{\partial a_j}=2\sum_{i=1}^{m}\omega_i\left[\sum_{k=0}^{n}a_k\phi_k(x_i)-y_i\right]\phi_j(x_i)=0,j=0,1,2,\cdots,n. \tag{4.4}$$

如果引入记号

$$(\phi_k,\phi_j)=\sum_{i=1}^{m}\omega_i\phi_k(x_i)\phi_j(x_i),\ (\phi_k,f)=\sum_{i=1}^{m}\omega_i\phi_k(x_i)y_i, \tag{4.5}$$

则方程组可以表示为

$$\sum_{k=0}^{n}(\phi_k,\phi_j)a_k=(\phi_k,f),j=0,1,2,\cdots,n, \tag{4.6}$$

即

$$\begin{bmatrix}(\phi_0,\phi_0) & (\phi_0,\phi_1) & \cdots & (\phi_0,\phi_n)\\ (\phi_1,\phi_0) & (\phi_0,\phi_0) & \cdots & (\phi_0,\phi_0)\\ \vdots & \vdots & & \vdots\\ (\phi_n,\phi_0) & (\phi_0,\phi_0) & \cdots & (\phi_0,\phi_0)\end{bmatrix}\begin{bmatrix}a_0\\ a_1\\ \vdots\\ a_n\end{bmatrix}=\begin{bmatrix}(\phi_0,f)\\ (\phi_1,f)\\ \vdots\\ (\phi_n,f)\end{bmatrix}, \tag{4.7}$$

这是一个系数矩阵为对称矩阵的线性方程组.

可以证明当函数 $\phi_0(x),\phi_1(x),\cdots,\phi_n(x)$ 线性无关时,方程组(4.7)存在唯一解 $a_i=a_i^*,i=0,1,\cdots,n$,并且相应函数为

$$\phi(x)=a_0^*\phi_0(x)+a_1^*\phi_1(x)+\cdots+a_n^*\phi_n(x),$$

这就是满足条件的最小二乘解.

4.2.2 代数多项式拟合

作为数据拟合的一种常见情况,若讨论的拟合函数 $\phi(x)$ 是代数多项式,即

$$\phi(x)=a_0+a_1x+\cdots+a_nx^n,$$

这时只需取 $\phi_k(x)=x^k(k=0,1,\cdots,n)$,由公式(4.7)可知相应的法方程为

$$\begin{bmatrix}m & \sum x_i & \cdots & \sum x_i^n\\ \sum x_i & \sum x_i^2 & \cdots & \sum x_i^{n+1}\\ \vdots & \vdots & & \vdots\\ \sum x_i^n & \sum x_i^{n+1} & \cdots & \sum x_i^{2n}\end{bmatrix}\begin{bmatrix}a_0\\ a_1\\ \vdots\\ a_n\end{bmatrix}=\begin{bmatrix}\sum y_i\\ \sum x_iy_i\\ \vdots\\ \sum x_i^ny_i\end{bmatrix}, \tag{4.8}$$

其中符号 $\sum x_i$ 是 $\sum_{i=1}^{m}x_i$ 的简写,其余类似.

综上分析,求离散数据的最小二乘法的步骤可以归纳为:先通过所给数据画出散点图,并根据散点图确定经验公式的函数类型(有时可以有多种类型选择),再建立法方程,

并通过解法方程求得最小二乘解的对应参数 a_i^* ,$i=0,1,\cdots,n$.

代数多项式最小二乘法拟合 Matlab 程序如下：

```
function ch4ex2(x,y)
plot(x,y,'b*')
grid
hold on
m=length(x);n=2;
for i=1:(n+1)
    for j=1:(n+1)
        A(i,j)=sum(x.^(i+j-2));
    end
end
for i=1:(n+1)
    b(i)=sum(y.*x.^(i-1));
end
a=inv(A)*b';a=a'
t=min(x):0.01:max(x);
p=a(1)+a(2).*t+a(3).*t.^2;
plot(t,p,'r-')
```

例 2 已知某种半成品在生产过程中的废品率 y(%)与它的某种化学成分 x(0.01%)有关,下表中记录了 y 与 x 的相应的实测值,试用最小二乘法建立 y 与 x 之间的关系式.

x	34	36	37	38	39	39	39	40
y	1.30	1.00	0.73	0.90	0.81	0.70	0.60	0.50
x	40	41	42	43	43	45	47	48
y	0.44	0.56	0.30	0.42	0.35	0.40	0.41	0.60

解 根据前面的讨论,解题的过程如下.

(1) 确定拟合曲线的形式:根据散点图 4.2 可以考虑采用二次多项式进行拟合,设拟合曲线为

$$y=a_0+a_1x+a_2x^2.$$

(2) 建立法方程:利用公式(4.7)计算可得法方程为

$$\begin{bmatrix} m & \sum x_i & \sum x_i^2 \\ \sum x_i & \sum x_i^2 & \sum x_i^3 \\ \sum x_i^2 & \sum x_i^3 & \sum x_i^4 \end{bmatrix} \begin{bmatrix} a_0 \\ a_1 \\ a_2 \end{bmatrix} = \begin{bmatrix} \sum y_i \\ \sum x_i y_i \\ \sum x_i^2 y_i \end{bmatrix},$$

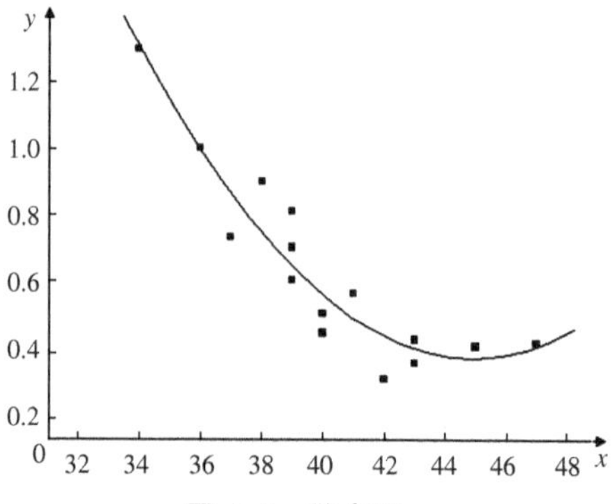

图 4.2 散点图

即

$$\begin{bmatrix} 16 & 651 & 26\,709 \\ 651 & 26\,709 & 1\,105\,005 \\ 26\,709 & 1\,105\,005 & 46\,099\,353 \end{bmatrix} \begin{bmatrix} a_0 \\ a_1 \\ a_2 \end{bmatrix} = \begin{bmatrix} 10.02 \\ 396.04 \\ 15\,803.44 \end{bmatrix},$$

求解可得

$$a_0 = 18.256, a_1 = -0.809\,3, a_2 = 0.009\,2,$$

所以所求 y 与 x 之间的关系为

$$y = 18.256 - 0.809\,3x + 0.009\,2x^2.$$

在 Matlab 命令窗口输入：

>>x=[34 36 37 38 39 39 39 40 40 41 42 43 43 45 47 48];

>>y=[1.30 1.00 0.73 0.90 0.81 0.70 0.60 0.50 0.44 0.56 0.30 0.42 0.35 0.40 0.41 0.60];

>>ch4ex2(x,y)

运行结果为：

a=

18.2642　-0.8097　0.0092

运行结果拟合曲线如图 4.3 所示.

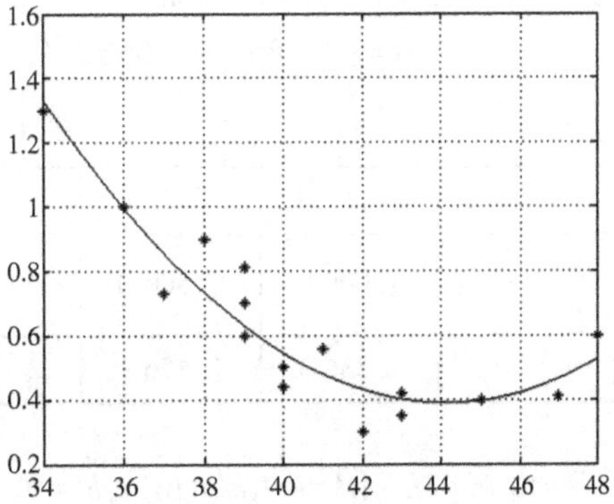

图 4.3　运行结果

4.2.3　非线性曲线拟合

在实际问题中，通常会遇到两个变量之间的关系不是线性关系，而是非线性关系，法方程往往是非线性多元方程组，不易求解，就要采取其他的方法求解参数. 对于某些非线性问题，可以将其转化为线性问题处理，前面的结果就可以直接应用，这里我们将通过一个例子介绍可以线性化的非线性一元函数的数据拟合问题.

例 3　在某个化学反应中测得生成物的浓度 y 与时间 t 的数据如下，试讨论生成物的浓度 y 与时间 t 的关系.

t	1	2	3	4	5	6	7	8
y	4.00	6.40	8.00	8.80	9.22	9.50	9.70	9.86
t	9	10	11	12	13	14	15	16
y	10.00	10.20	10.32	10.42	10.50	10.55	10.58	10.60

解　根据散点图(图 4.4)分布形状，选择合适的曲线. 假设回归曲线是指数型的，即变量 y 和 t 满足关系

$$y = ae^{\frac{b}{t}}, a>0, b<0.$$

令

$$y'=\ln y, t'=\frac{1}{t}, a'=\ln a, b'=b,$$

则有

$$y'=a'+bt'.$$

列表计算未知系数 a' 和 b' 的估计值，如表 4-1 所示.

类似于例 2 的求解过程可得

$$a'=-4.4807, b'=-1.0567.$$

于是，y' 关于 t' 的线性拟合曲线为

$$y'=-4.4807-1.0567t',$$

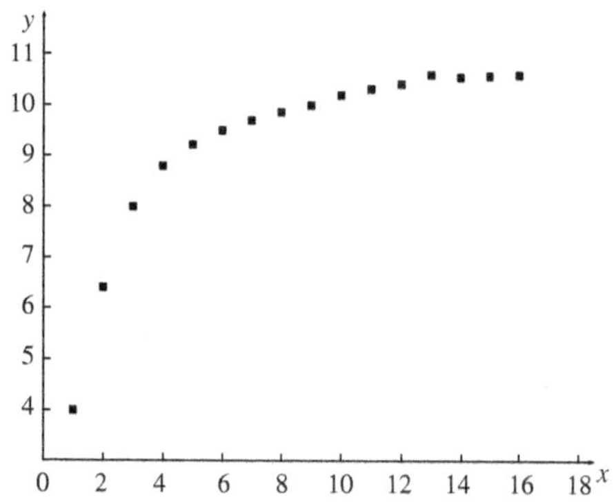

图 4.4 散点图

表 4-1 非线性变换结果

i	1	2	3	…	14	15	16
$t_i'=\frac{1}{t_i}$	1.000 0	0.500 0	0.333 3	…	0.071 4	0.066 7	0.062 5
$y_i'=\ln y_i$	1.386 3	1.856 3	2.079 4	…	2.356 1	2.708 1	2.360 9

由 $y'=\ln y, t'=\frac{1}{t}, a'=\ln a, b'=b$，可以得到

$$a=e^{a'}=0.011325, b=b'=-1.0567,$$

所以生成物的浓度 y 与时间 t 的关系式为

$$y=0.011325e^{-\frac{1.0567}{t}}.$$

本例中，根据散点分布形状，也可以尝试用双曲型曲线 $y=t/(at+b)$ 去拟合 y 与 t 之间的相互关系，拟合曲线方程为

$$y=t/(80.6621t+161.6822).$$

最终选用哪种曲线拟合效果更好呢？经过计算可知指数型曲线的均方误差和最大偏差分别为 0.34×10^{-3} 和 0.277×10^{-3}，双曲型曲线的均方误差和最大偏差分别为 1.19×10^{-3} 和 0.568×10^{-3}，从这两个指标来看指数型曲线拟合效果更好一些.

本例 Matlab 程序如下：

```
function ch4ex3(t,y)
p=log(y);x=1./t;f=polyfit(x,p,1);b=f(1);a=exp(f(2));
yy=a*exp(b/t);plot(t,y,'r+',t,yy,'g.')
xlabel('x');ylabel('y');gtext('y=a*exp(b/t)')
```

在 Matlab 命令窗口输入：

```
>>t=1:16;
>>y=[4.00 6.40 8.00 8.80 9.22 9.50 9.70 9.86 10.00 10.20 10.32 10.42 10.50
10.55 10.58 10.60];
>>ch4ex3(t,y)
```

运行结果为：

b =

　-1.0567

a =

　0.011325

运行结果如图 4.5 所示.

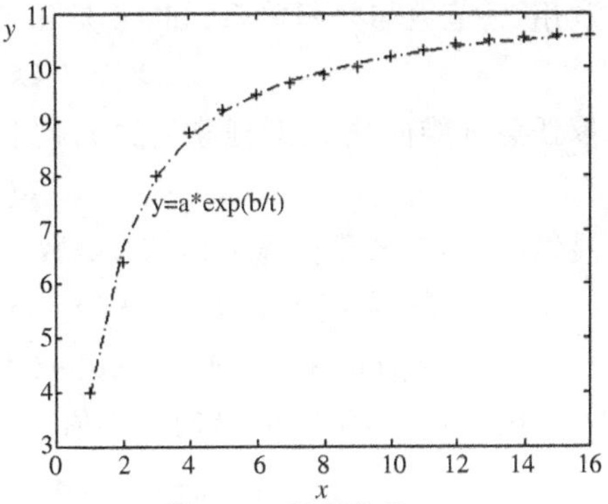

图 4.5　运行结果

§4.3　超定、欠定和适定方程组

最小二乘法广泛地应用于工程计算中,例如,用最小二乘法从有噪声的数据中提取信号,从海量数据中找出数据变化的趋势,甚至利用简单函数计算复杂函数的近似值等,我们并不期望它的近似值多么精确,事实上很多时候也不用很精确,尽管如此,还是希望计算出的近似数据与原始数据之间误差尽量小.

定义 4.1　当线性方程组方程的个数多于未知数的个数时,称之为**超定方程组**.

定义 4.2　当线性方程组方程的个数少于未知数的个数时,称之为**欠定方程组**.

定义 4.3　当线性方程组方程的个数等于未知数的个数时,称之为**适定方程组**.

当线性方程组 $\boldsymbol{AX}=\boldsymbol{b}$ 方程数多于未知数个数时,即对应的系数矩阵 $\boldsymbol{A}$ 的行数大于列数,此时方程组为超定方程组,超定方程组没有古典意义下的解. 超定方程组的最小二乘解是一种广义解,是指使残差 $\boldsymbol{r}=\boldsymbol{b}-\boldsymbol{AX}$ 的 2-范数达到极小值的解,即

$$\|\boldsymbol{b}-\boldsymbol{AX}^*\|_2=\min_{\boldsymbol{X}\in\mathbf{R}^m}\|\boldsymbol{b}-\boldsymbol{AX}\|_2,$$

该问题是一个优化问题.

定理 4.1　如果 $\boldsymbol{X}^*$ 是正规方程组 $\boldsymbol{A}^{\mathrm{T}}\boldsymbol{AX}=\boldsymbol{A}^{\mathrm{T}}\boldsymbol{b}$ 的解,则 $\boldsymbol{X}^*$ 是超定方程组 $\boldsymbol{AX}=\boldsymbol{b}$ 的最小二乘解.

证明　由题设可得 $\boldsymbol{A}^{\mathrm{T}}(\boldsymbol{b}-\boldsymbol{AX})=\boldsymbol{0}$,对任意 n 维向量 $\boldsymbol{Y}$,显然有

$$(\boldsymbol{X}^*-\boldsymbol{Y})^{\mathrm{T}}\boldsymbol{A}^{\mathrm{T}}(\boldsymbol{b}-\boldsymbol{AX}^*)=\boldsymbol{0}.$$

考虑残差 2-范数平方,由

$$\|\boldsymbol{b}-\boldsymbol{AY}\|_2^2=\|(\boldsymbol{b}-\boldsymbol{AX}^*)+\boldsymbol{A}(\boldsymbol{X}^*-\boldsymbol{Y})\|_2^2,$$

上式右端利用内积,得

$$\|\boldsymbol{b}-\boldsymbol{AY}\|_2^2=\|\boldsymbol{b}-\boldsymbol{AX}\|_2^2+\|\boldsymbol{A}(\boldsymbol{X}^*-\boldsymbol{Y})\|_2^2\geqslant\|\boldsymbol{b}-\boldsymbol{AX}^*\|_2^2,$$

从而有

$$\|\boldsymbol{b}-\boldsymbol{AY}\|_2\geqslant\|\boldsymbol{b}-\boldsymbol{AX}^*\|_2,$$

等式仅当 $\boldsymbol{Y}=\boldsymbol{X}^*$ 时成立,所以 $\boldsymbol{X}^*$ 是超定方程组 $\boldsymbol{AX}=\boldsymbol{b}$ 的最小二乘解.

定理 4.2　如果 $\boldsymbol{X}^*$ 是超定方程组 $\boldsymbol{AX}=\boldsymbol{b}$ 的最小二乘解,则 $\boldsymbol{X}^*$ 满足正规方程组

$$\boldsymbol{A}^{\mathrm{T}}\boldsymbol{AX}=\boldsymbol{A}^{\mathrm{T}}\boldsymbol{b}.$$

证　由题设

$$\|\boldsymbol{b}-\boldsymbol{AX}^*\|_2=\min_{\boldsymbol{X}\in\mathbf{R}^m}\|\boldsymbol{b}-\boldsymbol{AX}\|_2,$$

利用 2-范数与内积关系,知 $\boldsymbol{X}^*$ 是如下二次函数的极小值点

$$\varphi(\boldsymbol{X})=(\boldsymbol{AX},\boldsymbol{AX})-2(\boldsymbol{AX},\boldsymbol{B})+(\boldsymbol{b},\boldsymbol{b}).$$

取任意 n 维向量 $\boldsymbol{v}$,对任意实数 t,构造一元函数

$$g(t)=\varphi(\boldsymbol{X}^*+t\boldsymbol{v}).$$

显然,$g(t)$ 是关于变量 t 的二次函数

$$\begin{aligned}g(t)&=\varphi(\boldsymbol{X}^*+t\boldsymbol{v})=(\boldsymbol{A}(\boldsymbol{X}^*+t\boldsymbol{v}),\boldsymbol{A}(\boldsymbol{X}^*+t\boldsymbol{v}))-2(\boldsymbol{A}(\boldsymbol{X}^*+t\boldsymbol{v}),\boldsymbol{B})+(\boldsymbol{b},\boldsymbol{b})\\&=g(0)+2t[(\boldsymbol{AX}^*,\boldsymbol{Av})-(\boldsymbol{Av},\boldsymbol{b})]+t^2(\boldsymbol{Av},\boldsymbol{Av}).\end{aligned}$$

由题设,$t=0$ 是 $g(t)$ 的极小值点,由极值条件得 $g'(0)=0$,即

$$(\boldsymbol{AX}^*,\boldsymbol{Av})-(\boldsymbol{Av},\boldsymbol{b})=0,$$

将左端整理化简,便得 $(\boldsymbol{Av},\boldsymbol{AX}^*-\boldsymbol{b})=0$,利用内积性质,得

$$(\boldsymbol{v},\boldsymbol{A}^{\mathrm{T}}(\boldsymbol{AX}^*-\boldsymbol{b}))=0,$$

由 $\boldsymbol{v}$ 的任意性,得 $\boldsymbol{A}^{\mathrm{T}}(\boldsymbol{AX}^*-\boldsymbol{b})=\boldsymbol{0}$.

例 4 用最小二乘法求下列超定方程组的数值解.

$$\begin{cases}4x_1+2x_2=2,\\3x_1-x_2=10,\\11x_1+3x_2=8.\end{cases}$$

解 由最小二乘原理,即求 x_1 和 x_2 使得

$$S(x_1,x_2)=(4x_1+2x_2-2)^2+(3x_1-x_2-10)^2+(11x_1+3x_2-8)^2$$

取极小值,由

$$\frac{\partial S}{\partial x_1}=0,\frac{\partial S}{\partial x_2}=0,$$

得

$$\begin{cases}13x_1+19x_2=63,\\19x_1+7x_2=9,\end{cases}$$

故而

$$\begin{cases}x_1=1.8,\\x_2=-3.6,\end{cases}$$

虽非方程组的解,但是**最佳近似解**.

§4.4 矩阵的广义逆

4.4.1 广义逆的定义

定义 4.4 设 $\boldsymbol{A}\in\mathbf{C}^{s\times n}$,若存在 $\boldsymbol{G}\in\mathbf{C}^{n\times s}$,满足

$$AGA=A,GAG=G,(AG)^{H}=AG,(GA)^{H}=GA, \tag{4.9}$$

则称 G 为 A 的**广义逆**,记为 A^{+}.

以上定义由 Penrose 提出,故上述四个方程(4.9)称为 **Penrose 方程**,满足这四个方程(4.9)的 G 也称为 A 的 **Moore-Penrose 逆**.

例如,在求解方程组 $AX=b$ 时,由 $A^{T}AX=A^{T}b$ 且 $A^{T}A$ 必为正定阵,故 $(A^{T}A)^{-1}$ 存在,则 $X=(A^{T}A)^{-1}A^{T}b$,称 $(A^{T}A)^{-1}A^{T}$ 为 A 的广义逆,若 A^{-1} 存在,则 $A^{+}=A^{-1}$.

Matlab 中求广义逆的命令为:

```
B=pinv(A)
B=pinv(A,tol)
```

对于上节例4,在 Matlab 命令窗口输入:

```
>>A=[4 2;3 -1;11 3];
>>b=[2 10 8]';
>>x=pinv(A)*b;
>>X=x'
```

运行结果为:

```
X=
    1.8000    -3.6000
```

有两种常用的方法来求解超定方程组:

1. 用对称矩阵的三角分解法解正规方程组 $A^{T}AX=A^{T}b$,记 $G=A^{T}A$,则 G 是对称矩阵,由三角分解 $G=LDL^{T}$,其中 L 是下三角矩阵,D 是对角矩阵,将这一算法分成如下三个过程:

①解下三角方程组 $LY_1=A^{T}b$;

②解对角方程组 $DY_2=Y_1$;

③解上三角方程组 $L^{T}X=Y_2$.

2. 用矩阵的 QR 分解直接求解超定方程组 $AX=b$:

由 QR 分解得 $A=QR$,其中 Q 是正交矩阵,R 是非奇异的上三角矩阵,将 QR 分解代入最小二乘解的表达式中,得

$$X=(R^{T}Q^{T}QR)^{-1}(QR)^{T}b,$$

由此可知,用分解方法求超定方程组的最小二乘解只需求解上三角方程组 $RX=Q^{T}b$.

在 Matlab 中,矩阵的 QR 分解命令为:[Q,R]=qr(A).

例5　用 QR 分解求解线性方程组

$$\begin{cases}9x_1-36x_2+30x_3=1,\\-36x_1+192x_2-180x_3=1,\\30x_1-180x_2+180x_3=1.\end{cases}$$

解　在 Matlab 命令窗口输入:

```
>>A=[9 -36 30;-36 192 -180;30 -180 180];
>>b=ones(3,1);
```

```
>>[Q,R]=qr(A)
```

运行结果为：

```
Q =

   -0.1886   -0.6665    0.7212
    0.7544    0.3718    0.5409
   -0.6287    0.6461    0.4327

R =

  -47.7179  264.8062 -254.6213
         0  -20.9211   29.3820
         0         0    2.1637
```

```
>>x=R\(Q\b);
>>X=x'
```

运行结果为：

```
X =

    1.8333    1.0833    0.7833
```

定理 4.3 设 $\boldsymbol{A}\in\mathbf{C}^{s\times n}$，则 $\boldsymbol{A}$ 的广义逆存在且唯一.

证明 根据 $\boldsymbol{A}$ 的奇异值分解知，存在酉阵 $\boldsymbol{U},\boldsymbol{V}$，使

$$\boldsymbol{A}=\boldsymbol{U}\begin{bmatrix}\boldsymbol{D} & \boldsymbol{0}\\ \boldsymbol{0} & \boldsymbol{0}\end{bmatrix}_{s\times n}\boldsymbol{V}^{\mathrm{H}},\boldsymbol{D}=\mathrm{diag}(\sqrt{\lambda_1},\cdots,\sqrt{\lambda_r}),$$

其中 $\lambda_1,\cdots,\lambda_r$ 为 $\boldsymbol{A}^{\mathrm{H}}\boldsymbol{A}$ 的特征值. 取

$$\boldsymbol{G}=\boldsymbol{V}\begin{bmatrix}\boldsymbol{D}^{-1} & \boldsymbol{0}\\ \boldsymbol{0} & \boldsymbol{0}\end{bmatrix}_{n\times s}\boldsymbol{U}^{\mathrm{H}},$$

于是有

$$\boldsymbol{AG}=\boldsymbol{U}\begin{bmatrix}\boldsymbol{I}_r & \boldsymbol{0}\\ \boldsymbol{0} & \boldsymbol{0}\end{bmatrix}_{s\times s}\boldsymbol{U}^{\mathrm{H}},\boldsymbol{GA}=\boldsymbol{V}\begin{bmatrix}\boldsymbol{I}_r & \boldsymbol{0}\\ \boldsymbol{0} & \boldsymbol{0}\end{bmatrix}_{n\times n}\boldsymbol{V}^{\mathrm{H}},$$

很容易验证 $\boldsymbol{G}$ 满足 Penrose 方程(4.9)，故 $\boldsymbol{A}$ 的广义逆存在.

下证唯一性，设 $\boldsymbol{G}_1,\boldsymbol{G}_2$ 为 $\boldsymbol{A}$ 的广义逆，即满足 Penrose 方程(4.9)，则有

$$\begin{aligned}\boldsymbol{G}_1&=\boldsymbol{G}_1\boldsymbol{A}\boldsymbol{G}_1=\boldsymbol{G}_1\boldsymbol{A}\boldsymbol{G}_2\boldsymbol{A}\boldsymbol{G}_1=(\boldsymbol{G}_1\boldsymbol{A})^{\mathrm{H}}(\boldsymbol{G}_2\boldsymbol{A})^{\mathrm{H}}\boldsymbol{G}_1\\&=\boldsymbol{A}^{\mathrm{H}}\boldsymbol{G}_1^{\mathrm{H}}\boldsymbol{A}^{\mathrm{H}}\boldsymbol{G}_2^{\mathrm{H}}\boldsymbol{G}_1=(\boldsymbol{A}\boldsymbol{G}_1\boldsymbol{A})^{H}\boldsymbol{G}_2^{\mathrm{H}}\boldsymbol{G}_1=\boldsymbol{A}^{\mathrm{H}}\boldsymbol{G}_2^{\mathrm{H}}\boldsymbol{G}_1\\&=(\boldsymbol{G}_2\boldsymbol{A})^{\mathrm{H}}\boldsymbol{G}_1=\boldsymbol{G}_2\boldsymbol{A}\boldsymbol{G}_1=\boldsymbol{G}_2\boldsymbol{A}\boldsymbol{G}_2\boldsymbol{A}\boldsymbol{G}_1\\&=\boldsymbol{G}_2\boldsymbol{G}_2^{\mathrm{H}}\boldsymbol{A}^{\mathrm{H}}\boldsymbol{G}_1^{\mathrm{H}}\boldsymbol{A}^{\mathrm{H}}=\boldsymbol{G}_2\boldsymbol{G}_2^{\mathrm{H}}\boldsymbol{A}^{\mathrm{H}}=\boldsymbol{G}_2\boldsymbol{A}\boldsymbol{G}_2=\boldsymbol{G}_2.\end{aligned}$$

例 5 求下列矩阵的广义逆.

$$\begin{bmatrix}\boldsymbol{A}\\ \boldsymbol{0}\end{bmatrix}^{+}=(\boldsymbol{A}^{+},\boldsymbol{0}),(\boldsymbol{A},\boldsymbol{0})^{+}=\begin{bmatrix}\boldsymbol{A}^{+}\\ \boldsymbol{0}\end{bmatrix},$$

$$\begin{bmatrix}\boldsymbol{A} & \boldsymbol{0}\\ \boldsymbol{0} & \boldsymbol{B}\end{bmatrix}^{+}=\begin{bmatrix}\boldsymbol{A}^{+} & \boldsymbol{0}\\ \boldsymbol{0} & \boldsymbol{B}^{+}\end{bmatrix},\begin{bmatrix}\boldsymbol{0} & \boldsymbol{A}\\ \boldsymbol{B} & \boldsymbol{0}\end{bmatrix}^{+}=\begin{bmatrix}\boldsymbol{0} & \boldsymbol{A}^{+}\\ \boldsymbol{B}^{+} & \boldsymbol{0}\end{bmatrix}.$$

例 6　设 $A=\begin{bmatrix}1&1\\0&0\end{bmatrix}$，求 A^{+}.

解　先用凑的办法可以求得

$$(1,1)^{+}=\frac{1}{2}\begin{bmatrix}1\\1\end{bmatrix},$$

再由例 2 的结论，可以得到

$$A^{+}=\frac{1}{2}\begin{bmatrix}1&0\\1&0\end{bmatrix}.$$

定理 4.4　设 $A\in\mathbf{C}^{s\times n}$，则有

(1) $(A^{+})^{+}=A$;

(2) $(A^{\mathrm{H}})^{+}=(A^{+})^{\mathrm{H}}$;

(3) $(A^{\mathrm{T}})^{+}=(A^{+})^{\mathrm{T}}$;

(4) $(kA)^{+}=k^{+}A^{+}$，其中 $k\in\mathbf{C}$，$k^{+}=\begin{cases}\dfrac{1}{k}, k\neq 0,\\ 0, k=0;\end{cases}$

(5) $A^{\mathrm{H}}=A^{\mathrm{H}}AA^{+}=A^{+}AA^{\mathrm{H}}$;

(6) $(A^{\mathrm{H}}A)^{+}=A^{+}(A^{\mathrm{H}})^{+}$，$(AA^{\mathrm{H}})^{+}=(A^{\mathrm{H}})^{+}A^{+}$;

(7) $A^{+}=(A^{\mathrm{H}}A)^{+}A^{\mathrm{H}}=A^{\mathrm{H}}(AA^{\mathrm{H}})^{+}$;

(8) $(UAV)^{+}=V^{\mathrm{H}}A^{+}U^{\mathrm{H}}$，其中 U,V 为酉阵;

(9) $A^{+}AB=A^{+}AC\Leftrightarrow AB=AC$.

4.4.2　广义逆的求法

定理 4.5　设 $A\in\mathbf{C}^{s\times n}$，$r(A)=r\geqslant 1$，已知 A 的满秩分解 $A=BC$，其中 B,C 分别为 $s\times r$ 和 $r\times n$ 矩阵，则

$$A^{+}=C^{\mathrm{H}}(CC^{\mathrm{H}})^{-1}(B^{\mathrm{H}}B)^{-1}B^{\mathrm{H}}.$$

特别地，若 A 的秩为 n，则

$$A^{+}=(A^{\mathrm{H}}A)^{-1}A^{\mathrm{H}},$$

若 A 的秩为 s，则

$$A^{+}=A^{\mathrm{H}}(AA^{\mathrm{H}})^{-1}.$$

证明　(1) 记

$$G=C^{\mathrm{H}}(CC^{\mathrm{H}})^{-1}(B^{\mathrm{H}}B)^{-1}B^{\mathrm{H}},$$

则有

$$AGA=BC=A,\ GAG=G,\ AG=B(B^{\mathrm{H}}B)^{-1}B^{\mathrm{H}},$$
$$GA=C^{\mathrm{H}}(CC^{\mathrm{H}})^{-1}C,\ (AG)^{\mathrm{H}}=AG,\ (GA)^{\mathrm{H}}=GA.$$

故 G 为 A 的广义逆，即 $A^{+}=G=C^{\mathrm{H}}(CC^{\mathrm{H}})^{-1}(B^{\mathrm{H}}B)^{-1}B^{\mathrm{H}}$.

(2) 当 $r(A)=n$ 时，即 A 列满秩，则 A 的满秩分解为 $A=AI_n$，分别令 $B=A$ 和 $C=I_n$ 代入 A^{+} 中，即有 $A^{+}=(A^{\mathrm{H}}A)^{-1}A^{\mathrm{H}}$；当 $r(A)=s$ 时，即 A 行满秩，则 A 的满秩分解为 $A=I_sA$，分

别令 $\boldsymbol{B}=\boldsymbol{I}_s$ 和 $\boldsymbol{C}=\boldsymbol{A}$ 代入 $\boldsymbol{A}^+$ 中，即有 $\boldsymbol{A}^+=\boldsymbol{A}^{\mathrm{H}}(\boldsymbol{A}\boldsymbol{A}^{\mathrm{H}})^{-1}$.

例 8 已知 $\boldsymbol{A}=\begin{bmatrix}1&2&3\\2&4&6\end{bmatrix}$，求 $\boldsymbol{A}^+$.

解 由于

$$r(\boldsymbol{A})=1,\boldsymbol{A}=\begin{bmatrix}1\\2\end{bmatrix}[1\quad 2\quad 3]=\boldsymbol{B}\boldsymbol{C},$$

$$\boldsymbol{B}^{\mathrm{H}}\boldsymbol{B}=[1\quad 2]\begin{bmatrix}1\\2\end{bmatrix}=5,(\boldsymbol{B}^{\mathrm{H}}\boldsymbol{B})^{-1}=\frac{1}{5},$$

$$\boldsymbol{C}\boldsymbol{C}^{\mathrm{H}}=[1\quad 2\quad 3]\begin{bmatrix}1\\2\\3\end{bmatrix}=14,(\boldsymbol{C}\boldsymbol{C}^{\mathrm{H}})^{-1}=\frac{1}{14},$$

$$\boldsymbol{A}^+=\boldsymbol{C}^{\mathrm{H}}(\boldsymbol{C}\boldsymbol{C}^{\mathrm{H}})^{-1}(\boldsymbol{B}^{\mathrm{H}}\boldsymbol{B})^{-1}\boldsymbol{B}^{\mathrm{H}},$$

从而

$$\boldsymbol{A}^+=[1\quad 2\quad 3]^{\mathrm{T}}\cdot\frac{1}{14}\cdot\frac{1}{5}\cdot[1\quad 2]=\frac{1}{70}\begin{bmatrix}1&2\\2&4\\3&6\end{bmatrix}.$$

例 9 设 $\boldsymbol{M}=\begin{bmatrix}\boldsymbol{A}&\boldsymbol{0}\\\boldsymbol{0}&\boldsymbol{B}\end{bmatrix}$，其中 $\boldsymbol{A}=\begin{bmatrix}1&1&2\\2&1&3\end{bmatrix}$，$\boldsymbol{B}=\begin{bmatrix}0&2\\3&0\end{bmatrix}$，求 $\boldsymbol{M}^+$.

解 由于 $\boldsymbol{M}^+=\begin{bmatrix}\boldsymbol{A}^+&\boldsymbol{0}\\\boldsymbol{0}&\boldsymbol{B}^+\end{bmatrix}$，而 $\boldsymbol{B}$ 可逆，且

$$\boldsymbol{B}^+=\boldsymbol{B}^{-1}=\begin{bmatrix}0&\frac{1}{3}\\\frac{1}{2}&0\end{bmatrix},\ \boldsymbol{A}^{\mathrm{H}}=\begin{bmatrix}1&2\\1&1\\2&3\end{bmatrix},r(\boldsymbol{A}^{\mathrm{H}})=2,$$

取与 $\boldsymbol{A}^{\mathrm{H}}$ 的列向量组等价的向量组 $\boldsymbol{X}_1=\begin{bmatrix}1\\0\\1\end{bmatrix}$ 与 $\boldsymbol{X}_2=\begin{bmatrix}0\\1\\1\end{bmatrix}$ 为 $R(\boldsymbol{A}^{\mathrm{H}})$ 的一组基，则有

$$\boldsymbol{A}\boldsymbol{X}_1=\begin{bmatrix}3\\5\end{bmatrix},\boldsymbol{A}\boldsymbol{X}_2=\begin{bmatrix}3\\4\end{bmatrix},$$

$$(\boldsymbol{A}\boldsymbol{X}_1,\boldsymbol{A}\boldsymbol{X}_2)^{-1}=\begin{bmatrix}3&3\\5&4\end{bmatrix}^{-1}=-\frac{1}{3}\begin{bmatrix}4&-3\\-5&3\end{bmatrix},$$

从而

$$\boldsymbol{M}^+=\begin{bmatrix}1&0\\0&1\\1&1\end{bmatrix}\begin{bmatrix}3&3\\5&4\end{bmatrix}^{-1}=\frac{1}{3}\begin{bmatrix}-4&3\\5&-3\\1&0\end{bmatrix}.$$

4.4.3 广义逆的应用

在实际问题中，线性方程组 $\boldsymbol{A}\boldsymbol{X}=\boldsymbol{b}$ 往往不相容，其系数是由实验求得，实质上就是要

找使 AX 与 b 最“接近”的 X.

定义 4.5　设 $A\in \mathbf{C}^{s\times n}$,若 X_0 满足

$$\| AX_0-b \|_2=\min_{X\in \mathbf{C}^n}\| AX-b \|_2,$$

则称 $X=X_0$ 是线性方程组 $AX=b$ 的**最小二乘解**,所有最小二乘解中长度最小的叫作**极小最小二乘解**.

显然,对于相容的线性方程组 $AX=b$,它的解与其最小二乘解是一样的. 虽然线性方程组 $AX=b$ 可能是不相容的,由于

$$A^{H}b\in R(A^{H}A)=R(A^{H}),$$

所以 $A^{H}AX=A^{H}b$ 一定是相容的.

定理 4.6　设 $A\in \mathbf{C}^{s\times n}$,则 $AX=b$ 的最小二乘解之通解为

$$X=A^{+}b+(I-A^{+}A)Y,\ \forall\, Y\in \mathbf{C}^{n},$$

$AX=b$ 的极小最小二乘解为 $X=A^{+}b$,且唯一.

证明　找出 $A^{H}AX=A^{H}b$ 的通解,由于

$$A^{H}AA^{+}=A^{H}\Rightarrow A^{H}AA^{+}b=A^{H}b,$$

故 $A^{+}b$ 是 $A^{H}AX=A^{H}b$ 的一个解.

又

$$R(A^{H}A)=R(I-A^{+}A),$$

故 $A^{H}AX=0$ 的通解为 $(I-A^{+}A)Y$,其中 Y 为 $\mathbf{C}^{n}$ 中任一向量,所以 $A^{H}AX=A^{H}b$ 的通解即为

$$X=A^{+}b+(I-A^{+}A)Y,\ \forall\, Y\in \mathbf{C}^{n}.$$

最后,因为

$$A^{+}b\in R(A^{+}),(I-A^{+}A)Y\in R(I-A^{+}A)=[R(A^{+})]^{\perp},$$

故

$$\| A^{+}b+(I-A^{+}A)Y \|_2^2=\| A^{+}b \|_2^2+\| (I-A^{+}A)Y \|_2^2\geqslant \| A^{+}b \|_2^2,$$

当且仅当 $(I-A^{+}A)Y=0$,所以 $AX=b$ 的极小最小二乘解唯一,即为 $X=A^{+}b$.

§4.5　最小二乘问题数值实验

实验目的:熟悉非线性函数拟合过程,利用广义逆解方程组.

实验题目:

(1)编程实现 $x=[1.00\ 1.25\ 1.50\ 1.75\ 2.00]$ 和 $y=[5.10\ 5.79\ 6.53\ 7.45\ 8.46]$ 的 $y=a\mathrm{e}^{bx}$ 多项式拟合,并画出拟合图形.

(2)求下列矩阵的广义逆.

①$A=\begin{bmatrix}1&0&3\\2&3&0\\1&1&1\end{bmatrix}$;　　②$A=\begin{bmatrix}2&3&1&-1\\5&8&0&1\\1&2&-2&3\end{bmatrix}$.

(3)在某化学反应中,由实验得到的生成物浓度 y 与时间 t 如下表,欲求浓度 y 与时间 t 的函数关系 $y=a+bt+ct^2$.

t	1	2	3	4	6	8	10	12	14	16
y	4.00	6.41	8.01	8.79	9.53	9.86	10.33	10.42	10.53	10.61

(4)据统计,六十年代世界人口增长情况如下表(单位:百万),求最佳拟合曲线 $y=e^{a+bt}$,并预测 2000 年时的世界人口.

年	1960	1961	1962	1963	1964
人口	2972	3061	3151	3213	3234
年	1965	1966	1967	1968	
人口	3285	3356	3420	3483	

练习题 4

1. 求下列矩阵的一个广义逆.

(1) $A=\begin{bmatrix}1&0&2\\2&1&5\\0&1&-1\\1&3&-1\end{bmatrix}$;　　(2) $A=\begin{bmatrix}0&0&2\\1&1&0\\0&0&1\\1&1&1\end{bmatrix}$;

(3) $A=\begin{bmatrix}2&4&1&1\\1&2&-1&2\\-1&-2&-2&1\end{bmatrix}$;　　(4) $A=\begin{bmatrix}1&2&1\\-1&-2&-1\\1&2&1\end{bmatrix}$.

2. 利用奇异值分解求下列矩阵的 Moore-Penrose 逆.

(1) $A=\begin{bmatrix}1&0\\0&1\\1&0\end{bmatrix}$;　　(2) $A=\begin{bmatrix}-1&0&1\\2&0&-2\end{bmatrix}$.

3. 利用 Moore-Penrose 逆方法判断线性方程组

$$\begin{cases}2x_1+4x_2+x_3+x_4=10,\\x_1+2x_2-x_3+2x_4=6,\\-x_1-2x_2-2x_3+x_4=-7\end{cases}$$

是否相容?如果相容求通解和极小范数解,如果不相容求全部最小二乘解和极小最小二乘解.

4. 求解下列超定方程组.

(1) $\begin{cases}2x+4y=11,\\3x-5y=3,\\x+2y=6,\\4x+2y=14;\end{cases}$　　(2) $\begin{bmatrix}1&2&3&4\\1&4&5&6\\1&5&6&7\\1&8&9&10\\1&11&12&13\end{bmatrix}\begin{bmatrix}x_1\\x_2\\x_3\\x_4\end{bmatrix}=\begin{bmatrix}11\\13\\15\\18\\20\end{bmatrix}$.

5. 观测一个做直线运动的物体,测得以下数据:

时间 t	0	0.9	1.9	3.0	3.9	5.0
距离 S	0	10	30	50	80	110

在表中,时间单位为秒,距离单位为米,假若加速度为常数,求这个物体的初速度和加速度.

6. 对某个物体的长度测量 n 次后,得 n 个近似值 $x_1,\cdots,x_n$,通常取平均值作为所求长度的值,试用最小二乘法原理说明其理由.

7. 利用数据表

t	-2	-1	0	1	2
y	y_{k-2}	y_{k-1}	y_k	y_{k+1}	y_{k+2}

构造五点二次拟合函数 $p(t)=a+bt+ct^2$ 时,需求超定方程组的最小二乘解,试列出超定方程组并导出对应的正规方程组.

8. 确定参数 a,b,c,使得积分

$$J(a,b,c)=\int_{-1}^{1}(ax^2+bx+c-\sqrt{1-x^2})^2\cdot\frac{1}{\sqrt{1-x^2}}\mathrm{d}x$$

取最小值.

第 5 章　线性方程组的古典迭代解法

【教学提示】对于高阶方程组,如果运用直接法求解的计算量过大,则必须依赖迭代法求解. 迭代法是解线性方程组的另一类方法,特别适用于求解大型稀疏线性方程组.

【教学目标】通过本章学习,学生了解迭代法的基本思想,理解简单迭代法迭代格式的建立过程,理解 Jacobi 迭代法、Gauss-Seidel 迭代法、SOR 迭代法的构造过程,能够对 Jacobi 迭代法、Gauss-Seidel 迭代法和 SOR 迭代法进行收敛性分析,并且能对迭代结果进行误差估计.

§5.1　基本迭代法

迭代法是解线性方程组 $\boldsymbol{AX}=\boldsymbol{b}$ 的另一类方法,特别适用于求解大型稀疏线性方程组. 譬如,从地球物理和大气预测等问题中抽象出来的线性方程组的未知量有十几亿个,甚至更多,用直接法求解这样的问题需要很大的内存空间,而且计算量也非常大,计算时间通常需要几天,甚至几个月. 因此,在现有的计算条件下,针对应有问题设计一个高效稳定的算法便显得至关重要.

迭代法作为一种求解数值问题的通用方法,其基本思想是针对求解问题预先设计好某种迭代格式,从而产生求解问题的近似解的迭代序列,在迭代序列收敛于精确解的情况下,按精度要求取某个迭代值作为问题解的近似值,这就是求解数值问题的迭代法. 因此,对迭代法来说一般有几个问题需要考虑:如何构造迭代序列? 构造的序列在什么情况下收敛? 如果收敛,收敛的速度如何? 近似解的误差如何估计?

本章主要介绍迭代法的一些基本理论及古典迭代法,如 Jacobi 迭代法、Gauss-Seidel 迭代法和超松弛迭代法(SOR)等,同时需要研究如何建立迭代格式、迭代格式的收敛条件、误差估计和收敛速度等问题.

5.1.1　迭代法的基本思想

解线性方程组的迭代法就是从某一初始近似解开始,来产生一个收敛于方程组的解向量 $\boldsymbol{X}^*$ 的向量序列 $\{\boldsymbol{X}^{(k)}\}$, $k=0,1,2,\cdots$,其方法是将一个方程组 $\boldsymbol{AX}=\boldsymbol{b}$ 转化成与之等价的方程组 $\boldsymbol{X}=\boldsymbol{BX}+\boldsymbol{f}$,这里 $\boldsymbol{B}\in\mathbf{R}^{n\times n}$, $\boldsymbol{f}\in\mathbf{R}^n$,任取初始向量 $\boldsymbol{X}^{(0)}$,由迭代公式

$$\boldsymbol{X}^{(k+1)}=\boldsymbol{BX}^{(k)}+\boldsymbol{f},\ k=0,1,2,\cdots, \tag{5.1}$$

产生一个向量序列 $\{\boldsymbol{X}^{(k)}\}$.

下面通过实例来了解迭代法的基本思想.

例 1　解下列方程组

$$\begin{bmatrix} 10 & -1 & -2 \\ -1 & 10 & -2 \\ -1 & -1 & 5 \end{bmatrix}\begin{bmatrix} x_1 \\ x_2 \\ x_3 \end{bmatrix}=\begin{bmatrix} 7.2 \\ 8.3 \\ 4.2 \end{bmatrix}.$$

解　将原方程组改写成等价形式

$$\begin{cases} x_1=\dfrac{1}{10}(x_2+2x_3+7.2), \\ x_2=\dfrac{1}{10}(x_1+2x_3+8.3), \\ x_3=\dfrac{1}{5}(x_1+x_2+4.2), \end{cases}$$

若令

$$\boldsymbol{B}=\begin{bmatrix} 0 & \dfrac{1}{10} & \dfrac{1}{5} \\ \dfrac{1}{10} & 0 & \dfrac{1}{5} \\ \dfrac{1}{5} & \dfrac{1}{5} & 0 \end{bmatrix},\ \boldsymbol{f}=\begin{bmatrix} \dfrac{7.2}{10} \\ \dfrac{8.3}{10} \\ \dfrac{4.2}{5} \end{bmatrix},$$

则可建立迭代公式(5.1),取 $\boldsymbol{X}^{(0)}=(0,0,0)^{\mathrm{T}}$,得到

$$\boldsymbol{X}^{(1)}=\begin{bmatrix} 0.72 \\ 0.83 \\ 0.42 \end{bmatrix},\boldsymbol{X}^{(2)}=\begin{bmatrix} 0.971 \\ 1.070 \\ 1.150 \end{bmatrix},\cdots,\boldsymbol{X}^{(9)}=\begin{bmatrix} 1.0999 \\ 1.1999 \\ 1.2999 \end{bmatrix},$$

其分量的一般计算公式为

$$\begin{cases} x_1^{(k+1)}=\dfrac{1}{10}(x_2^{(k)}+2x_3^{(k)}+7.2), \\ x_2^{(k+1)}=\dfrac{1}{10}(x_1^{(k)}+2x_3^{(k)}+8.3), \\ x_3^{(k+1)}=\dfrac{1}{5}(x_1^{(k)}+x_2^{(k)}+4.2),\ k=0,1,2,\cdots, \end{cases}$$

上式称为迭代公式的向量(矩阵)形式.

从此例看出,由迭代法产生的向量序列 $\{\boldsymbol{X}^{(k)}\}$ 逐步逼近方程组的精确解 $\boldsymbol{X}^*$. 对于任何一个由 $\boldsymbol{AX}=\boldsymbol{b}$ 变形得到的等价方程组 $\boldsymbol{X}=\boldsymbol{BX}+\boldsymbol{f}$,由迭代法产生的向量序列 $\{\boldsymbol{X}^{(k)}\}$ 是否一定逐步逼近方程组的解 $\boldsymbol{X}^*$ 呢? 答案是不一定的,考虑用迭代法解下述方程组

$$\begin{cases} x_1=2x_2+5, \\ x_2=3x_1+5, \end{cases} \tag{5.2}$$

则可建立迭代公式(5.1),其中

$$\boldsymbol{B}=\begin{bmatrix} 0 & 2 \\ 3 & 0 \end{bmatrix},\ \boldsymbol{f}=\begin{bmatrix} 5 \\ 5 \end{bmatrix},$$

取 $\boldsymbol{X}^{(0)}=(0,0)^{\mathrm{T}}$,得到

$$\boldsymbol{X}^{(1)}=\begin{bmatrix}5\\5\end{bmatrix},\boldsymbol{X}^{(2)}=\begin{bmatrix}15\\20\end{bmatrix},\boldsymbol{X}^{(3)}=\begin{bmatrix}45\\50\end{bmatrix},\cdots,\boldsymbol{X}^{(10)}=\begin{bmatrix}23\ 325\\31\ 100\end{bmatrix},$$

可见,其迭代结果不收敛. 具体 Matlab 程序如下:

```
x0=[0 0]';B=[0 2;3 0];f=[5 5]';
for i=1:10
    x=B*x0+f
    x0=x;
end
```

对于给定方程组 $\boldsymbol{X}=\boldsymbol{B}\boldsymbol{X}+\boldsymbol{f}$,设有唯一解 $\boldsymbol{X}^*$,则

$$\boldsymbol{X}^*=\boldsymbol{B}\boldsymbol{X}^*+\boldsymbol{f}, \tag{5.3}$$

设 $\boldsymbol{X}^{(0)}$ 为任取的初始向量,按公式(5.1)构造向量序列,其中 k 表示迭代次数,$k=0,1,2,\cdots$.

下面给出一般迭代法的定义.

定义 5.1 对于给定的方程组 $\boldsymbol{X}=\boldsymbol{B}\boldsymbol{X}+\boldsymbol{f}$,用公式(5.1)逐步代入求近似解的方法称为**迭代法**,或称为**一阶定常迭代法**,这里 $\boldsymbol{B}$ 与 k 无关.

由上述例子(5.2)可以看出,并非任何由方程组 $\boldsymbol{A}\boldsymbol{X}=\boldsymbol{b}$ 转化成的等价形式 $\boldsymbol{X}=\boldsymbol{B}\boldsymbol{X}+\boldsymbol{f}$ 而建立的迭代公式(5.1)产生的向量序列 $\{\boldsymbol{X}^{(k)}\}$ 都收敛,那么什么条件下才收敛呢? 先给出收敛的定义.

定义 5.2 如果 $\lim\limits_{k\to\infty}\boldsymbol{X}^{(k)}$ 存在,记为 $\boldsymbol{X}^*$,称此**迭代法收敛**,显然 $\boldsymbol{X}^*$ 是方程组 $\boldsymbol{A}\boldsymbol{X}=\boldsymbol{b}$ 的解,否则称此**迭代法发散**.

由上述讨论,需要研究 $\{\boldsymbol{X}^{(k)}\}$ 的收敛性,为此引进误差向量

$$\boldsymbol{\varepsilon}^{(k+1)}=\boldsymbol{X}^{(k+1)}-\boldsymbol{X}^*,$$

由(5.1)减去(5.3),得

$$\boldsymbol{\varepsilon}^{(k+1)}=\boldsymbol{B}\boldsymbol{\varepsilon}^{(k)},k=0,1,2,\cdots,$$

递推得

$$\boldsymbol{\varepsilon}^{(k)}=\boldsymbol{B}\boldsymbol{\varepsilon}^{(k-1)}=\cdots=\boldsymbol{B}^k\boldsymbol{\varepsilon}^{(0)}.$$

要考察 $\{\boldsymbol{X}^{(k)}\}$ 的收敛性,就要研究 $\boldsymbol{B}$ 在什么条件下有 $\lim\limits_{k\to\infty}\boldsymbol{\varepsilon}^{(k)}=\boldsymbol{0}$,亦即要研究 $\boldsymbol{B}$ 满足什么条件时有 $\boldsymbol{B}^k\to\boldsymbol{0},k\to\infty$.

5.1.2 基本迭代法及其收敛性

设有线性方程组 $\boldsymbol{A}\boldsymbol{X}=\boldsymbol{b}$,其中 $\boldsymbol{A}\in\mathbf{R}^{n\times n}$ 为非奇异矩阵,下面研究如何建立解 $\boldsymbol{A}\boldsymbol{X}=\boldsymbol{b}$ 的各种迭代法.

将 $\boldsymbol{A}$ 分裂为 $\boldsymbol{A}=\boldsymbol{M}-\boldsymbol{N}$,其中 $\boldsymbol{M}$ 为可选择的非奇异矩阵,且使 $\boldsymbol{M}\boldsymbol{X}=\boldsymbol{d}$ 容易求解,一般选择为 $\boldsymbol{A}$ 的某种近似,称 $\boldsymbol{M}$ 为**分裂矩阵**.

于是,求解 $\boldsymbol{A}\boldsymbol{X}=\boldsymbol{b}$ 转化为求解

$$\boldsymbol{M}\boldsymbol{X}=\boldsymbol{N}\boldsymbol{X}+\boldsymbol{b},$$

再进一步求解得

$$X=M^{-1}NX+M^{-1}b,$$

可构造一阶定常迭代法(5.1),其中

$$B=M^{-1}N=M^{-1}(M-A)=I-M^{-1}A, f=M^{-1}b, \tag{5.4}$$

称 $B=I-M^{-1}A$ 为迭代法的**迭代矩阵**,选取矩阵 M,就得到解 $AX=b$ 的各种迭代法.

5.1.3　迭代法的收敛性

定理 5.1　对任意选取的初始向量 $X^{(0)}$,迭代公式(5.1)收敛的充分必要条件是矩阵 B 的谱半径 $\rho(B)<1$.

证明　由线性代数知识知,任何 n 阶矩阵 B 都存在非奇异矩阵 P,使得

$$B=P^{-1}JP, B^k=P^{-1}J^kP,$$

其中 J 为 B 的 Jordan 标准形,且

$$J=\begin{bmatrix} J_1 & & \\ & \ddots & \\ & & J_r \end{bmatrix}_{n\times n}, J^k=\begin{bmatrix} J_1^k & & \\ & \ddots & \\ & & J_r^k \end{bmatrix}_{n\times n}, J_i=\begin{bmatrix} \lambda_i & 1 & & & \\ & \lambda_i & 1 & & \\ & & \ddots & \ddots & \\ & & & \lambda_i & 1 \\ & & & & \lambda_i \end{bmatrix},$$

于是,可得

$$B^k \xrightarrow{k\to\infty} 0 \Leftrightarrow J^k \xrightarrow{k\to\infty} 0 \Leftrightarrow J_i^k \xrightarrow{k\to\infty} 0.$$

且由于

$$J_m^k=\begin{bmatrix} \lambda_m^k & C_1^k\lambda_m^{k-1} & C_2^k\lambda_m^{k-2} & \cdots & C_{m-1}^k\lambda_m^{k-m+1} \\ & \lambda_m^k & C_1^k\lambda_m^{k-1} & \cdots & C_{m-2}^k\lambda_m^{k-m+2} \\ & & \lambda_m^k & & \vdots \\ & & & \ddots & C_1^k\lambda_m^{k-1} \\ & & & & \lambda_m^k \end{bmatrix}, C_m^k=\frac{k!}{m!\ (k-m)!},$$

于是又可得到

$$J_i^k \xrightarrow{k\to\infty} 0 \Leftrightarrow |\lambda_i|<1,$$

即 B 的所有特征值的绝对值小于 1,故有

$$B^k \xrightarrow{k\to\infty} 0 \Leftrightarrow \rho(B)<1,$$

结论成立.

例 2　已知 $B=\begin{bmatrix} 0.9 & 0 \\ 0.3 & 0.8 \end{bmatrix}$, $f=\begin{bmatrix} 1 \\ 2 \end{bmatrix}$,试考察迭代公式(5.1)的收敛性.

解　显然有 $\|B\|_\infty=1.1$, $\|B\|_1=1.2$, $\|B\|_2=1.021$,而 $\rho(B)=0.9<1$,所以迭代公式收敛.

定理 5.1 为判断迭代法的敛散性提供了一个强有力的手段. 然而,定理的条件往往不

容易验证. 因此,利用特征值上界性质 $\rho(\boldsymbol{B})\leqslant\|\boldsymbol{B}\|$,可以给出另一个条件较弱的结果.

定理 5.2 如果迭代公式(5.1)的迭代矩阵 $\boldsymbol{B}$ 的某一种算子范数 $\|\boldsymbol{B}\|<1,k=0,1,\cdots$,则有

(1)对任意的初始向量 $\boldsymbol{X}^{(0)}$,迭代法收敛;

(2)迭代序列与方程组的解 $\boldsymbol{X}^*$ 存在误差估计式

$$\|\boldsymbol{X}^*-\boldsymbol{X}^{(k)}\|\leqslant\frac{\|\boldsymbol{B}\|}{1-\|\boldsymbol{B}\|}\|\boldsymbol{X}^{(k)}-\boldsymbol{X}^{(k-1)}\|,\tag{5.5}$$

进一步有

$$\|\boldsymbol{X}^*-\boldsymbol{X}^{(k)}\|\leqslant\frac{\|\boldsymbol{B}\|^k}{1-\|\boldsymbol{B}\|}\|\boldsymbol{X}^{(1)}-\boldsymbol{X}^{(0)}\|.\tag{5.6}$$

证明 (1)由条件

$$\|\boldsymbol{B}\|<1,\rho(\boldsymbol{B})\leqslant\|\boldsymbol{B}\|,$$

从而 $\rho(\boldsymbol{B})\leqslant\|\boldsymbol{B}\|<1$,按定理 5.1 可知迭代法收敛.

(2)由于
$$\begin{aligned}\|\boldsymbol{X}^*-\boldsymbol{X}^{(k)}\|&=\|(\boldsymbol{X}^{(k+1)}-\boldsymbol{X}^{(k)})+(\boldsymbol{X}^*-\boldsymbol{X}^{(k+1)})\|\\&=\|\boldsymbol{B}(\boldsymbol{X}^{(k)}-\boldsymbol{X}^{(k-1)})+\boldsymbol{B}(\boldsymbol{X}^*-\boldsymbol{X}^{(k)})\|\\&\leqslant\|\boldsymbol{B}\|(\|\boldsymbol{X}^{(k)}-\boldsymbol{X}^{(k-1)}\|+\|\boldsymbol{X}^*-\boldsymbol{X}^{(k)}\|),\end{aligned}$$

整理即可得式(5.5). 进一步,由

$$\boldsymbol{X}^{(k)}-\boldsymbol{X}^{(k-1)}=\boldsymbol{B}(\boldsymbol{X}^{(k-1)}-\boldsymbol{X}^{(k-2)})$$

得

$$\|\boldsymbol{X}^{(k)}-\boldsymbol{X}^{(k-1)}\|\leqslant\|\boldsymbol{B}\|\cdot\|\boldsymbol{X}^{(k-1)}-\boldsymbol{X}^{(k-2)}\|\leqslant\cdots\leqslant\|\boldsymbol{B}\|^{k-1}\cdot\|\boldsymbol{X}^{(1)}-\boldsymbol{X}^{(0)}\|,$$

代入式(5.5)即可得证式(5.6).

如果事先给出误差不超过 ε,则由式(5.6)可得到迭代次数的估计

$$k>\ln\frac{\varepsilon(1-\|\boldsymbol{B}\|)}{\|\boldsymbol{X}^{(1)}-\boldsymbol{X}^{(0)}\|}/\ln\|\boldsymbol{B}\|.$$

定义 5.3 线性方程组的解是一组数,称为**解向量**. 近似解向量与精确解向量之差称为近似解的**误差向量**.

接下来要研究的主要问题是建立几类比较经典的迭代格式,并分析其收敛速度和误差估计.

§5.2 Jacobi 迭代法和 Gauss-Seidel 迭代法

对于阶数不高的方程组来说,直接法求解非常有效,但直接法对于阶数高而系数矩阵稀疏的线性方程组求解却存在困难. 在这类矩阵中,非零元素较少,若用直接法求解,就要存储大量零元素,为减少运算量、节约内存,使用迭代法则更有利.

5.2.1　雅克比(Jacobi)迭代法

设有 n 阶方程组

$$\begin{cases} a_{11}x_1+a_{12}x_2+\cdots+a_{1n}x_n=b_1, \\ a_{21}x_1+a_{22}x_2+\cdots+a_{2n}x_n=b_2, \\ \cdots\cdots \\ a_{n1}x_1+a_{n2}x_2+\cdots+a_{nn}x_n=b_n, \end{cases} \tag{5.7}$$

将方程组(5.7)写成矩阵形式 $\boldsymbol{AX}=\boldsymbol{b}$,其中

$$\boldsymbol{A}=\begin{bmatrix} a_{11} & a_{12} & \cdots & a_{1n} \\ a_{21} & a_{22} & \cdots & a_{2n} \\ \vdots & \vdots & & \vdots \\ a_{n1} & a_{n2} & \cdots & a_{nn} \end{bmatrix},\boldsymbol{X}=\begin{bmatrix} x_1 \\ x_2 \\ \vdots \\ x_n \end{bmatrix},\boldsymbol{b}=\begin{bmatrix} b_1 \\ b_2 \\ \vdots \\ b_n \end{bmatrix}.$$

若系数矩阵非奇异,且 $a_{ii}\neq 0, i=1,2,3,\cdots,n$,将方程组(5.7)改写成

$$\begin{cases} x_1=\dfrac{1}{a_{11}}(b_1-a_{12}x_2-a_{13}x_3-\cdots-a_{1n}x_n), \\ x_2=\dfrac{1}{a_{22}}(b_2-a_{21}x_1-a_{23}x_3-\cdots-a_{2n}x_n), \\ \cdots\cdots \\ x_n=\dfrac{1}{a_{nn}}(b_n-a_{n1}x_1-a_{n2}x_2-\cdots-a_{n,n-1}x_{n-1}), \end{cases}$$

然后写成迭代格式

$$\begin{cases} x_1^{(k+1)}=\dfrac{1}{a_{11}}(b_1-a_{12}x_2^{(k)}-a_{13}x_3^{(k)}-\cdots-a_{1n}x_n^{(k)}), \\ x_2^{(k+1)}=\dfrac{1}{a_{22}}(b_2-a_{21}x_1^{(k)}-a_{23}x_3^{(k)}-\cdots-a_{2n}x_n^{(k)}), \\ \cdots\cdots \\ x_n^{(k+1)}=\dfrac{1}{a_{nn}}(b_n-a_{n1}x_1^{(k)}-a_{n2}x_2^{(k)}-\cdots-a_{n,n-1}x_{n-1}^{(k)}), \end{cases} \tag{5.8}$$

(5.8)也可以简单地写为

$$x_i^{(k+1)}=\frac{1}{a_{ii}}\left(b_i-\sum_{j=1,j\neq i}^{n}a_{ij}x_j^{(k)}\right),i=1,2,\cdots,n, \tag{5.9}$$

对(5.8)或(5.9)给定一组初值 $\boldsymbol{X}^{(0)}=(x_1^{(0)},x_2^{(0)},\cdots,x_n^{(0)})^{\mathrm{T}}$ 后,经反复迭代可得到一向量序列 $\boldsymbol{X}^{(k)}=(x_1^{(k)},x_2^{(k)},\cdots,x_n^{(k)})^{\mathrm{T}}$,如果 $\boldsymbol{X}^{(k)}$ 收敛于 $\boldsymbol{X}^*=(x_1^*,x_2^*,\cdots,x_n^*)^{\mathrm{T}}$,则 $x_i^*(i=1,2,\cdots,n)$ 就是方程组(5.7)的解,这一方法称为**雅克比(Jacobi)迭代法**,(5.8)或(5.9)称为**Jacobi 迭代格式**.

下面介绍 Jacobi 迭代格式的矩阵表示,将线性方程组(5.7)中的系数矩阵 $\boldsymbol{A}$ 分成三

部分,即

$$A=D-L-U,$$

其中 $D=\mathrm{diag}(a_{11},a_{22},\cdots,a_{nn})$,且

$$L=\begin{pmatrix}0 & & & & \\ -a_{21} & 0 & & & \\ \vdots & \vdots & \ddots & & \\ -a_{n-1,1} & -a_{n-1,2} & \cdots & 0 & \\ -a_{n,1} & -a_{n,2} & \cdots & -a_{n,n-1} & 0\end{pmatrix},\quad U=\begin{pmatrix}0 & -a_{12} & \cdots & -a_{1,n-1} & -a_{1,n} \\ 0 & 0 & \cdots & -a_{2,n-1} & -a_{2,n} \\ & & \ddots & \vdots & \vdots \\ & & & 0 & -a_{n-1,n} \\ & & & & 0\end{pmatrix}.$$

设 $a_{ii}\neq 0, i=1,2,\cdots,n$,选取 $M=D, N=L+U$,由式(5.4)得到解 $AX=b$ 的 Jacobi 迭代法为 $X^{(k+1)}=B_JX^{(k)}+f$,其中

$$B_J=I-D^{-1}A=D^{-1}(L+U),\ f=D^{-1}b,$$

称 B_J 为解 $AX=b$ 的 **Jacobi 迭代法的迭代矩阵**.

Jacobi 迭代法公式简单,每迭代一次只需计算一次矩阵和向量的乘法,且迭代过程中迭代矩阵不变. 在计算时需要两组存储单元以存放 $X^{(k)}$ 及 $X^{(k+1)}$,Jacobi 迭代结束条件为

$$\|X^{(k+1)}-X^{(k)}\|\leqslant\varepsilon,$$

其中 ε 为精度要求,$\|\cdot\|$ 为某种向量范数(常用∞-范数),其 Matlab 程序如下:

```
function ch5ex3(A,b)
n=length(b);x0=zeros(n,1);eps=1.0e-6;
M=1000;x=zeros(n,1);k=0;
while k<M
    for i=1:n
        x(i)=(b(i)-A(i,[1:i-1,i+1:n])*x0([1:i-1,i+1:n]))/A(i,i);
    end
    if norm(x-x0,inf)<eps
        break;
    end
    x0=x;k=k+1;
end
k
X=x'
```

例 3 用 Jacobi 迭代法求解方程组

$$\begin{cases}10x_1-x_2=9,\\ -x_1+10x_2-2x_3=7,\\ \quad -4x_2+10x_3=6.\end{cases}$$

解 将方程组写成等价的方程组

$$\begin{cases}x_1=0.1x_2+0.9,\\ x_2=0.1x_1+0.2x_3+0.7,\\ x_3=0.4x_2+0.6,\end{cases}$$

构造 Jacobi 迭代公式为

$$\begin{cases} x_1^{(k+1)} = 0.1x_2^{(k)} + 0.9, \\ x_2^{(k+1)} = 0.1x_1^{(k)} + 0.2x_3^{(k)} + 0.7, \\ x_3^{(k+1)} = 0.4x_2^{(k)} + 0.6, \end{cases} \tag{5.10}$$

取初始向量 $X^{(0)} = (0,0,0)^T$ 进行迭代,迭代所得结果见表 5-1,该方程组的精确解为 $X^* = (1,1,1)^T$.

表 5-1　迭代 6 次结果

k	0	1	2	3	4	5	6	7
$x_1^{(k)}$	0	0.9	0.97	0.991	0.9973	0.99919	0.999757	…
$x_2^{(k)}$	0	0.7	0.91	0.973	0.9919	0.99757	0.999271	…
$x_3^{(k)}$	0	0.6	0.88	0.964	0.9892	0.99676	0.99028	…

在 Matlab 命令窗口输入:

```
>A=[10  -1  0;-1  10  -2;0  -4  10];
>b=[9  7  6]';
>ch5ex3(A,b)
```

运行结果为:

```
k=12
X=1.0000   1.0000   1.0000
```

5.2.2　高斯-塞德尔(Gauss-Seidel)迭代法及其矩阵表示

显然,如果迭代收敛,$x_i^{(k+1)}$ 应该比 $x_i^{(k)}$ 更接近于原方程的解 x_i^*,因此在迭代过程中及时地以 $x_i^{(k+1)}$ 代替 $x_i^{(k)}$,可以收到更好的效果,这样(5.8)可写成

$$\begin{cases} x_1^{(k+1)} = \dfrac{1}{a_{11}}(b_1 - a_{12}x_2^{(k)} - a_{13}x_3^{(k)} - \cdots - a_{1n}x_n^{(k)}), \\ x_2^{(k+1)} = \dfrac{1}{a_{22}}(b_2 - a_{21}x_1^{(k+1)} - a_{23}x_3^{(k)} - \cdots - a_{2n}x_n^{(k)}), \\ \cdots\cdots \\ x_n^{(k+1)} = \dfrac{1}{a_{nn}}(b_n - a_{n1}x_1^{(k+1)} - a_{n2}x_2^{(k+1)} - \cdots - a_{n,n-1}x_{n-1}^{(k+1)}), \end{cases} \tag{5.11}$$

(5.11)可简写成

$$x_i^{(k+1)} = \frac{1}{a_{ii}}\left(b_i - \sum_{j=1}^{i-1} a_{ij}x_j^{(k+1)} - \sum_{j=i+1}^{n} a_{ij}x_j^{(k)}\right), i = 1,2,\cdots,n,$$

此方法称为**高斯-塞德尔(Gauss-Seidel)迭代格式.**

选取分裂矩阵 $\boldsymbol{M}$ 为 $\boldsymbol{A}$ 的下三角部分,即选取

$$\boldsymbol{M} = \boldsymbol{D} - \boldsymbol{L}, \boldsymbol{A} = \boldsymbol{M} - \boldsymbol{N},$$

于是由(5.11)得到解 $\boldsymbol{AX} = \boldsymbol{b}$ 的 Gauss-Seidel 迭代法为

$$X^{(k+1)}=B_GX^{(k)}+f,$$

其中

$$B_G=I-(D-L)^{-1}A=(D-L)^{-1}U,f=(D-L)^{-1}b,$$

称 $B_G=(D-L)^{-1}U$ 为解 $AX=b$ 的 Gauss-Seidel 迭代法的迭代矩阵.

用 Gauss-Seidel 迭代法再解例 3,此时计算公式(5.10)变为

$$\begin{cases}x_1^{(k+1)}=0.1x_2^{(k)}+0.9,\\x_2^{(k+1)}=0.1x_1^{(k+1)}+0.2x_3^{(k)}+0.7,\\x_3^{(k+1)}=0.4x_2^{(k+1)}+0.6.\end{cases}\tag{5.12}$$

实际计算可知,要达到同样精度,所需计算次数要少的多,具体看下面计算结果.

注意,并非 Gauss-Seidel 迭代法一定比 Jacobi 迭代法要好,甚至有这样的方程组,用 Jacobi 迭代法收敛,而用 Gauss-Seidel 迭代法却是发散的.

Gauss-Seidel 迭代法 Matlab 程序如下:

```
function ch5ex4(A,b)
n=length(b);x0=zeros(n,1);eps=1.0e-6;
M=1000;x=zeros(n,1);k=0;
while k<M
    x(1)=(b(1)-A(1,2:n)*x0(2:n))/A(1,1);
    for i=2:n-1
        x(i)=(b(i)-A(i,1:i-1)*x(1:i-1)-A(i,i+1:n)*x0(i+1:n))/A(i,i);
end
x(n)=(b(n)-A(n,1:n-1)*x(1:n-1))/A(n,n);
if norm(x-x0,inf)<eps
        break;
end
x0=x;k=k+1;
end
k
X=x'
```

用 Gauss-Seidel 迭代法再解例 3,在 Matlab 命令窗口输入:

```
>>A=[10  -1  0;-1  10  -2;0  -4  10];
>>b=[9  7  6]';
>>ch5ex4(A,b)
```

运行结果为:

```
k=7
X=1.0000   1.0000   1.0000
```

可见,与 Jacobi 迭代法相比,本例中 Gauss-Seidel 迭代法所需计算次数要少.

例 4 用 Gauss-Seidel 迭代法求解方程组 $AX=b$,其中

$$A=\begin{bmatrix}0.76 & -0.01 & -0.14 & -0.16\\ -0.01 & 0.88 & -0.03 & 0.05\\ -0.14 & -0.03 & 1.01 & -0.12\\ -0.16 & 0.05 & -0.12 & 0.72\end{bmatrix}, b=\begin{bmatrix}0.68\\ 1.18\\ 0.12\\ 0.74\end{bmatrix}.$$

解　在 Matlab 命令窗口输入：

```
>>A=[0.76   -0.01   -0.14   -0.16;
    -0.01    0.88   -0.03    0.05;
    -0.14   -0.03    1.01   -0.12;
    -0.16    0.05   -0.12    0.72];
>>[0.68   1.18   0.12   0.74]';
>>ch5ex4(A,b)
```

运行结果为：

```
k=8
X=1.2762   1.2981   0.4890   1.3027
```

§5.3　松弛迭代法(SOR)

5.3.1　松弛迭代法(SOR)及其矩阵表示

使用迭代法的主要困难是计算量难以估计，有些方程组的迭代格式虽然收敛，但收敛速度慢而使计算量变得很大. 松弛法(SOR)是一种线性加速方法，这种方法将前一步的结果 $x_i^{(k)}$ 与 Gauss-Seidel 方法的迭代值 $\tilde{x}_i^{(k+1)}$ 适当进行线性组合，以构成一个收敛速度较快的近似解序列，改进后的迭代方案设计如下.

迭代

$$\tilde{x}_i^{(k+1)}=\frac{1}{a_{ii}}\left(b_i-\sum_{j=1}^{i-1}a_{ij}x_j^{(k+1)}-\sum_{j=i+1}^{n}a_{ij}x_j^{(k)}\right),$$

加速

$$x_i^{(k+1)}=(1-\omega)x_i^{(k)}+\omega\tilde{x}_i^{k+1}, i=1,2,\cdots,n,$$

所以

$$x_i^{(k+1)}=(1-\omega)x_i^{(k)}+\frac{\omega}{a_{ii}}\left(b_i-\sum_{j=1}^{i-1}a_{ij}x_j^{(k+1)}-\sum_{j=i+1}^{n}a_{ij}x_j^{(k)}\right), \tag{5.13}$$

这种加速法就是**松弛迭代法(SOR)**，其中系数 ω 称为松弛因子. 可以证明，要保证迭代格式(5.13)收敛必须要求 $0<\omega<2$.

松弛法的矩阵形式的迭代格式为

$$\boldsymbol{X}^{(k+1)}=\boldsymbol{B}_{\omega}\boldsymbol{X}^{(k)}+\boldsymbol{f},$$

其中

$$B_\omega=(D-\omega L)^{-1}((1-\omega)D+\omega U),\ f=\omega(D-\omega L)^{-1}b,$$

当 $\omega=1$ 时,即为 Gauss-Seidel 迭代法,为使收敛速度加快,通常取 $\omega>1$,即为超松弛法.

松弛因子的选取对迭代格式(5.13)的收敛速度影响极大. 实际计算时,可以根据系数矩阵的性质,结合经验通过反复计算来确定松弛因子 ω.

松弛迭代法(SOR)Matlab 程序如下:

```
function ch5ex5(A,b)
omega=1.3;eps=1.0e-6;N=1000;x=[0 0 0 0]';
D=diag(diag(A)); L=D-tril(A); U=D-triu(A);
for iter=1:N
    x=(D-omega*L)\(((1-omega)*D+omega*U)*x+omega*b);
    err=norm(b-A*x)/norm(b);
    if err<eps,
        break;
    end
end
X=x'
```

例 5 用松弛迭代法(SOR)解方程组

$$\begin{bmatrix}-4&1&1&1\\1&-4&1&1\\1&1&-4&1\\1&1&1&-4\end{bmatrix}\begin{bmatrix}x_1\\x_2\\x_3\\x_4\end{bmatrix}=\begin{bmatrix}1\\1\\1\\1\end{bmatrix},$$

它的精确解为 $\boldsymbol{X}^*=(-1,-1,-1,-1)^{\mathrm{T}}$.

解 取 $\boldsymbol{X}^{(0)}=(0,0,0,0)^{\mathrm{T}}$,迭代公式为

$$\begin{cases}x_1^{(k+1)}=x_1^{(k)}-\dfrac{\omega}{4}(1+4x_1^{(k)}-x_2^{(k)}-x_3^{(k)}-x_4^{(k)}),\\ x_2^{(k+1)}=x_2^{(k)}-\dfrac{\omega}{4}(1-x_1^{(k+1)}+4x_2^{(k)}-x_3^{(k)}-x_4^{(k)}),\\ x_3^{(k+1)}=x_3^{(k)}-\dfrac{\omega}{4}(1-x_1^{(k+1)}-x_2^{(k+1)}+4x_3^{(k)}-x_4^{(k)}),\\ x_4^{(k+1)}=x_4^{(k)}-\dfrac{\omega}{4}(1-x_1^{(k+1)}-x_2^{(k+1)}-x_3^{(k+1)}+4x_4^{(k)}),\end{cases}$$

取 $\omega=1.3$,第 11 次迭代结果为

$$\boldsymbol{x}^{(11)}=(-0.999\,996\,46,-1.000\,003\,10,-0.999\,999\,53,-0.999\,999\,12)^{\mathrm{T}},$$

其误差为

$$\|\boldsymbol{\varepsilon}^{(11)}\|_2\leqslant 0.46\times10^{-5}.$$

对 ω 取其他值,迭代次数见表 5-2. 从此例看到,松弛因子选择得好,会使松弛迭代法的收敛大大加速. 本例中 $\omega=1.3$ 是最佳松弛因子.

表 5-2　取不同松弛因子的迭代结果

ω	迭代次数	ω	迭代次数
1.0	22	1.5	17
1.1	17	1.6	23
1.2	12	1.7	33
1.3	11	1.8	53
1.4	14	1.9	109

在 Matlab 命令窗口输入：

```
>>A=[-4 1 1 1;1 -4 1 1;1 1 -4 1;1 1 1 -4];
>>b=[1 1 1 1]';
>>ch5ex5(A,b)
X=-1.0000  -1.0000  -1.0000  -1.0000
```

5.3.2　松弛迭代法(SOR)收敛性分析

由于我们引进松弛因子的目的是加快收敛速度，因而如何选择松弛因子 ω 使收敛速度加快就是关键问题，为此有以下定理.

定理 5.3　设解方程组 $\boldsymbol{AX}=\boldsymbol{b}$ 的松弛迭代法收敛，则 $0<\omega<2$.

证明　由定理 5.1 知松弛迭代法收敛，则有 $\rho(\boldsymbol{B}_\omega)<1$. 设 $\boldsymbol{B}_\omega$ 的特征值为 $\lambda_i, i=1,2,\cdots,n$，则有

$$|\det \boldsymbol{B}_\omega| = |\lambda_1\lambda_2\cdots\lambda_n| \leqslant [\max_i |\lambda_i|]^n = [\rho(\boldsymbol{L}_\omega)]^n,$$

从而

$$|\det \boldsymbol{B}_\omega|^{\frac{1}{n}} \leqslant [\rho(\boldsymbol{L}_\omega)]<1. \tag{5.14}$$

另一方面，由于

$$\begin{aligned}\det \boldsymbol{B}_\omega &= \det\{(\boldsymbol{D}-\omega\boldsymbol{L})^{-1}[(1-\omega)\boldsymbol{D}+\omega\boldsymbol{U}]\}\\ &= \det[(\boldsymbol{D}-\omega\boldsymbol{L})^{-1}]\det[(1-\omega)\boldsymbol{D}+\omega\boldsymbol{U}].\end{aligned}$$

因为 $\boldsymbol{D}-\omega\boldsymbol{L}$ 为一个下三角矩阵，其对角元素为 $a_{ii}, i=1,2,\cdots,n$，所以$(\boldsymbol{D}-\omega\boldsymbol{L})^{-1}$ 也为下三角矩阵，其对角元素为 $a_{ii}^{-1}, i=1,2,\cdots,n$，故得

$$\det[(\boldsymbol{D}-\omega\boldsymbol{L})^{-1}] = \frac{1}{a_{11}a_{22}\cdots a_{nn}}. \tag{5.15}$$

同理，$(1-\omega)\boldsymbol{D}+\omega\boldsymbol{U}$ 为一个上三角矩阵，其对角元素为$(1-\omega)a_{ii}, i=1,2,\cdots,n$，故而

$$\det[(1-\omega)\boldsymbol{D}+\omega\boldsymbol{U}] = (1-\omega)^n a_{11}a_{22}\cdots a_{nn}. \tag{5.16}$$

由(5.15)和(5.16)得到

$$\det \boldsymbol{B}_\omega = (1-\omega)^n,$$

再由(5.14)得

$$|(1-\omega)^n|^{\frac{1}{n}}<1,$$

从而得 $|1-\omega|<1$,所以 $0<\omega<2$ 成立.

此定理是 SOR 迭代法收敛的必要条件,当松弛因子满足此必要条件且系数矩阵为特殊矩阵时,SOR 迭代法即可收敛.

定理 5.4 若方程组 $\boldsymbol{AX}=\boldsymbol{b}$ 的系数矩阵 $\boldsymbol{A}$ 为对称正定矩阵,且 $0<\omega<2$,则对任意初始向量,解方程组的 SOR 迭代法都收敛.

证明 设 λ 和 $\boldsymbol{y}$ 是 SOR 迭代法的迭代矩阵 $\boldsymbol{B}_\omega$ 的任一特征值和对应的特征向量,于是有

$$[(1-\omega)\boldsymbol{D}+\omega\boldsymbol{U}]\boldsymbol{y}=\lambda(\boldsymbol{D}-\omega\boldsymbol{L})\boldsymbol{y},$$

两边用 $\boldsymbol{y}$ 作内积,得

$$([(1-\omega)\boldsymbol{D}+\omega\boldsymbol{U}]\boldsymbol{y},\boldsymbol{y})=\lambda((\boldsymbol{D}-\omega\boldsymbol{L})\boldsymbol{y},\boldsymbol{y}),$$

解得

$$\lambda=\frac{(\boldsymbol{Dy},\boldsymbol{y})-\omega(\boldsymbol{Dy},\boldsymbol{y})+\omega(\boldsymbol{Uy},\boldsymbol{y})}{(\boldsymbol{Dy},\boldsymbol{y})-\omega(\boldsymbol{Ly},\boldsymbol{y})}. \tag{5.17}$$

由于

$$(\boldsymbol{Dy},\boldsymbol{y})=\sum_{i=1}^{n}a_{ii}|y_i|^2\equiv\sigma>0,$$

令

$$-(\boldsymbol{Ly},\boldsymbol{y})=\alpha+i\beta,$$

又 $\boldsymbol{A}=\boldsymbol{A}^{\mathrm{T}}$,故而 $\boldsymbol{U}=\boldsymbol{L}^{\mathrm{T}}$,进一步有

$$-(\boldsymbol{Uy},\boldsymbol{y})=-(\boldsymbol{y},\boldsymbol{Ly})=-(\overline{\boldsymbol{Ly},\boldsymbol{y}})=\alpha-i\beta.$$

由 $\boldsymbol{A}$ 为正定矩阵,则有

$$\begin{aligned}0<(\boldsymbol{Ay},\boldsymbol{y})&=((\boldsymbol{D}-\boldsymbol{L}-\boldsymbol{U})\boldsymbol{y},\boldsymbol{y})=(\boldsymbol{Dy},\boldsymbol{y})-(\boldsymbol{L}+\boldsymbol{U},\boldsymbol{y})\\&=\sigma-(\boldsymbol{Ly},\boldsymbol{y})-(\boldsymbol{Uy},\boldsymbol{y})=\sigma+2\alpha,\end{aligned}$$

所以

$$\lambda=\frac{(\sigma-\omega\sigma-\alpha\omega)+i\omega\beta}{(\sigma+\alpha\omega)+i\omega\beta},$$

则有

$$|\lambda|^2=\frac{(\sigma-\omega\sigma-\alpha\omega)^2+\omega^2\beta^2}{(\sigma+\alpha\omega)^2+\omega^2\beta^2}.$$

当 $0<\omega<2$ 时,有

$$(\sigma-\omega\sigma-\alpha\omega)^2-(\sigma+\alpha\omega)^2=\omega\sigma(\sigma+2\sigma)(\omega-2)<0,$$

从而 $|\lambda|<1$. 得证.

因为 Gauss-Seidel 迭代法为 SOR 迭代法中 $\omega=1$ 的情形,从而可得:

定理 5.5 若方程组 $\boldsymbol{AX}=\boldsymbol{b}$ 的系数矩阵 $\boldsymbol{A}$ 为对称正定矩阵,则对任意初始向量,解方程组的 Gauss-Seidel 迭代法收敛.

注意,系数矩阵 $\boldsymbol{A}$ 为对称正定矩阵时,解方程组的 Jacobi 迭代法却不一定收敛.

§ 5.4　迭代法的收敛性及收敛速度

5.4.1　迭代法收敛性分析

综合上面三种迭代格式,它们可以统一表示为

$$X^{(k+1)}=BX^{(k)}+g,k=0,1,2,\cdots \tag{5.18}$$

对 Jacobi 迭代法来说

$$B_J=D^{-1}(L+U),g=D^{-1}b,$$

对 Gauss-Seidel 迭代法来说

$$B_G=(D-L)^{-1}U,g=(D-L)^{-1}b,$$

对松弛迭代法来说

$$B_\omega=(D-\omega L)^{-1}[(1-\omega)D+\omega U],g=\omega(I-\omega L)^{-1}b.$$

本节要进一步讨论任意选取初始值 $X^{(0)}$,利用迭代格式(5.18)得到的向量序列 $\{X^{(k)}\}$是否一定收敛?如果收敛需要满足什么条件?

例 6　已知方程组

$$\begin{cases}x_1+2x_2-2x_3=1,\\x_1+x_2+x_3=1,\\2x_1+2x_2+x_3=1,\end{cases}$$

考察用 Jacobi 迭代法和 Gauss-Seidel 迭代法解此方程组的收敛性.

解　方程组的系数矩阵

$$A=\begin{bmatrix}1&2&-2\\1&1&1\\2&2&1\end{bmatrix},$$

所以有

$$D=\begin{bmatrix}1&&\\&1&\\&&1\end{bmatrix},L=\begin{bmatrix}0&&\\-1&0&\\-2&-2&0\end{bmatrix},U=\begin{bmatrix}0&-2&2\\&0&-1\\&&0\end{bmatrix}.$$

(1) Jacobi 迭代法的迭代阵为

$$B_J=D^{-1}(L+U)=\begin{bmatrix}0&-2&2\\-1&0&-1\\-2&-2&0\end{bmatrix},$$

由

$$\det(\lambda \boldsymbol{I}-\boldsymbol{B}_J)=\begin{vmatrix}\lambda & 2 & -2\\ 1 & \lambda & 1\\ 2 & 2 & \lambda\end{vmatrix}=0,$$

得 $\lambda_1=\lambda_2=\lambda_3=0$，故 $\rho(\boldsymbol{B})=0<1$，因此 Jacobi 迭代法收敛.

(2) Gauss-Seidel 迭代法的迭代阵为

$$\boldsymbol{B}_G=(\boldsymbol{D}-\boldsymbol{L})^{-1}\boldsymbol{U}=\begin{bmatrix}1 & 0 & 0\\ 1 & 1 & 0\\ 2 & 2 & 1\end{bmatrix}^{-1}\begin{bmatrix}0 & -2 & 2\\ & 0 & -1\\ & & 0\end{bmatrix}=\begin{bmatrix}0 & -2 & 2\\ & 2 & -3\\ & & 2\end{bmatrix},$$

由

$$\det(\lambda \boldsymbol{I}-\boldsymbol{B}_G)=\begin{vmatrix}\lambda & -2 & 2\\ 0 & \lambda-2 & 3\\ 0 & 0 & \lambda-2\end{vmatrix}=0,$$

得 $\lambda_1=0,\lambda_2=\lambda_3=2$，故 $\rho(\boldsymbol{B})=2>1$，因此 Gauss-Seidel 迭代法不收敛.

对于方程组 $\boldsymbol{AX}=\boldsymbol{b}$ 中的系数矩阵 $\boldsymbol{A}$ 具有某些特殊性质时，以上两种迭代公式有以下几个结论.

定义 5.4 设 $\boldsymbol{A}=(a_{ij})_{n\times n}\in \mathbf{R}^{n\times n}$（或 $\mathbf{C}^{n\times n}$），若满足

$$|a_{ii}|>\sum_{j=1,j\neq i}^{n}|a_{ij}|,i=1,2,\cdots,n,$$

即 $\boldsymbol{A}$ 的每一行对角元素的绝对值都严格大于同行其他元素的绝对值之和，则称 $\boldsymbol{A}$ 为**严格对角优势矩阵**；如果满足

$$|a_{ii}|\geqslant\sum_{j=1,j\neq i}^{n}|a_{ij}|,i=1,2,\cdots,n,$$

且至少有一个不等式严格成立，则称 $\boldsymbol{A}$ 为**弱对角优势矩阵**.

定义 5.5 设 $\boldsymbol{A}=(a_{ij})_{n\times n}\in \mathbf{R}^{n\times n}$（或 $\mathbf{C}^{n\times n}$），当 $n\geqslant 2$ 时，如果存在 n 阶排列矩阵 $\boldsymbol{P}$ 使

$$\boldsymbol{P}^{\mathrm{T}}\boldsymbol{AP}=\begin{bmatrix}\boldsymbol{A}_{11} & \boldsymbol{A}_{12}\\ \boldsymbol{0} & \boldsymbol{A}_{22}\end{bmatrix}$$

成立，其中 $\boldsymbol{A}_{11}$ 为 r 阶子矩阵，$\boldsymbol{A}_{22}$ 为 $n-r$ 阶子矩阵（$1\leqslant r\leqslant n$），则称矩阵 $\boldsymbol{A}$ 是可约的，否则称 $\boldsymbol{A}$ 为不可约矩阵.

定理 5.6 设 $\boldsymbol{A}=(a_{ij})_{n\times n}\in \mathbf{R}^{n\times n}$（或 $\mathbf{C}^{n\times n}$）为严格对角优势矩阵或为不可约弱对角优势矩阵，则 $\boldsymbol{A}$ 是非奇异矩阵.

证明 首先，设 $\boldsymbol{A}$ 为严格对角优势矩阵，假设 $\boldsymbol{A}$ 是奇异矩阵，则 $\boldsymbol{AX}=\boldsymbol{0}$ 有非零解，不妨设 $\boldsymbol{X}=(x_1,\cdots,x_n)\neq\boldsymbol{0}$ 为其一个解，且设 $|x_k|=\max\limits_{1\leqslant i\leqslant n}|x_i|\neq 0$，由方程组 $\boldsymbol{AX}=\boldsymbol{0}$ 的第 k 个方程得

$$|a_{kk}x_k|=\left|\sum_{j=1,j\neq k}^{n}a_{kj}x_j\right|\leqslant\sum_{j=1,j\neq k}^{n}|a_{kj}|\cdot|x_j|\leqslant|x_k|\sum_{j=1,j\neq k}^{n}|a_{kj}|,$$

两边同除以 $|x_k|$ 得

$$|a_{kk}|\leqslant\sum_{j=1,j\neq k}^{n}|a_{kj}|,$$

这与条件对角占优矛盾，所以 A 是非奇异矩阵.

其次，若 A 为不可约弱对角优势矩阵，仍假设 A 是奇异矩阵，设 $X=(x_1,\cdots,x_n)^{\mathrm{T}}\neq\mathbf{0}$ 为其一个解，且不妨设 $|x_k|=\max\limits_{1\leqslant i\leqslant n}|x_i|=1$，由于 A 至少有一行满足对角元素的绝对值都严格大于同行其他元素的绝对值之和，不妨设第 m 行，即有

$$|a_{mm}|>\sum_{j=1,j\neq m}^{n}|a_{mj}|, \tag{5.19}$$

由此知解 $X=(x_1,\cdots,x_n)^{\mathrm{T}}\neq\mathbf{0}$ 的分量的绝对值不可能都等于 1. 事实上，如果 $|x_j|=1$，$j=1,2,\cdots,n$，则由 $AX=\mathbf{0}$ 的第 m 个方程，根据以上证明，得

$$|a_{mm}|\leqslant\sum_{j=1,j\neq m}^{n}|a_{mj}|,$$

这与(5.19)矛盾，为此定义下标集合

$$J=\{j\mid |x_j|=1\},\bar{J}=\{j\mid |x_j|<1\},$$

显然 $J\cup\bar{J}=\{1,2,\cdots,n\}$，且 $J\cap\bar{J}=\phi$. 对任意 $r\in J$，由于

$$|a_{rr}|=|a_{rr}|\cdot|x_r|\leqslant\sum_{j=1,j\neq r}^{n}|a_{rj}|\cdot|x_j|,$$

可知对一切 $s\in\bar{J}$，都有 $a_{rs}=0$. 否则，由此不等式得

$$|a_{rr}|=|a_{rr}|\cdot|x_r|\leqslant\sum_{j=1,j\neq r}^{n}|a_{rj}|\cdot|x_j|<\sum_{j=1,j\neq r}^{n}|a_{rj}|,$$

这与矩阵为弱对角优势矩阵矛盾，而对任意 $r\in J,s\in\bar{J}$，有 $a_{rs}=0$ 成立又意味着 A 为可约矩阵，与 A 为不可约矛盾.

定理 5.7　设 $A=(a_{ij})_{n\times n}\in\mathbf{R}^{n\times n}$（或 $\mathbf{C}^{n\times n}$）为严格对角优势矩阵或为不可约弱对角优势矩阵，则对任意初始向量，解方程组 $AX=b$ 的 Jacobi 迭代法和 Gauss-Seidel 迭代法都收敛.

证明　由于 A 为严格对角优势矩阵，则有

$$|a_{ii}|>\sum_{j=1,j\neq i}^{n}|a_{ij}|. \tag{5.20}$$

(1) Jacobi 迭代法，由于迭代矩阵

$$B_J=D^{-1}(L+U)=\begin{bmatrix}0 & \dfrac{-a_{12}}{a_{11}} & \cdots & \dfrac{-a_{1n}}{a_{11}}\\ \dfrac{-a_{21}}{a_{22}} & 0 & \cdots & \dfrac{-a_{2n}}{a_{22}}\\ \vdots & \vdots & \ddots & \vdots\\ \dfrac{-a_{n1}}{a_{nn}} & \dfrac{-a_{n2}}{a_{nn}} & \cdots & 0\end{bmatrix},$$

由(5.20)可得

$$\sum_{j=1,j\neq i}^{n}\left|\frac{a_{ij}}{a_{ii}}\right|<1,i=1,2,\cdots,n,$$

从而$\|\boldsymbol{B}_J\|_\infty<1$,Jacobi 迭代法收敛.

(2) Gauss-Seidel 迭代法,由于迭代矩阵 $\boldsymbol{B}_G$ 的特征多项式

$$\begin{aligned}|\lambda\boldsymbol{I}-\boldsymbol{B}_G|&=|\lambda\boldsymbol{I}-(\boldsymbol{D}-\boldsymbol{L})^{-1}\boldsymbol{U}|=|(\boldsymbol{D}-\boldsymbol{L})^{-1}[\lambda(\boldsymbol{D}-\boldsymbol{L})-\boldsymbol{U}]|\\&=|(\boldsymbol{D}-\boldsymbol{L})^{-1}|\cdot|\lambda(\boldsymbol{D}-\boldsymbol{L})-\boldsymbol{U}|,\end{aligned}$$

由于$|(\boldsymbol{D}-\boldsymbol{L})^{-1}|\neq 0$,所以

$$|\lambda(\boldsymbol{D}-\boldsymbol{L})-\boldsymbol{U}|=0.$$

又

$$\lambda(\boldsymbol{D}-\boldsymbol{L})-\boldsymbol{U}=\begin{bmatrix}\lambda a_{11} & a_{12} & \cdots & a_{1n}\\ \lambda a_{21} & \lambda a_{22} & \cdots & a_{2n}\\ \vdots & \vdots & & \vdots\\ \lambda a_{n1} & \lambda a_{n2} & \cdots & \lambda a_{nn}\end{bmatrix},$$

若$|\lambda|\geqslant 1$,则由(5.20)可得

$$|\lambda|\cdot|a_{ii}|>\sum_{j=1,j\neq i}^{n}|a_{ij}|\cdot|\lambda|,\quad |\lambda a_{ii}|>\sum_{i-1}|a_{ij}|\cdot|\lambda|+\sum_{j=i+1}^{n}|a_{ij}|,$$

这说明矩阵 $\lambda(\boldsymbol{D}-\boldsymbol{L})-\boldsymbol{U}$ 为严格对角优势矩阵,所以$|\lambda(\boldsymbol{D}-\boldsymbol{L})-\boldsymbol{U}|\neq 0$,即$|\lambda|\geqslant 1$ 不是 $\boldsymbol{B}_G$ 的特征值. 当 $\boldsymbol{A}$ 为不可约弱对角优势矩阵时,证明方法类似.

定理 5.8 若系数矩阵 $\boldsymbol{A}$ 对称正定,则 Gauss-Seidel 迭代公式收敛;若系数矩阵 $\boldsymbol{A}$ 对称正定,$2\boldsymbol{D}-\boldsymbol{A}$ 也为对称正定阵,则 Jacobi 迭代公式收敛;若系数矩阵 $\boldsymbol{A}$ 对称正定,$2\boldsymbol{D}-\boldsymbol{A}$ 为非对称正定阵,则 Jacobi 迭代公式不收敛.

5.4.2 收敛速度

由定理 5.2 可知以下几个结论:

(1)$\boldsymbol{X}^{(0)}$越接近 $\boldsymbol{X}^*$,迭代法收敛速度越快,即收敛速度与初值选取有关;

(2)迭代矩阵的范数$\|\boldsymbol{B}\|$越小,当然应有$\|\boldsymbol{B}\|<1$,迭代法收敛也越快;

(3)由于$\rho(\boldsymbol{B})\leqslant\|\boldsymbol{B}\|$,所以迭代矩阵的谱半径$\rho(\boldsymbol{B})$越小,迭代收敛越快.

定义 5.6 设迭代法 $\boldsymbol{X}^{(k+1)}=\boldsymbol{B}\boldsymbol{X}^{(k)}+\boldsymbol{f}$ 收敛,$k=0,1,2,\cdots$,定义 $R(\boldsymbol{B})=-\ln\rho(\boldsymbol{B})$ 为迭代法的渐近收敛速度.

§5.5 线性方程组的迭代法数值实验

实验目的:

(1)掌握解线性方程组的 Jacobi 迭代法、Gauss-Seidel 迭代法和 SOR 迭代法;

(2)培养编程与上机调试能力.

实验题目:

(1) 利用 Jacobi 迭代法求解如下线性方程组

$$\begin{bmatrix} 14 & 4 & 4 & 4 \\ 4 & 14 & 4 & 4 \\ 4 & 4 & 14 & 4 \\ 4 & 4 & 4 & 14 \end{bmatrix}\begin{bmatrix} x_1 \\ x_2 \\ x_3 \\ x_4 \end{bmatrix}=\begin{bmatrix} -4 \\ 16 \\ 36 \\ 56 \end{bmatrix}.$$

(2)利用 Gauss-Seidel 迭代法求解如下线性方程组

$$\begin{bmatrix} 6 & -2 & -1 & -1 \\ -2 & 12 & -1 & -1 \\ -1 & -1 & 6 & -2 \\ -1 & -1 & -1 & 12 \end{bmatrix}\begin{bmatrix} x_1 \\ x_2 \\ x_3 \\ x_4 \end{bmatrix}=\begin{bmatrix} -16 \\ 6 \\ 8 \\ 54 \end{bmatrix}.$$

(3)取 $\omega=1.3$,利用 SOR 迭代法求解如下线性方程组

$$\begin{bmatrix} -4 & 1 & 1 & 1 \\ 1 & -4 & 1 & 1 \\ 1 & 1 & -4 & 1 \\ 1 & 1 & 1 & -4 \end{bmatrix}\begin{bmatrix} x_1 \\ x_2 \\ x_3 \\ x_4 \end{bmatrix}=\begin{bmatrix} 1 \\ 1 \\ 1 \\ 1 \end{bmatrix}.$$

(4)设有方程组

$$\begin{cases} 9x_1+2x_2+2x_3=7, \\ 2x_1+5x_2+4x_3=-2, \\ 2x_1+4x_2+5x_3=-2, \end{cases}$$

利用 Jacobi 迭代法、Gauss-Seidel 迭代法和 SOR 迭代法($\omega=1.32$)解下列线性方程组,并比较各自收敛速度.

(5)试用 SOR 迭代法计算线性方程组

$$\begin{cases} -55x_1-5x_2+12x_3=41, \\ 21x_1+36x_2-13x_3=52, \\ 24x_1+7x_2+47x_3=12, \end{cases}$$

取 $\boldsymbol{X}^{(0)}=(0,0,0)^{\mathrm{T}}$,松弛因子选为 $\omega=0.1t, 1\leqslant t\leqslant 19$,要求达到精度 $\|\boldsymbol{X}^{(k+1)}-\boldsymbol{X}^{(k)}\|\leqslant 10^{-4}$,试通过数值计算求出不同的松弛因子所需要的迭代次数和收敛最快的松弛因子,并指出哪些松弛因子使得迭代发散.

练习题 5

1. 对方程组

$$\begin{cases}x_1+2x_2-2x_3=1,\\x_1+x_2+x_3=2,\\2x_1+2x_2+x_3=3,\end{cases}$$

分别讨论用 Jacobi 迭代法和 Gauss-Seidel 迭代法的收敛性.

2. 如何对方程组

$$\begin{cases}-x_1+8x_2=7,\\-x_1+9x_3=8,\\9x_1-x_2-x_3=7,\end{cases}$$

进行调整,使得用 Gauss-Seidel 迭代法求解时收敛？并取初始向量 $\boldsymbol{X}^{(0)}=(0,0,0)^{\mathrm{T}}$,用该方法求近似解 $\boldsymbol{X}^{(k+1)}$,使 $|\boldsymbol{X}^{(k+1)}-\boldsymbol{X}^{(k)}|\leqslant 10^{-3}$.

3. 用 Gauss-Seidel 迭代法判断下列方程组的收敛性.

(1) $\begin{cases}x_1+0.4x_2+0.4x_3=1,\\0.4x_1+x_2+0.8x_3=2,\\0.4x_1+0.8x_2+x_3=3;\end{cases}$ (2) $\begin{cases}x_1+2x_2-2x_3=1,\\2x_1+x_2+x_3=1,\\2x_1+2x_2+x_3=1.\end{cases}$

4. 考虑方程组

$$\begin{cases}x_1+ax_2+ax_3=2,\\ax_1+x_2+ax_3=3,\\ax_1+ax_2+x_3=1,\end{cases}$$

(1)当 a 取何值时,Jacobi 迭代法是收敛的？

(2)当 a 取何值时,Gauss-Seidel 迭代法是收敛的？

5. 判断求解 $\boldsymbol{AX}=\boldsymbol{b}$ 的 Jacobi 迭代法、Gauss-Seidel 迭代法及 SOR 迭代法是否收敛？其中矩阵

(1) $\boldsymbol{A}=\begin{bmatrix}2&1&1\\1&2&1\\1&1&2\end{bmatrix}$; (2) $\boldsymbol{A}=\begin{bmatrix}1&-1&2\\-1&3&0\\2&0&7\end{bmatrix}$.

6. 用 SOR 迭代法求解方程组

$$\begin{cases}5x_1+2x_2+x_3=-12,\\-x_1+4x_2+2x_3=20,\\2x_1-3x_2+10x_3=3,\end{cases}$$

精确到小数点后四位,取 $\omega=0.9$,$\boldsymbol{X}^{(0)}=(0,0,0)^{\mathrm{T}}$.

7. 证明：对于矩阵范数，如果 $\|A\|<1$，则

$$\|(I+A)^{-1}\|\leqslant\frac{1}{1-\|A\|}.$$

8. 设线性方程组 $AX=b$，其中 A 为 n 阶对称正定矩阵，且 A 的特征值满足 $0<\alpha\leqslant\lambda(A)\leqslant\beta$，建立迭代格式为

$$X^{(k+1)}=X^{(k)}+\omega(b-AX^{(k)}),k=0,1,\cdots$$

证明：当 $0<\omega<\frac{2}{\beta}$ 时，上述迭代法收敛.

9. 试证：当 $-0.5<\alpha<1$ 时，矩阵 $A=\begin{bmatrix}1&\alpha&\alpha\\ \alpha&1&\alpha\\ \alpha&\alpha&1\end{bmatrix}$ 是正定的；当 $-0.5<\alpha<0.5$ 时，用 Jacobi 迭代法求解方程组 $AX=b$ 是收敛的.

10. 设 $X=JX+f$，其中

$$J=\begin{bmatrix}0.9&0\\0.3&0.8\end{bmatrix},\ f=\begin{bmatrix}1\\2\end{bmatrix}.$$

证明：虽然 $\|J\|>1$，但迭代 $X^{(k+1)}=JX^{(k)}+f$ 收敛.

11. 设 $A\in\mathbf{R}^{n\times n}$ 对称正定，其最小特征值和最大特征值分别为 λ_1 和 λ_n，证明迭代法

$$X^{(k+1)}=X^{(k)}+\theta(b-AX^{(k)})$$

收敛的充分必要条件是 $0<\theta<2/\lambda_n$.

12. 设线性方程组

$$\begin{cases}x_1+3x_2=4,\\3x_1+x_2=4,\\2x_1+x_2+4x_3=7.\end{cases}$$

(1)用列主元 Gauss 消元法求出上述方程组的解，并利用得到的上三角矩阵计算出 $\det A$；

(2)试问用 Jacobi 迭代法和 Gauss-Seidel 迭代法求解上述方程组是否收敛？

(3)请给出可求出上述方程组解的收敛的 Jacobi、Gauss-Seidel 迭代法的分量形式的迭代公式，并说明其收敛性.

13. 设有方程组

$$\begin{bmatrix}a&1&3\\1&a&2\\-3&2&a\end{bmatrix}\begin{bmatrix}x_1\\x_2\\x_3\end{bmatrix}=\begin{bmatrix}b_1\\b_2\\b_3\end{bmatrix},a\neq0,$$

(1)写出 Gauss-Seidel 迭代法的迭代格式；

(2)写出 Jacobi 迭代法的迭代矩阵；

(3)当参数 a 满足什么条件时，Jacobi 方法对任意的初始向量都收敛？

14. 设 $\|\cdot\|$ 是 $\mathbf{C}^{n\times n}$ 上的一个满足 $\|I\|=1$ 的矩阵范数，并假定 $A\in\mathbf{C}^{n\times n}$ 满足 $\|A\|<1$，则 $I-A$ 可逆且有

$$\|(I-A)^{-1}\|\leqslant\frac{1}{1-\|A\|}.$$

第 6 章　线性方程组的现代变分迭代法

【教学提示】 迭代法可以分为定常迭代法和不定常迭代法两大类，定常迭代法的迭代矩阵保持不变，主要有 Jacobi 迭代法、Gauss-Seidel 迭代法和 SOR 迭代法等；不定常迭代法也称变分迭代法，一般是指基于变分方法来最小化线性方程组的残量的一类迭代方法，通常没有明显的迭代矩阵，主要有求解对称正定线性方程组的共轭梯度法(CG)和求解不对称线性方程组的广义极小残量法(GMRES)等.

【教学目标】 通过本章学习，学生了解共轭梯度法(CG)和广义极小残量法(GMRES)的基本思想，会判定 CG 方法和 GMRES 方法的收敛性，会用 CG 方法和 GMRES 方法求解大型稀疏线性方程组.

§6.1　最速下降法

对于线性方程组 $\boldsymbol{AX}=\boldsymbol{b}$，即

$$\begin{cases} a_{11}x_1+a_{12}x_2+\cdots+a_{1n}x_n=b_1, \\ a_{21}x_1+a_{22}x_2+\cdots+a_{2n}x_n=b_2, \\ \cdots\cdots \\ a_{n1}x_1+a_{n2}x_2+\cdots+a_{nn}x_n=b_n, \end{cases} \tag{6.1}$$

其中 $\boldsymbol{A}=(a_{ij})_{n\times n}\in\mathbf{R}^{n\times n}$ 为对称正定矩阵，$\boldsymbol{X}=(x_1,\cdots,x_n)^{\mathrm{T}}\in\mathbf{R}^n$，$\boldsymbol{b}=(b_1,\cdots,b_n)^{\mathrm{T}}$.

首先，我们介绍一下与求解线性方程组(6.1)等价的变分问题. 任取 $\boldsymbol{X}\in\mathbf{R}^n$，对于方程中的 $\boldsymbol{A}$ 和 $\boldsymbol{b}$，定义 n 元二次函数 $\varphi:\mathbf{R}^n\to\mathbf{R}^n$ 为

$$\varphi(\boldsymbol{X})=\frac{1}{2}(\boldsymbol{X},\boldsymbol{AX})-(\boldsymbol{X},\boldsymbol{b})=\frac{1}{2}\sum_{i=1}^{n}\sum_{j=1}^{n}a_{ij}x_ix_j-\sum_{j=1}^{n}b_jx_j. \tag{6.2}$$

通过直接运算验证，可得二次函数 φ 有如下性质：

(1) 对一切 $\boldsymbol{X}\in\mathbf{R}^n$，有函数 $\varphi(\boldsymbol{X})$ 的梯度为

$$\nabla\varphi(\boldsymbol{X})=\boldsymbol{AX}-\boldsymbol{b};$$

(2) 对一切 $\boldsymbol{X},\boldsymbol{Y}\in\mathbf{R}^n$，$\alpha\in\mathbf{R}$，有

$$\varphi(\boldsymbol{X}+\alpha\boldsymbol{Y})=\varphi(\boldsymbol{X})+\alpha(\boldsymbol{Y},\boldsymbol{AX}-\boldsymbol{b})+\frac{\alpha^2}{2}(\boldsymbol{Y},\boldsymbol{AY});$$

(3) 若 $\boldsymbol{X}^*=\boldsymbol{A}^{-1}\boldsymbol{b}$ 为方程组(6.1)的解，则有

$$\varphi(\boldsymbol{X}^*)=-\frac{1}{2}(\boldsymbol{X}^*,\boldsymbol{b})=-\frac{1}{2}(\boldsymbol{X}^*,\boldsymbol{AX}^*),$$

且对于一切 $\boldsymbol{X}\in\mathbf{R}^n$，有

$$\begin{aligned}\varphi(\boldsymbol{X})-\varphi(\boldsymbol{X}^*)&=\frac{1}{2}(\boldsymbol{X},\boldsymbol{AX})-(\boldsymbol{X},\boldsymbol{b})+\frac{1}{2}(\boldsymbol{X}^*,\boldsymbol{b})\\&=\frac{1}{2}(\boldsymbol{X},\boldsymbol{AX})-(\boldsymbol{X},\boldsymbol{AX}^*)+\frac{1}{2}(\boldsymbol{X}^*,\boldsymbol{AX}^*)\\&=\frac{1}{2}(\boldsymbol{X}-\boldsymbol{X}^*,\boldsymbol{A}(\boldsymbol{X}-\boldsymbol{X}^*)).\end{aligned}$$

下面说明方程组(6.1)的解与(6.2)的极小点是等价的.

定理 6.1　设矩阵 $\boldsymbol{A}$ 对称正定,则 $\boldsymbol{X}^*$ 是方程组(6.1)的解当且仅当 $\boldsymbol{X}^*$ 是(6.2)的极小点,即

$$\varphi(\boldsymbol{X}^*)=\min_{\boldsymbol{X}\in\mathbf{R}^n}\varphi(\boldsymbol{X}). \tag{6.3}$$

证明　必要性. 设 $\boldsymbol{AX}^*=\boldsymbol{b}$,由上述 φ 的第三个性质有

$$\varphi(\boldsymbol{X})-\varphi(\boldsymbol{X}^*)=\frac{1}{2}(\boldsymbol{X}-\boldsymbol{X}^*,\boldsymbol{A}(\boldsymbol{X}-\boldsymbol{X}^*))\geqslant 0,$$

从而对任意的 $\boldsymbol{X}\in\mathbf{R}^n$ 都有(6.3)式成立.

充分性. 假设(6.3)式成立,则对于任意的 $\boldsymbol{Y}\in\mathbf{R}^n$,有

$$\left.\frac{\mathrm{d}\varphi(\boldsymbol{X}^*+\alpha\boldsymbol{Y})}{\mathrm{d}\alpha}\right|_{\alpha=0}=0,$$

即

$$\lim_{\alpha\to 0}\frac{\varphi(\boldsymbol{X}^*+\alpha\boldsymbol{Y})-\varphi(\boldsymbol{X}^*)}{\alpha}=0.$$

由

$$\frac{\varphi(\boldsymbol{X}^*+\alpha\boldsymbol{Y})-\varphi(\boldsymbol{X}^*)}{\alpha}=(\boldsymbol{Y},\boldsymbol{AX}^*-\boldsymbol{b})+\frac{1}{2}\alpha(\boldsymbol{Y},\boldsymbol{AY}),$$

从而对任意的向量 $\boldsymbol{Y}\in\mathbf{R}^n$ 都有$(\boldsymbol{Y},\boldsymbol{AX}^*-\boldsymbol{b})=0$,由此得 $\boldsymbol{AX}^*=\boldsymbol{b}$.

定理 6.1 启发我们,可通过求泛函 $\varphi(\boldsymbol{X})$ 的极小点来获得式(6.1)的解. 为此,可从任一 $\boldsymbol{X}^{(k)}$ 出发,沿着泛函 $\varphi(\boldsymbol{X})$ 在 $\boldsymbol{X}^{(k)}$ 处下降最快的方向搜索下一个近似点 $\boldsymbol{X}^{(k+1)}$,使得 $\varphi(\boldsymbol{X}^{(k+1)})$ 在该方向上达到极小值. 具体过程如下:

从某个初始点 $\boldsymbol{X}^{(0)}$ 出发,沿 $\varphi(\boldsymbol{X})$ 在点 $\boldsymbol{X}^{(0)}$ 处的负梯度方向

$$\boldsymbol{r}^{(0)}=-\nabla\varphi(\boldsymbol{X}^{(0)})=\boldsymbol{b}-\boldsymbol{AX}^{(0)}$$

求得 $\varphi(\boldsymbol{X})$ 的极小值点 $\boldsymbol{X}^{(1)}$,即

$$\min_{\alpha>0}f(\boldsymbol{X}^{(0)}+\alpha\boldsymbol{r}^{(0)}),$$

然后从 $\boldsymbol{X}^{(1)}$ 出发,重复上面的过程得到 $\boldsymbol{X}^{(2)}$,如此下去,得到序列$\{\boldsymbol{X}^{(k)}\}$,使得

$$\varphi(\boldsymbol{X}^{(0)})>\varphi(\boldsymbol{X}^{(1)})>\cdots>\varphi(\boldsymbol{X}^{(k)}),$$

可以证明,其收敛速度取决于$\dfrac{\lambda_n-\lambda_1}{\lambda_n+\lambda_1}$,其中 λ_1,λ_n 分别为 $\boldsymbol{A}$ 的最小和最大特征值.

算法 6.1　最速下降法算法设计:

(1)给定初值 $\boldsymbol{X}^{(0)}$,容许误差 ε;

(2)计算 $\boldsymbol{r}^{(k)}=\boldsymbol{b}-\boldsymbol{AX}^{(k)}$,则有:

若$\|\boldsymbol{r}^{(k)}\|\leqslant\varepsilon$,则停止,否则转(3);

(3)计算步长因子

$$\lambda_k=\frac{(\boldsymbol{r}^{(k)},\boldsymbol{r}^{(k)})}{(\boldsymbol{r}^{(k)},\boldsymbol{A}\boldsymbol{r}^{(k)})},\tag{6.4}$$

计算$\boldsymbol{X}^{(k+1)}=\boldsymbol{X}^{(k)}+\lambda_k\boldsymbol{r}^{(k)}$转(2).

Matlab 程序如下:

```
function [X,iter]=ch6ex1(A,b,X,ep,N)
%用最速下降法解线性方程组 AX=b
%X 为初始向量(默认零向量), ep 为精度(默认 1e-6),
%N 为最大迭代次数(默认 1000 次), 返回参数 X, iter 分别为近似解向量和迭代次数
if nargin<5, N=1000; end
if nargin<4, ep=1e-6; end
if nargin<3, X=zeros(size(b)); end
for iter=1:N
    r=b-A*X;
    if(norm(r)<ep), break; end
    a=r'*r/(r'*A*r);
    X=X+a*r;
    end
    X=X';
```

例 1 用最速下降法解线性方程组

$$\begin{bmatrix}0.76&-0.01&-0.14&-0.16\\-0.01&0.88&-0.03&0.05\\-0.14&-0.03&1.01&-0.12\\-0.16&0.05&-0.12&0.72\end{bmatrix}\begin{bmatrix}x_1\\x_2\\x_3\\x_4\end{bmatrix}=\begin{bmatrix}0.68\\1.18\\0.12\\0.74\end{bmatrix},$$

取初始点为零向量,精度要求$\varepsilon=10^{-6}$.

解 在 Matlab 命令窗口输入:

```
>>A=[0.76 -0.01 -0.14 -0.16;-0.01 0.88 -0.03 0.05;
       -0.14 -0.03 1.01 -0.12;-0.16 0.05 -0.12 0.72];
>>b=[0.68 1.18 0.12 0.74]';
>>[X,iter]=ch6ex1(A,b)
```

运行结果为:

```
X=1.2762   1.2981   0.4890   1.3027
iter =15
```

§6.2　CG 方法

CG 方法的基本思想是将共轭性与最速下降法相结合，利用已知迭代点的梯度方向构造一组共轭方向，并沿此方向搜索，求出函数的极小值. CG 方法用来解对称且正定方程组十分有效，但若是用来解非对称或非正定的线性方程组则会发生中断，它是借由迭代的方式产生一系列的方向向量来更新迭代解以及残向量，虽然产生的序列会越来越大，但是却只需要存储少数的向量. 当系数矩阵 $\boldsymbol{A}$ 相当大而且稀疏，此时 CG 方法几乎就是 Gauss 消去法. CG 方法理论上虽然保证最多 n 步能解出线性方程组 $\boldsymbol{AX}=\boldsymbol{b}$ 的解，但是若系数矩阵是病态的，此时误差积累会让 CG 方法在 n 步后无法求得充分精确的近似解.

算法 6.2　CG 算法设计如下：

(1) 计算 $\boldsymbol{r}^{(0)}=\boldsymbol{b}-\boldsymbol{AX}^{(0)}$，选取 $\boldsymbol{s}^{(0)}=\boldsymbol{r}^{(0)}$，置 $j=0$；

(2) 计算参数

$$\alpha_j=(\boldsymbol{r}^{(j)},\boldsymbol{r}^{(j)})/(\boldsymbol{As}^{(j)},\boldsymbol{s}^{(j)}),$$
$$\boldsymbol{X}^{(j+1)}=\boldsymbol{X}^{(j)}+\alpha_j\boldsymbol{s}^{(j)},$$

若 $\boldsymbol{X}^{(j)}$ 满足精度要求，则停止；

(3) 计算

$$\beta_{j+1}=(\boldsymbol{r}^{(j+1)},\boldsymbol{r}^{(j+1)})/(\boldsymbol{r}^{(j)},\boldsymbol{r}^{(j)}),$$
$$\boldsymbol{s}^{(j+1)}=\boldsymbol{r}^{(j+1)}+\beta_{j+1}\boldsymbol{s}^{(j)},$$

置 $j=j+1$，转(2).

CG 方法是解正定对称线性方程组最有效的方法之一，该方法充分利用了矩阵 $\boldsymbol{A}$ 的稀疏性，每次迭代的主要计算量是向量乘法.

例 2　应用 CG 方法求解线性方程组

$$\begin{bmatrix} 1 & -1 & & & & & \\ -1 & 2 & -1 & & & & \\ & -1 & 3 & -1 & & & \\ & & -1 & 4 & -1 & & \\ & & & -1 & \ddots & \ddots & \\ & & & & \ddots & n-1 & -1 \\ & & & & & -1 & n \end{bmatrix}\begin{bmatrix} x_1 \\ x_2 \\ x_3 \\ x_4 \\ \vdots \\ x_{n-1} \\ x_n \end{bmatrix}=\begin{bmatrix} 0 \\ 0 \\ 1 \\ 2 \\ \vdots \\ n-3 \\ n-1 \end{bmatrix}.$$

解　本例 CG 方法的 Matlab 程序如下：

```
function ch6ex2
n=15;A=zeros(n,n);x=zeros(n,1);b(1:2)=0;
for i=3:n-1,b(i)=i-2; end
b(n)=n-1;b=b';
```

```
for i=1:n,A(i,i)=i;end
for i=2:n,A(i-1,i)=-1;A(i,i-1)=-1;end
ep=1.0e-6;N=500;r=b-A*x;
r=b-A*x;
for iter=1:N
    rr=r'*r;
    if iter==1
       p=r;
else
       beta=rr/rr1;
       p=r+beta*p;
  end
  q=A*p;
  alpha=rr/(p'*q);
  x=x+alpha*p;
  r=r-alpha*q;
  rr1=rr;
  if (norm(r)<ep), break; end
end
X=x'
```

运行结果如下:

```
X =1.0000   1.0000   1.0000   1.0000   1.0000   1.0000   1.0000   1.0000
   1.0000   1.0000   1.0000   1.0000   1.0000   1.0000   1.0000
```

§ 6.3 GMRES 方法

GMRES 方法要求系数矩阵 $\boldsymbol{A}$ 是非奇异且非对称的 n 维方阵. GMRES 方法把方程组的求解化为一个极小问题的求解,不直接求 $\boldsymbol{X}^{(1)}$,转而去解此极小问题:

$$\psi(\boldsymbol{X})=\|\boldsymbol{b}-\boldsymbol{AX}\|_2=\|\boldsymbol{r}^{(0)}-\boldsymbol{AV}_m\boldsymbol{Y}^{(m)}\|_2=\|\boldsymbol{\theta v}^{(1)}-\boldsymbol{AV}_m\boldsymbol{Y}^{(m)}\|_2$$

$$=\|\boldsymbol{V}_{m+1}(\boldsymbol{\theta e}^{(1)}-\bar{\boldsymbol{H}}_m\boldsymbol{Y}^{(m)})\|_2=\|\boldsymbol{\theta e}^{(1)}-\bar{\boldsymbol{H}}_m\boldsymbol{Y}^{(m)}\|_2. \tag{6.5}$$

GMRES 方法的收敛性完全取决于系数矩阵 $\boldsymbol{A}$ 的特征值的性质.

算法 6.3 GMRES 算法如下:

(1)计算

$$\boldsymbol{r}^{(0)}=\boldsymbol{b}-\boldsymbol{AX}^{(0)},$$

$$\boldsymbol{\theta}=\sqrt{(\boldsymbol{r}^{(0)},\boldsymbol{r}^{(0)})},\boldsymbol{v}^{(1)}=\boldsymbol{r}^{(0)}/\boldsymbol{\theta},$$

置 $j=1$；

(2)计算 $\boldsymbol{w}^{(j)}=\boldsymbol{A}\boldsymbol{v}^{(j)}$；

(3)依次对 $i=1,2,\cdots,j$，计算 $h_{ij}=(\boldsymbol{w}^{(j)},\boldsymbol{v}^{(i)})$，$\boldsymbol{w}^{(j)}=\boldsymbol{w}^{(j)}-h_{ij}\boldsymbol{v}^{(i)}$；

(4)计算 $h_{j+1,j}$，若 $h_{j+1,j}=0$，则置 $m=j$，转(6)；

(5)计算 $\boldsymbol{v}^{(j+1)}$，若 $j<m$，则置 $j=j+1$，转(2)；

(6)求 $\boldsymbol{Y}^{(m)}=\arg\min\limits_{z}\|\boldsymbol{\theta e}^{(1)}-\overline{\boldsymbol{H}}_m\boldsymbol{z}\|_2$，计算 $\boldsymbol{X}^{(m)}=\boldsymbol{X}^{(0)}+\boldsymbol{V}_m\boldsymbol{Y}^{(m)}$；

求解最小二乘问题 $\boldsymbol{Y}^{(m)}=\arg\min\limits_{z}\|\boldsymbol{\theta e}^{(1)}-\overline{\boldsymbol{H}}_m\boldsymbol{z}\|_2$ 的算法为：

(1)令 $\boldsymbol{g}_1=\boldsymbol{\theta}$，$i=1$；

(2)计算 $\rho=\sqrt{h_{ii}^2+h_{i+1,i}^2}$，$s=h_{i+1,i}/\rho$，$s=h_{i+1,i}/\rho$，置 $h_{ii}=\rho$；

(3)置向量 $\boldsymbol{t}=\boldsymbol{h}_{i,i+1:m}$，计算

$$\boldsymbol{h}_{i,i+1:m}=c\boldsymbol{t}+s\boldsymbol{h}_{i+1,i+1:m},\boldsymbol{h}_{i+1,i+1:m}=c\boldsymbol{h}_{i+1,i+1:m}-s\boldsymbol{t},$$

这里 $h_{i,i+1:m}$ 表示矩阵第 i 行从第 $i+1$ 列到第 m 列的元素构成的列向量；

(4)置 $\boldsymbol{t}_0=\boldsymbol{g}_i$，计算 $\boldsymbol{g}_i=c\boldsymbol{t}_0$，$\boldsymbol{g}_{i+1}=-s\boldsymbol{t}_0$；

(5)若 $i<m$，转(2)；

(6)依次对 $j=m,m-1,\cdots,1$，计算

$$\boldsymbol{g}_j=(\boldsymbol{g}_j-h_{jm}\boldsymbol{g}_m-\cdots-h_{j,j+1}\boldsymbol{g}_{j+1})/h_{jj}$$

所得到的$[\boldsymbol{g}_1,\boldsymbol{g}_2,\cdots,\boldsymbol{g}_m]$即为所求的 $\boldsymbol{Y}^{(m)}$.

例 3　应用 GMRES 方法求解如下线性方程组

$$\begin{bmatrix} 1 & -1 & & & & & \\ -1 & 2 & -1 & & & & \\ & -1 & 3 & -1 & & & \\ & & -1 & 4 & -1 & & \\ & & & -1 & \ddots & \ddots & \\ & & & & \ddots & n-1 & -1 \\ & & & & & -1 & n \end{bmatrix}\begin{bmatrix} x_1 \\ x_2 \\ x_3 \\ x_4 \\ \vdots \\ x_{n-1} \\ x_n \end{bmatrix}=\begin{bmatrix} 0 \\ 0 \\ 1 \\ 2 \\ \vdots \\ n-3 \\ n-1 \end{bmatrix}.$$

解　本例 GMRES 方法的 Matlab 程序如下：

```
function ch6ex3
n=15;A=zeros(n,n);x=zeros(n,1);b(1:2)=0;
for i=3:n-1,b(i)=i-2; end
b(n)=n-1;b=b';
for i=1:n,A(i,i)=i;end
for i=2:n,A(i-1,i)=-1;A(i,i-1)=-1;end
ep=1.0e-6;N=500;
n=length(b);
V(1:n,1:n+1)=zeros(n,n+1);
H(1:n+1,1:n)=zeros(n+1,n);
```

```
cs(1:n)=zeros(n,1);
sn(1:n)=zeros(n,1);
e1=zeros(n,1); e1(1)=1.0;
for iter=1:N
   r=b-A*x;
   if(norm(r)<ep), break; end
   beta=norm(b); V(:,1)=r/beta;
   s=beta*e1;
   for(i=1:n)
      u=A*V(:,i);
      for(k=1:i)
         H(k,i)=u'*V(:,k);
         u=u-H(k,i)*V(:,k);
      end
      H(i+1,i)=norm(u);
      V(:,i+1)=u/H(i+1,i);
      for(k=1:i-1)
         temp=cs(k)*H(k,i)+sn(k)*H(k+1,i);
         H(k+1,i)=-sn(k)*H(k,i)+cs(k)*H(k+1,i);
         H(k,i)=temp;
      end
      cs(i)=H(i,i)/sqrt(H(i,i)^2+H(i+1,i)^2);
      sn(i)=H(i+1,i)/sqrt(H(i,i)^2+H(i+1,i)^2);
      temp=cs(i)*s(i); s(i+1)=-sn(i)*s(i); s(i)=temp;
      H(i,i)=cs(i)*H(i,i)+sn(i)*H(i+1,i);
      H(i+1,i)=0;
      if (abs(s(i+1))<ep)
         y=H(1:i,1:i)\s(1:i);
         x=x+V(:,1:i)*y;
         break;
      end
   end
end
X=x'
```

运行结果为：

```
X=1.0000   1.0000   1.0000   1.0000   1.0000   1.0000   1.0000   1.0000
   1.0000   1.0000   1.0000   1.0000   1.0000   1.0000   1.0000
```

§ 6.4　求解线性方程组的现代变分迭代法数值实验

实验目的:

(1) 掌握解线性方程组的 CG 方法和 GMRES 方法的算法;

(2) 培养编程与上机调试能力.

实验题目:

(1)利用 CG 方法求解下列线性方程组

$$\begin{bmatrix} 14 & 4 & 4 & 4 \\ 4 & 14 & 4 & 4 \\ 4 & 4 & 14 & 4 \\ 4 & 4 & 4 & 14 \end{bmatrix} \begin{bmatrix} x_1 \\ x_2 \\ x_3 \\ x_4 \end{bmatrix} = \begin{bmatrix} -4 \\ 16 \\ 36 \\ 56 \end{bmatrix}.$$

(2)利用 CG 方法求解下列线性方程组

$$\begin{bmatrix} 6 & -2 & -1 & -1 \\ -2 & 12 & -1 & -1 \\ -1 & -1 & 6 & -2 \\ -1 & -1 & -1 & 12 \end{bmatrix} \begin{bmatrix} x_1 \\ x_2 \\ x_3 \\ x_4 \end{bmatrix} = \begin{bmatrix} -16 \\ 6 \\ 8 \\ 54 \end{bmatrix}.$$

(3)利用 GMRES 方法求解下列线性方程组

$$\begin{bmatrix} 4 & 1 & 1 & 1 \\ 1 & 44 & 1 & 1 \\ 1 & 1 & 444 & 1 \\ 1 & 1 & 1 & 4444 \end{bmatrix} \begin{bmatrix} x_1 \\ x_2 \\ x_3 \\ x_4 \end{bmatrix} = \begin{bmatrix} 1 \\ 10 \\ 100 \\ 1000 \end{bmatrix}.$$

(4)利用 CG 方法求解下列线性方程组

$$\begin{bmatrix} 4 & -1 & 0 & -1 & 0 & 0 \\ -1 & 4 & -1 & 0 & -1 & 0 \\ 0 & -1 & 4 & 0 & 0 & -1 \\ -1 & 0 & 0 & 4 & -1 & 0 \\ 0 & -1 & 0 & -1 & 4 & -1 \\ 0 & 0 & -1 & 0 & -1 & 4 \end{bmatrix} \begin{bmatrix} x_1 \\ x_2 \\ x_3 \\ x_4 \\ x_5 \\ x_6 \end{bmatrix} = \begin{bmatrix} 2 \\ 1 \\ 2 \\ 2 \\ 1 \\ 2 \end{bmatrix}.$$

练习题 6

1. 设 $\boldsymbol{A}\in\mathbf{R}^{n\times n}$ 是对称正定矩阵，$\boldsymbol{p}_1,\cdots,\boldsymbol{p}_k$ 是相互共轭正交的向量组，即满足当 $i\neq j$ 时有 $\boldsymbol{p}_i^{\mathrm{T}}\boldsymbol{A}\boldsymbol{p}_j=0$. 证明：$\boldsymbol{p}_1,\cdots,\boldsymbol{p}_k$ 是线性无关的.

2. 对于下列方程组，分别用 CG 方法和 GMRES 方法计算，并比较收敛快慢.

(1) $\begin{cases}x_1+0.4x_2+0.4x_3=1,\\0.4x_1+x_2+0.8x_3=2,\\0.4x_1+0.8x_2+x_3=3;\end{cases}$　　(2) $\begin{cases}-x_1+8x_2=7,\\-x_1+9x_3=8,\\9x_1-x_2-x_3=7.\end{cases}$

3. 用 CG 方法求解下列方程组

$$\begin{cases}5x_1+2x_2+x_3=-12,\\-x_1+4x_2+2x_3=20,\\2x_1-3x_2+10x_3=3,\end{cases}$$

精确到小数点后四位，取 $\boldsymbol{X}^{(0)}=(0,0,0)^{\mathrm{T}}$.

4. 利用 GMRES 方法求解下列线性方程组

$$\begin{bmatrix}4.2&-1&0&-1&0&0\\-1&4.2&-1&0&-1&0\\0&-1&4.2&0&0&-1\\-0.8&0&0&4.2&-1&0\\0&-0.8&0&-1&4.2&-1\\0&0&-0.8&0&-1&4.2\end{bmatrix}\begin{bmatrix}x_1\\x_2\\x_3\\x_4\\x_5\\x_6\end{bmatrix}=\begin{bmatrix}6.4\\0.2\\2.2\\1.6\\1.4\\2.4\end{bmatrix}.$$

第 7 章　矩阵特征值问题的数值方法

【教学提示】 振动问题、稳定性问题和许多工程实际问题的求解,最终都归结为求某些矩阵的特征值和特征向量. 本章主要学习求矩阵按模最大特征值和相应的特征向量的幂法和求矩阵按模最小特征值和相应的特征向量的反幂法,以及用来计算一般矩阵全部特征值问题的 QR 方法.

【教学目标】 通过本章学习,学生理解矩阵的特征值、特征向量的基本概念,熟练掌握求矩阵特征值、特征向量的幂法和反幂法以及求一般矩阵特征值的 QR 方法.

§7.1 引　　言

在实际工程计算中的桥梁振动问题以及计算机的图像处理等许多问题,经常会遇到需要求 n 阶方阵 $\boldsymbol{A}$ 的特征值与特征向量,因此关于矩阵的特征值和特征向量的计算有重要意义. 所谓矩阵特征值问题是指,对于一个 n 阶方阵 $\boldsymbol{A}$,如果数值 λ 使方程组

$$\boldsymbol{AX}=\lambda\boldsymbol{X},$$

即 $(\boldsymbol{A}-\lambda\boldsymbol{I})\boldsymbol{X}=\boldsymbol{0}$ 有非零解向量 $\boldsymbol{X}$,则称 λ 为方阵 $\boldsymbol{A}$ 的**特征值**,而非零向量 $\boldsymbol{X}$ 为特征值 λ 所对应的**特征向量**,其中 $\boldsymbol{I}$ 为 n 阶单位矩阵.

求矩阵特征值通常有两类方法,一类方法是从原始矩阵出发,求出其特征多项式,再求特征多项式的根,即得矩阵的特征值,但由于高次多项式求根有特殊困难,而且重根的计算精度较低,故用特征多项式来求矩阵特征值的方法,从数值计算的观点来看,不是很好的方法. 另外,从原始矩阵求特征多项式系数的过程,对舍入误差非常敏感,对最终结果影响很大,所以这类方法在计算机上已很少使用. 另一类方法是迭代法,不通过特征多项式,而是将特征值和特征向量作为一个无限序列的极限来求得,舍入误差对这类方法的影响较小,但是工作量较大.

例 1　求矩阵 $\boldsymbol{A}=\begin{bmatrix}3 & -1\\ -1 & 3\end{bmatrix}$ 的全部特征值.

解　矩阵 $\boldsymbol{A}$ 的特征多项式为

$$|\boldsymbol{A}-\lambda\boldsymbol{E}|=\begin{vmatrix}3-\lambda & -1\\ -1 & 3-\lambda\end{vmatrix}=(3-\lambda)^2-1=8-6\lambda+\lambda^2=(\lambda-2)(\lambda-4),$$

令 $|\boldsymbol{A}-\lambda\boldsymbol{E}|=0$,求得特征值为 $\lambda_1=2,\lambda_2=4$.

根据具体问题的需要,有时只要计算一个绝对值最大的特征值,有时则要计算绝对值最小的特征值,或计算几个绝对值较大的特征值,有时要计算全部的特征值. 由于根据定义直接求矩阵特征值的过程比较复杂,因此在实际计算中,一般不直接求解,往往采取一

些数值计算方法. 本章主要介绍求一般矩阵绝对值最大的特征值的乘幂法、求对称方阵特征值的 Jacobi 方法和求一般矩阵全部特征值的 QR 方法及其应用.

以下是有关矩阵特征问题的几个结论.

定理 7.1 设 λ_i 为 $\boldsymbol{A}$ 的特征值,其中 $i=1,2,\cdots,n$,则有

(1) $\sum\limits_{i=1}^{n}\lambda_i=\sum\limits_{i=1}^{n}a_{ii}=\mathrm{tr}\,\boldsymbol{A}$,称为 $\boldsymbol{A}$ 的迹;

(2) $\det\boldsymbol{A}=\prod\limits_{i=1}^{n}\lambda_i$.

定理 7.2 设矩阵 $\boldsymbol{A}$ 与 $\boldsymbol{B}$ 相似,即存在可逆矩阵 $\boldsymbol{P}$,使 $\boldsymbol{B}=\boldsymbol{P}^{-1}\boldsymbol{AP}$,则有

(1) $\boldsymbol{A}$ 与 $\boldsymbol{B}$ 有相同的特征值;

(2) 若 $\boldsymbol{X}$ 是 $\boldsymbol{B}$ 的一个特征向量,则 $\boldsymbol{PX}$ 是 $\boldsymbol{A}$ 的特征向量.

定理 7.3 Gerschgorin's 圆盘定理

(1) 设 $\boldsymbol{A}=(a_{ij})_{n\times n}$,则 $\boldsymbol{A}$ 的每一个特征值必属于下列某个圆盘之中,

$$|\lambda-a_{ii}|\leqslant\sum_{j=1,j\neq i}^{n}|a_{ij}|,i=1,2,\cdots,n,\tag{7.1}$$

即每一个 λ 都在以 a_{ii} 为圆心, $\sum\limits_{j=1,j\neq i}^{n}|a_{ij}|$ 为半径的复平面上的一个圆盘中.

(2) 若 $\boldsymbol{A}$ 的 m 个圆盘组成的集合 S 与余下的 $n-m$ 个圆盘不相交,则 S 内恰有 m 个 $\boldsymbol{A}$ 的特征值.

证明 只证(1),设 λ 为 $\boldsymbol{A}$ 的一个特征值,$\boldsymbol{X}$ 为相应的特征向量,即有 $\boldsymbol{AX}=\lambda\boldsymbol{X}$,设

$$|x_i|=\max_{1\leqslant k\leqslant n}|x_k|\neq 0,$$

考虑 $\boldsymbol{AX}=\lambda\boldsymbol{X}$ 的第 i 个方程

$$\sum_{j=1}^{n}a_{ij}x_j=\lambda x_i,$$

则

$$\sum_{j=1,j\neq i}^{n}a_{ij}x_j=\lambda x_i-a_{ii}x_i,$$

取绝对值得

$$|(\lambda-a_{ii})x_i|=\left|\sum_{j=1,j\neq i}^{n}a_{ij}x_j\right|\leqslant\sum_{j=1,j\neq i}^{n}|a_{ij}|\cdot|x_j|\leqslant|x_i|\sum_{j=1,j\neq i}^{n}|a_{ij}|,$$

两端同除以 $|x_i|$ 即可证得(7.1).

例 2 设 $\boldsymbol{A}=\begin{bmatrix}4&1&1\\0&2&1\\2&0&9\end{bmatrix}$,估计 $\boldsymbol{A}$ 的特征值的取值范围.

解 求得圆盘

$$R_1=\{z\mid|z-4|\leqslant 2\},R_2=\{z\mid|z-2|\leqslant 1\},R_3=\{z\mid|z-9|\leqslant 2\}.$$

可见 R_3 与 R_1,R_2 是分离的. 由定理 7.3 知,R_3 内有一个特征值 λ_1,又因为复特征值是成对出现的,故 λ_1 必为实数,且 $7\leqslant\lambda_1\leqslant 11$,而 $\lambda_2,\lambda_3\in R_1\cup R_2$,由此得 $7\leqslant\rho(\boldsymbol{A})\leqslant 11$.

定义 7.1 设 $\boldsymbol{A}\in\mathbf{R}^{n\times n}$ 为对称矩阵,$\boldsymbol{X}$ 为任意非零向量,称

$$R(X)=\frac{(AX,X)}{(X,X)}$$

为对应向量 X 的**瑞利(Rayleigh)商**，其中 $(X,Y)=\sum_{i=1}^{n}x_iy_i$ 为 $\mathbf{R}^n$ 中两向量 X 与 Y 的内积.

定理 7.4 设 $A\in\mathbf{R}^{n\times n}$ 为实对称矩阵，$\lambda_1\geqslant\lambda_2\geqslant\cdots\geqslant\lambda_n$ 为其全部特征值，$X_1,X_2,\cdots,X_n$ 为对应的特征向量，且满足

$$(X_i,X_j)=\delta_{ij}=\begin{cases}1, i=j,\\0, i\neq j,\end{cases}$$

则有

(1) 对任意非零向量 $X\in\mathbf{R}^n$，有 $\lambda_n\leqslant\frac{(AX,X)}{(X,X)}\leqslant\lambda_1$；

(2) $\lambda_n=\min\limits_{X\neq 0}\frac{(AX,X)}{(X,X)}$；

(3) $\lambda_1=\max\limits_{X\neq 0}\frac{(AX,X)}{(X,X)}$.

证明 因为 $A\in\mathbf{R}^{n\times n}$ 为实对称矩阵，故有完全的特征向量系，设 $X_1,X_2,\cdots,X_n$ 组成 $\mathbf{R}^n$ 的一个标准正交基，对任意非零向量 $X\in\mathbf{R}^n$，则有

$$X=\alpha_1X_1+\alpha_2X_2+\cdots+\alpha_nX_n,$$

其中 $\alpha_1,\alpha_2,\cdots,\alpha_n$ 不全为零，进一步有

$$\begin{aligned}AX&=A(\alpha_1X_1+\alpha_2X_2+\cdots+\alpha_nX_n)\\&=A\alpha_1X_1+A\alpha_2X_2+\cdots+A\alpha_nX_n\\&=\alpha_1\lambda_1X_1+\alpha_2\lambda_2X_2+\cdots+\alpha_n\lambda_nX_n.\end{aligned}$$

同理，有

$$(AX,X)=(\alpha_1\lambda_1X_1+\alpha_2\lambda_2X_2+\cdots+\alpha_n\lambda_nX_n,\alpha_1X_1+\alpha_2X_2+\cdots+\alpha_nX_n)=\sum_{i=1}^{n}\alpha_i^2\lambda_i,$$

$$(X,X)=(\alpha_1X_1+\alpha_2X_2+\cdots+\alpha_nX_n,\alpha_1X_1+\alpha_2X_2+\cdots+\alpha_nX_n)=\sum_{i=1}^{n}\alpha_i^2,$$

所以

$$\frac{(AX,X)}{(X,X)}=\frac{\sum\limits_{i=1}^{n}\alpha_i^2\lambda_i}{\sum\limits_{i=1}^{n}\alpha_i^2}\leqslant\frac{\lambda_1\sum\limits_{i=1}^{n}\alpha_i^2}{\sum\limits_{i=1}^{n}\alpha_i^2}=\lambda_1.$$

同理可得

$$\frac{(AX,X)}{(X,X)}\geqslant\lambda_n.$$

在 Rayleigh 商中，取 $X=X_1$ 时有

$$\frac{(AX_1,X_1)}{(X_1,X_1)}=\frac{\alpha_1^2\lambda_1}{\alpha_1^2}=\lambda_1,$$

取 $\boldsymbol{X}=\boldsymbol{X}_n$ 时有

$$\frac{(\boldsymbol{A}\boldsymbol{X}_n,\boldsymbol{X}_n)}{(\boldsymbol{X}_n,\boldsymbol{X}_n)}=\lambda_n.$$

此定理说明 Rayleigh 商位于最小特征值与最大特征值之间.

§7.2 幂 方 法

7.2.1 乘幂法

在许多实际问题中,往往只需要计算绝对值最大的特征值,不需要求矩阵的全部特征值. 乘幂法是一种计算实矩阵按模最大的特征值及其对应的特征向量的迭代方法,对该方法进行简单修改,就可计算其余特征值. 乘幂法的优点之一是它不仅能给出特征值,还能计算出对应的特征向量.

设实方阵 $\boldsymbol{A}$ 的 n 个特征值为 $\lambda_i,i=1,2,\cdots,n$,若 $\boldsymbol{A}$ 的特征值按模大小排列为

$$|\lambda_1|\geqslant|\lambda_2|\geqslant|\lambda_3|\geqslant\cdots\geqslant|\lambda_n|,$$

特征值 λ_i 对应的特征向量为 $\boldsymbol{X}_i$,假定 $\boldsymbol{X}_i$ 线性无关,其中 $i=1,2,\cdots,n$,即它们组成 n 维向量空间 $\mathbf{R}^n$ 的基. 设 $\boldsymbol{X}$ 是任一非零 n 维向量,我们从 $\boldsymbol{v}_i$ 出发,构造向量序列 $\{\boldsymbol{v}_i\}$ 表示逼近向量 $\boldsymbol{X}_i$,同时构造数列 $\{t_k\}$ 来逼近相应的按模最大的特征值 λ_1.

用乘幂法产生的序列 $\{\boldsymbol{v}_k\}$ 和数列 $\{t_k\}$ 的方法如下:因任意一个 n 维非零向量 $\boldsymbol{v}_0$ 均可表示成 $\boldsymbol{X}_i$ 的线性组合,即

$$\boldsymbol{v}_0=\alpha_1\boldsymbol{X}_1+\alpha_2\boldsymbol{X}_2+\cdots+\alpha_n\boldsymbol{X}_n,$$

且 $\alpha_1,\alpha_2,\cdots,\alpha_n$ 不全为零,对上式不断左乘 $\boldsymbol{A}$,得到一个向量序列

$$\begin{aligned}\boldsymbol{v}_k=\boldsymbol{A}^k\boldsymbol{v}_0&=\alpha_1\boldsymbol{A}^k\boldsymbol{X}_1+\alpha_2\boldsymbol{A}^k\boldsymbol{X}_2+\cdots+\alpha_n\boldsymbol{A}^k\boldsymbol{X}_n\\&=\alpha_1\lambda_1^k\boldsymbol{X}_1+\alpha_2\lambda_2^k\boldsymbol{X}_2+\cdots+\alpha_n\lambda_n^k\boldsymbol{X}_n\\&=\lambda_1^k\left[\alpha_1\boldsymbol{X}_1+\left(\frac{\lambda_2}{\lambda_1}\right)^k\alpha_2\boldsymbol{X}_2+\cdots+\left(\frac{\lambda_n}{\lambda_1}\right)^k\alpha_n\boldsymbol{X}_n\right]\end{aligned}$$

记 $\boldsymbol{A}^k\boldsymbol{v}_0=\boldsymbol{v}_k$,则所得序列成为 $\boldsymbol{v}_1,\boldsymbol{v}_2,\cdots,\boldsymbol{v}_k,\cdots$,且 $\boldsymbol{v}_k=\boldsymbol{A}\boldsymbol{v}_{k-1}$,由此可见,若 $\alpha_1\neq0$,则因当 $k\to\infty$ 时

$$\left(\frac{\lambda_i}{\lambda_1}\right)^k\to0,i=2,3,\cdots,n,$$

故当 k 充分大时,必有 $\boldsymbol{v}_k\approx\lambda_1^k\alpha_1\boldsymbol{X}_1$,即 $\boldsymbol{v}_k$ 可以近似看成 λ_1 对应的特征向量,而 $\boldsymbol{v}_k$ 与 $\boldsymbol{v}_{k-1}$ 对应的分量之比为

$$\frac{(\boldsymbol{v}_k)_i}{(\boldsymbol{v}_{k-1})_i}=\frac{\left[\left(\frac{\lambda_n}{\lambda_1}\right)^k\alpha_n\boldsymbol{X}_1\right]_i}{\left[\left(\frac{\lambda_n}{\lambda_1}\right)^{k-1}\alpha_n\boldsymbol{X}_1\right]_i}\approx\frac{\lambda_1^k\alpha_1(\boldsymbol{X}_1)_i}{\lambda_1^{k-1}\alpha_1(\boldsymbol{X}_1)_i}\approx\lambda_1\frac{\alpha_1(\boldsymbol{X}_1)_i}{\alpha_1(\boldsymbol{X}_1)_i}=\lambda_1,$$

于是利用向量序列 $\{\boldsymbol{v}_k\}$ 既可求出按模最大的特征值 λ_1，又可求出相应的特征向量 $\boldsymbol{X}_1$.

上述计算过程中有一个严重缺点，当 $|\lambda_1|>1$ 时，$\lambda_1^k\to\infty$；当 $|\lambda_1|<1$ 时，$\lambda_1^k\to 0$，即向量序列 $\{\boldsymbol{v}_k\}$ 中不为零的分量将会随 k 的增大而无限增大，或随 k 的增大而趋于零，因而用计算机计算 $\{\boldsymbol{v}_k\}$ 时可能会导致计算机"上溢"或"下溢"，因而实际计算时每步都将 $\boldsymbol{v}_k$ 进行规范化，即将 $\{\boldsymbol{v}_k\}$ 的各向量都除以绝对值最大的分量，使 $\|\boldsymbol{v}_k\|_\infty=1$，于是得到如下算法（乘幂法）.

给出任意一个初始向量 $\boldsymbol{v}_0$，然后反复计算

$$\boldsymbol{Z}_k=\boldsymbol{A}\boldsymbol{v}_{k-1},\ m_k=\max(\boldsymbol{Z}_k),\ \boldsymbol{v}_k=\frac{\boldsymbol{Z}_k}{m_k},\ k=1,2,\cdots, \tag{7.2}$$

其中 $\max(\boldsymbol{v}_k)$ 表示 $\boldsymbol{v}_k$ 中绝对值最大的分量.

按照上述算法将有

$$\lim_{k\to\infty}\boldsymbol{v}_k=\frac{\boldsymbol{X}_1}{\max(\boldsymbol{X}_n)},\ \lim_{k\to\infty}m_k=\lambda_1,$$

$$\boldsymbol{v}_k=\frac{\boldsymbol{Z}_k}{m_k}=\frac{\boldsymbol{A}\boldsymbol{v}_{k-1}}{m_k}=\frac{\boldsymbol{A}^2\boldsymbol{v}_{k-2}}{m_k m_{k-1}}=\cdots=\frac{\boldsymbol{A}^k\boldsymbol{v}_0}{m_k m_{k-1}\cdots m_1}=\frac{\boldsymbol{A}^k\boldsymbol{v}_0}{\prod_{i=1}^{k}m_i}, \tag{7.3}$$

由于 $\boldsymbol{v}_k$ 的最大分量为 1，即 $\max(\boldsymbol{v}_k)=1$，故由(7.3)式得

$$\prod_{i=1}^{k}m_i=\max(\boldsymbol{A}^k\boldsymbol{v}_0),$$

从而

$$\boldsymbol{v}_k=\frac{\boldsymbol{A}^k\boldsymbol{v}_0}{\max(\boldsymbol{A}^k\boldsymbol{v}_0)}=\frac{\lambda_1^k\left[\alpha_1\boldsymbol{X}_1+\sum_{i=2}^{n}\alpha_i\left(\frac{\lambda_i}{\lambda_1}\right)^k\boldsymbol{X}_i\right]}{\max\left\{\lambda_1^k\left[\alpha_1\boldsymbol{X}_1+\sum_{i=2}^{n}\alpha_i\left(\frac{\lambda_i}{\lambda_1}\right)^k\boldsymbol{X}_i\right]\right\}}$$

$$=\frac{\alpha_1\boldsymbol{X}_1+\sum_{i=2}^{n}\alpha_i\left(\frac{\lambda_i}{\lambda_1}\right)^k\boldsymbol{X}_i}{\max\left[\alpha_1\boldsymbol{X}_1+\sum_{i=2}^{n}\alpha_i\left(\frac{\lambda_i}{\lambda_1}\right)^k\boldsymbol{X}_i\right]},$$

故

$$\lim_{k\to\infty}\boldsymbol{v}_k=\frac{\alpha_1\boldsymbol{X}_1}{\max(\alpha_1\boldsymbol{X}_1)}=\frac{\boldsymbol{X}_1}{\max(\boldsymbol{X}_1)}.$$

又

$$\boldsymbol{Z}_k=\boldsymbol{A}\boldsymbol{v}_{k-1}=\frac{\boldsymbol{A}^k\boldsymbol{v}_0}{\max(\boldsymbol{A}^{k-1}\boldsymbol{v}_0)}=\frac{\lambda_1^k\left[\alpha_1\boldsymbol{X}_1+\sum_{i=2}^{n}\left(\frac{\lambda_i}{\lambda_1}\right)^k\alpha_i\boldsymbol{X}_i\right]}{\lambda_1^{k-1}\max\left[\alpha_1\boldsymbol{X}_1+\sum_{i=2}^{n}\left(\frac{\lambda_i}{\lambda_1}\right)^{k-1}\alpha_i\boldsymbol{X}_i\right]},$$

即有

$$m_k = \max(\boldsymbol{Z}_k) = \lambda_1 \frac{\max\left[\alpha_1 \boldsymbol{X}_1 + \sum_{i=2}^{n}\left(\frac{\lambda_i}{\lambda_1}\right)^k \alpha_i \boldsymbol{X}_i\right]}{\max\left[\alpha_1 \boldsymbol{X}_1 + \sum_{i=2}^{n}\left(\frac{\lambda_i}{\lambda_1}\right)^{k-1} \alpha_i \boldsymbol{X}_i\right]},$$

从而$\lim\limits_{k\to\infty} m_k = \lambda_1$,这说明 m_k 收敛于 λ_1,收敛速度取决于比值$\left|\frac{\lambda_2}{\lambda_1}\right|$,这个比值我们称为**收敛率**,同时我们称 λ_1 为**主特征值**,对应的特征向量 $\boldsymbol{X}_1$ 称为**主特征向量**.

乘幂法的 Matlab 程序如下:

```
function [lam,v,k]=ch7ex1(A,x,eps,N)
%用乘幂法求矩阵的模最大特征值和对应的特征向量,
%A 为 n 阶方阵, x 为初始向量, eps 控制精度, N 为最大迭代次数.
%lam 返回按模最大的特征值, v 返回对应的特征向量,k 返回迭代次数.
m=0; k=0; err=1;
while(err>eps)
    v=A*x; [m1,t]=max(abs(v));
    m1=v(t); x=v/m1;
    err=abs(m1-m);
    m=m1; k=k+1;
end
lam=m1; v=x';
```

例 3 求 $\boldsymbol{A}=\begin{bmatrix} 7 & 3 & -2 \\ 3 & 4 & -1 \\ -2 & -1 & 3 \end{bmatrix}$按模最大的特征值 λ_1 及其对应的特征向量 $\boldsymbol{X}_1$,当特征值有 3 位小数稳定时迭代终止.

解 选取初始向量 $\boldsymbol{v}_0=(1,1,1)^{\mathrm{T}}\neq\boldsymbol{0}$,按(7.2)式迭代,结果见表 7-1.

表 7-1 例 3 计算结果

k	$\boldsymbol{v}_k^{\mathrm{T}}$	$\max(\boldsymbol{Z}_k)$
1	(1,0.75,0)	8
2	(1,0.648 648 649,-0.029 729 729 7)	9.25
4	(1,0.608 798 347,-0.388 839 681)	9.594 900 850
6	(1,0.605 776 832,-0.394 120 752)	9.605 429 002
7	(1,0.605 609 752,-0.394 368 924)	9.605 579 002

即 $\boldsymbol{A}$ 按模最大的特征值 $\lambda_1\approx 9.605\ 572$,特征向量为

$$\boldsymbol{X}_1\approx(1,0.605\ 609\ 752,-0.394\ 368\ 924)^{\mathrm{T}}.$$

在 Matlab 命令窗口输入:

```
>>A=[7 3 -2;3 4 -1;-2 -1 3];
>>x=[1 1 1]';
```

```
>>[lam,v,k]=ch7ex1(A,x,1.0e-10,100)
```

运行结果为：

```
lam =
      9.6056
v =
    1.0000    0.6056    -0.3944
k =
    19
```

乘幂法的收敛速度依赖于$\left|\frac{\lambda_2}{\lambda_1}\right|$,若这个比值接近1,收敛速度就变得很慢,以至于使此方法失去实用价值.

定理7.5(改进的乘幂法) 设$\boldsymbol{A}=(a_{ij})_{n\times n}$有$n$个线性无关的特征向量,$\boldsymbol{A}$的特征值$\lambda_1,\lambda_2,\cdots,\lambda_n$满足

$$|\lambda_1|>|\lambda_2|\geqslant\cdots\geqslant|\lambda_n|,$$

则对任初始非零向量$\boldsymbol{v}_0=\boldsymbol{u}_0,\alpha_1\neq0$,由矩阵$\boldsymbol{A}$按

$$\boldsymbol{v}_0=\boldsymbol{u}_0\neq\boldsymbol{0},\boldsymbol{v}_k=\boldsymbol{A}\boldsymbol{u}_{k-1},\boldsymbol{u}_k=\frac{\boldsymbol{v}_k}{\max(\boldsymbol{v}_k)},\tag{7.4}$$

构造的向量序列有

$$\lim_{k\to\infty}\boldsymbol{u}_k=\frac{\boldsymbol{X}_1}{\max(\boldsymbol{X}_1)},\lim_{k\to\infty}\max(\boldsymbol{v}_k)=\lambda_1.$$

例4 求矩阵$\boldsymbol{A}=\begin{bmatrix}2&4&6\\3&9&15\\4&16&36\end{bmatrix}$的按模最大的特征值与对应的特征向量.

解 用改进的乘幂法,取$\boldsymbol{v}_0=\boldsymbol{u}_0=(1,1,1)^{\mathrm{T}}$,按迭代公式(7.4)计算结果见表7-2.

表7-2 例4计算结果

k	$\boldsymbol{u}_k^{\mathrm{T}}$(规范化向量)	$\max(\boldsymbol{v}_k)$
0	(1,1,1)	
1	(0.2143,0.4820,1.000)	56.00
2	(0.1875,0.4483,1.000)	44.57
3	(0.1860,0.4463,1.000)	43.92
4	(0.1859,0.4460,1.000)	43.88
5	(0.1859,0.4460,1.000)	43.88

为了有效地使用乘幂法,通常采用加速技术来提高收敛速度. 本节给出两个常用的加速方法,即原点移位法和Aitkin加速方法.

7.2.2 加速方法

1. 原点移位法

原点移位法即通过选取适当参数p,使得要计算$\boldsymbol{A}$的按模最大的特征值λ_1,满足

λ_1-p 为 $\boldsymbol{A}-p\boldsymbol{I}$ 的主特征值,同时要满足

$$\left|\frac{\lambda_2-p}{\lambda_1-p}\right|<\left|\frac{\lambda_2}{\lambda_1}\right|,$$

对 $\boldsymbol{A}-p\boldsymbol{I}$ 应用乘幂法,这时的收敛速度较快,这样求得了 $\boldsymbol{A}-p\boldsymbol{I}$ 的主特征值 n_1 后,$\boldsymbol{A}$ 的主特征值 $\lambda_1=n_1+p$,而 $\boldsymbol{A}-p\boldsymbol{I}$ 的对应于 n_1 的特征向量就是 $\boldsymbol{A}$ 对应于 λ_1 的特征向量.

Matlab 程序如下:

```
function ch7ex3(A,x,eps,N)
p=0.75;m=0;
k=0; error=1;
A=A-p*eye(length(x));
while((k<N)&(error>eps))
    v=A*x; [m1,t]=max(abs(v));m1=v(t);
    x=v/m1;err=abs(m1-m);m=m1; k=k+1;
end
lam=m1+p
v=x'
```

例 5 用原点移位法求矩阵 $\boldsymbol{A}=\begin{bmatrix}1.0 & 1.0 & 0.5\\ 1.0 & 1.0 & 0.25\\ 0.5 & 0.25 & 2.0\end{bmatrix}$ 的主特征值,取 $\boldsymbol{v}_0=(1,1,1)^{\mathrm{T}}$.

解 做变换 $\boldsymbol{B}=\boldsymbol{A}-p\boldsymbol{I}$,取 $p=0.75$,则

$$\boldsymbol{B}=\begin{bmatrix}0.25 & 1 & 0.5\\ 1 & 0.25 & 0.25\\ 0.5 & 0.25 & 1.25\end{bmatrix},$$

对 $\boldsymbol{B}$ 应用乘幂法,计算结果见表 7-3.

由此可得 $\boldsymbol{B}$ 的主特征值 $n_1=1.786\ 591$,则 $\boldsymbol{A}$ 的主特征值 λ_1 为

$$\lambda_1=n_1+0.75=2.536\ 591,$$

如果对 $\boldsymbol{A}$ 使用乘幂法计算仍取 $\boldsymbol{v}_k=(1,1,1)^{\mathrm{T}}$,迭代 20 次可得 $\lambda_1\approx 2.536\ 532\ 3$,由此可见采用原点移位法可达到加速收敛的目的.

表 7-3 计算结果

k	$\boldsymbol{v}_k^{\mathrm{T}}$	$\max(\boldsymbol{Z}_k)$
0	(1,1,1)	
5	(0.7516,0.6522,1)	1.794011
8	(0.7484,0.6499,1)	1.7869152
9	(0.7483,0.6497,1)	1.7866587
10	(0.7482,0.6497,1)	1.7865914

在 Matlab 命令窗口输入:

```
>>A=[1.0 1.0 0.5;1.0 1.0 0.25;0.5 0.25 2.0];
```

```
>>x=[1 1 1]';
>>eps=1.0e-6;
>>N=500;
>>ch7ex3(A,x,eps,N)
```

运行结果为:

```
lam =
    2.5365
v =
    0.7482    0.6497    1.0000
```

原点移位法的加速方法是一个矩阵变换方法,虽然简单,但 p 的选择依赖于对 $\boldsymbol{A}$ 的特征值分布的一个大致了解,因此很难形成一个自动选择 p 的程序,所以在计算机上并不常用,但是这种加速的思想是重要的,若选择适当的 p,则比较容易计算.

2. Aitkin 加速方法

设序列 $\{m_k\}$ 以现行收敛速度收敛于 m,记 $\varepsilon_k=m_k-m$,那么

$$\frac{|\varepsilon_{k+1}|}{|\varepsilon_k|}\to c(k\to\infty),0<c<1,$$

于是当 k 充分大并设 ε_k 和 ε_{k+1} 同号时,有

$$\frac{\varepsilon_{k+2}}{\varepsilon_{k+1}}\approx\frac{\varepsilon_{k+1}}{\varepsilon_k},$$

即

$$\frac{m_{k+2}-m}{m_{k+1}-m}\approx\frac{m_{k+1}-m}{m_k-m},$$

解得

$$m\approx\frac{m_k m_{k+2}-m_{k+1}^2}{m_k-2m_{k+1}+m_{k+2}},$$

记

$$\bar{m}_k=\frac{m_k m_{k+2}-m_{k+1}^2}{m_k-2m_{k+1}+m_{k+2}},\tag{7.5}$$

$\{\bar{m}_k\}$ 称为 $\{m_k\}$ 的 **Aitkin 序列**.

定义一个算子 δ,即

$$\delta(m_k)=\frac{m_k m_{k+2}-m_{k+1}^2}{m_k-2m_{k+1}+m_{k+2}},$$

则由

$$m_k=m+\varepsilon_k,$$

有

$$\delta(m_k)=\delta(m+\varepsilon_k)=m+\delta(\varepsilon_k),$$

即

$$\bar{m}_k-m=\delta(\varepsilon_k),$$

于是

$$\frac{\bar{m}_k-m}{m_k-m}=\frac{\delta(\varepsilon_k)}{\varepsilon_k}\to 0,\varepsilon_k\to 0,$$

这表明 $\bar{m}_k$ 收敛于 m 的速度比 m_k 收敛于 m 的速度快,因而凡是线性收敛序列均可用此法来加速收敛.

当 k 充分大时,有

$$|m_k-\lambda_1|\approx\left|\frac{\lambda_2}{\lambda_1}\right|^k,$$

因此有

$$\lim_{k\to\infty}\left|\frac{m_{k+1}-\lambda_1}{m_k-\lambda_1}\right|=\left|\frac{\lambda_2}{\lambda_1}\right|,\lim_{k\to\infty}\left|\frac{m_{k+2}-\lambda_1}{m_{k+1}-\lambda_1}\right|=\left|\frac{\lambda_2}{\lambda_1}\right|,$$

由(7.5)式可得

$$\bar{m}_k=\frac{m_k m_{k+2}-m_{k+1}^2}{m_k-2m_{k+1}+m_{k+2}}=m_k-\frac{(m_{k+1}-m_k)^2}{m_k-2m_{k+1}+m_{k+2}},\tag{7.6}$$

这说明序列$\{m_k\}$线性收敛于 λ_1,所以可应用 Aitkin 加速且加速序列$\{m_k\}$收敛,产生的新序列$\{\bar{m}_k\}$比$\{m_k\}$收敛速度更快,此种方法称为 **Aitkin 加速方法**.

例 6 用 Aitkin 加速方法计算矩阵 $\boldsymbol{A}=\begin{bmatrix}2&3&2\\10&3&4\\3&6&1\end{bmatrix}$ 的主特征值.

解 由式(7.2),取 $\boldsymbol{v}^{(0)}=(0,0,1)^{\mathrm{T}}$,进而计算

$$\boldsymbol{Z}_1=\boldsymbol{A}\boldsymbol{v}_0=\begin{bmatrix}2&3&2\\10&3&4\\3&6&1\end{bmatrix}\begin{bmatrix}0\\0\\1\end{bmatrix}=\begin{bmatrix}2\\4\\1\end{bmatrix},$$

可得

$$m_1=4,m_2=9,m_3=11.44,m_4=10.9224,$$
$$m_5=11.0140,m_6=10.9927,m_7=11.0004,m_8=11.0000,$$

利用式(7.6),依次有

$$\bar{m}_1=m_1-\frac{(m_2-m_1)^2}{m_3-2m_2+m_1}=4-\frac{(9-4)^2}{11.44-2\times 9+4}=12.8,$$

$$\bar{m}_2=m_2-\frac{(m_3-m_2)^2}{m_4-2m_3+m_2}=9-\frac{(11.44-9)^2}{10.9224-2\times 11.44+9}=11.01,$$

$$\bar{m}_3=m_3-\frac{(m_4-m_3)^2}{m_5-2m_4+m_3}=11.44-\frac{(10.9224-11.44)^2}{11.0140-2\times 10.9224+11.0140}=11.0002269,$$

已知矩阵 $\boldsymbol{A}$ 的主特征值的准确值为 11,用 Aitkin 加速方法进行计算,迭代 3 次即获得了较高精度的解,相当于用乘幂法迭代 7 至 8 次,可见 Aitkin 加速效果是很显著的.

3. Rayleigh 商加速方法

若 $\boldsymbol{A}\in\mathbf{R}^{n\times n}$ 为对称矩阵,$\boldsymbol{X}$ 为任意非零向量,我们知道

$$\lambda_1=\max_{\boldsymbol{X}\neq\boldsymbol{0}}\frac{(\boldsymbol{AX},\boldsymbol{X})}{(\boldsymbol{X},\boldsymbol{X})},\lambda_n=\min_{\boldsymbol{X}\neq\boldsymbol{0}}\frac{(\boldsymbol{AX},\boldsymbol{X})}{(\boldsymbol{X},\boldsymbol{X})},$$

将 Rayleigh 商 $R(X)=\dfrac{(AX,X)}{(X,X)}$应用于乘幂法,得如下定理:

定理 7.6 设 $A\in\mathbf{R}^{n\times n}$ 为对称矩阵,其特征值满足

$$|\lambda_1|>|\lambda_2|\geqslant\cdots\geqslant|\lambda_n|,$$

$X_1,X_2,\cdots,X_n$ 为对应的特征向量,且满足

$$(X_i,X_j)=\delta_{ij}=\begin{cases}1,i=j,\\0,i\neq j,\end{cases}$$

应用定理 7.5 改进的乘幂法计算矩阵 A 的主特征值 λ_1,则规范化后的向量 u_k 的 Rayleigh 商给出较好的近似为

$$\frac{(Au_k,u_k)}{(u_k,u_k)}=\lambda_1+O\left(\left(\frac{\lambda_2}{\lambda_1}\right)^{2k}\right). \tag{7.7}$$

证明 由定理 7.5 得

$$u_k=\frac{v_k}{\max(v_k)}=\frac{A^k u_0}{\max(A^k u_0)},v_{k+1}=Au_k=\frac{A^{k+1}u_0}{\max(A^k u_0)},$$

$$\frac{(Au_k,u_k)}{(u_k,u_k)}=\frac{\left(\dfrac{A^{k+1}u_0}{\max(A^k u_0)},\dfrac{A^k u_0}{\max(A^k u_0)}\right)}{\left(\dfrac{A^k u_0}{\max(A^k u_0)},\dfrac{A^k u_0}{\max(A^k u_0)}\right)}=\frac{(A^{k+1}u_0,A^k u_0)}{(A^k u_0,A^k u_0)}.$$

$$A^k u_0=A^k v_0=\lambda_1^k\left[\alpha_1 x_1+\sum_{i=2}^n\alpha_i\left(\frac{\lambda_i}{\lambda_1}\right)^k x_i\right],$$

$$\begin{aligned}(A^{k+1}u_0,A^k u_0)&=\left(\lambda_1^{k+1}\left[\alpha_1 x_1+\sum_{i=2}^n\alpha_i\left(\frac{\lambda_i}{\lambda_1}\right)^{k+1}x_i\right],\lambda_1^k\left[\alpha_1 x_1+\sum_{i=2}^n\alpha_i\left(\frac{\lambda_i}{\lambda_1}\right)^k x_i\right]\right)\\&=\lambda_1^{2k+1}\left[\alpha_1^2+\sum_{i=2}^n\alpha_i^2\left(\frac{\lambda_i}{\lambda_1}\right)^{2k+1}\right].\end{aligned}$$

$$\frac{(Au_k,u_k)}{(u_k,u_k)}=\frac{(A^{k+1}u_0,A^k u_0)}{(A^k u_0,A^k u_0)}=\frac{\lambda_1^{2k+1}\left[\alpha_1^2+\sum_{i=2}^n\alpha_i^2\left(\frac{\lambda_i}{\lambda_1}\right)^{2k+1}\right]}{\lambda_1^{2k}\left[\alpha_1^2+\sum_{i=2}^n\alpha_i^2\left(\frac{\lambda_i}{\lambda_1}\right)^{2k}\right]}\xrightarrow{k\to\infty}\lambda_1,$$

从而有

$$\frac{(Au_k,u_k)}{(u_k,u_k)}=\lambda_1+O\left(\left(\frac{\lambda_2}{\lambda_1}\right)^{2k}\right).$$

此定理说明,若 $A\in\mathbf{R}^{n\times n}$ 为对称矩阵,可以用规范化后的向量 u_k 的 Rayleigh 商作为主特征值 λ_1 的近似,其误差为 $O\left(\left(\frac{\lambda_2}{\lambda_1}\right)^{2k}\right)$.

7.2.3 反幂法

定义 7.2 设矩阵 A 非奇异,由 A 得特征向量 X_i 与特征值 λ_i 的关系 $AX_i=\lambda_i X_i$,可

推出 $A^{-1}X_i=\lambda_i^{-1}X_i$，这就是说 λ_i^{-1} 为 A^{-1} 的特征值，用 A^{-1} 代替 A 做乘幂法称为**反幂法**，所以若 A 的特征值满足 $|\lambda_1|\geqslant|\lambda_2|\geqslant\cdots\geqslant|\lambda_n|$ 时，A^{-1} 的特征值则满足

$$|\lambda_n^{-1}|\geqslant|\lambda_{n-1}^{-1}|\geqslant\cdots\geqslant|\lambda_1^{-1}|,$$

并且 A 对应于 λ_i 的特征向量与 A^{-1} 对应于 λ_i^{-1} 的特征向量相同. 对 A^{-1} 用乘幂法求得按模最大的特征值是 λ_n^{-1}，特征向量是 X_n，也即 A 的按模最小的特征值与对应的特征向量.

若以 A^{-1} 代替 A 按式

$$Z_k=Av_{k-1},m_k=\max(Z_k),v_k=\frac{Z_k}{m_k},k=1,2,\cdots,$$

做迭代，需求 A 的逆矩阵，但是在计算时不必求出逆矩阵，而采用解方程组的方法，下面给出反幂法的计算公式

$$AZ_k=v_{k-1},m_k=\max(Z_k),v_k=\frac{Z_k}{m_k},k=1,2,\cdots, \tag{7.8}$$

类似于乘幂法，当 $k\to\infty$ 时，有

$$\lim_{k\to\infty}v_k=\frac{X_k}{\max(X_n)},\lim_{k\to\infty}m_k=\frac{1}{\lambda_n},$$

其中 X_n 是 λ_n 对应的特征向量，迭代速度为 $\left|\frac{\lambda_n}{\lambda_{n-1}}\right|$. 每迭代一次要解一个线性方程组 $AZ_k=v_{k-1}$，若首先对 A 做一次 LU 分解，则每次迭代只需解两个三角形方程组

$$LX=v_{k-1},UZ_k=X,$$

可得 Z_k 和 v_k.

反幂法 Matlab 程序如下：

```
function [lam,v,k]=ch7ex5(A,x,alpha,eps,N)
%用原点移位加速反幂法求矩阵的按模最大的特征值和对应的特征向量
%A 为 n 阶方阵, x 为初始向量,eps 为控制精度, N 为最大迭代次数, alpha 为模最大的近似特征值. lam 返回按模最大的特征值,v 返回对应的特征向量, k 迭代次数
lam=0;k=0;err=1;mu=0.5;n=length(x);
A=A-alpha*eye(n);[L,U,P]=lu(A);
while(k<N)&(err>eps)
    [m,j]=max(abs(x));m=x(j);y=x./m;
    z=L\(P*y); x=U\z;err=abs(1/m-1/mu);k=k+1; mu=m;
end
lam=alpha+1/m;v=y';
```

例 7 用反幂法求矩阵 $A=\begin{bmatrix}3&2\\4&5\end{bmatrix}$ 的按模最小的特征值和对应的特征向量，精确至 7 位有效数字.

解 取 $v_0=(1\quad 1)^{\mathrm{T}}$，由反幂法迭代公式(7.8)计算得

$$Z_1=\begin{bmatrix}0.428\,571\\-0.142\,857\end{bmatrix},m_1=0.428\,571,v_1=\begin{bmatrix}1.000\,000\\-0.333\,333\end{bmatrix},$$

$$Z_2=\begin{bmatrix}0.809\ 524\\-0.714\ 286\end{bmatrix},m_2=0.809\ 524,\boldsymbol{v}_2=\begin{bmatrix}1.000\ 000\\-0.882\ 353\end{bmatrix},$$

$$Z_3=\begin{bmatrix}0.966\ 387\\-0.949\ 580\end{bmatrix},m_3=0.966\ 387,\boldsymbol{v}_3=\begin{bmatrix}1.000\ 000\\-0.982\ 608\end{bmatrix},$$

$$Z_4=\begin{bmatrix}0.995\ 031\\-0.992\ 546\end{bmatrix},m_4=0.995\ 031,\boldsymbol{v}_4=\begin{bmatrix}1.000\ 000\\-0.997\ 503\end{bmatrix},$$

$$Z_5=\begin{bmatrix}0.999\ 287\\-0.998\ 930\end{bmatrix},m_5=0.999\ 287,\boldsymbol{v}_5=\begin{bmatrix}1.000\ 000\\-0.999\ 643\end{bmatrix},$$

$$Z_6=\begin{bmatrix}0.999\ 898\\-0.999\ 847\end{bmatrix},m_6=0.999\ 898,\boldsymbol{v}_6=\begin{bmatrix}1.000\ 000\\-0.999\ 949\end{bmatrix},$$

$$Z_7=\begin{bmatrix}0.999\ 985\\-0.999\ 978\end{bmatrix},m_7=0.999\ 985,\boldsymbol{v}_7=\begin{bmatrix}1.000\ 000\\-0.999\ 993\end{bmatrix},$$

$$Z_8=\begin{bmatrix}0.999\ 998\\-0.999\ 997\end{bmatrix},m_8=0.999\ 998,\boldsymbol{v}_8=\begin{bmatrix}1.000\ 000\\-0.999\ 999\end{bmatrix},$$

$$Z_9=\begin{bmatrix}1.000\ 000\\-1.000\ 000\end{bmatrix},m_9=1.000\ 000,\boldsymbol{v}_9=\begin{bmatrix}1.000\ 000\\-1.000\ 000\end{bmatrix},$$

$$Z_{10}=\begin{bmatrix}1.000\ 000\\-1.000\ 000\end{bmatrix},m_{10}=1.000\ 000,\boldsymbol{v}_{10}=\begin{bmatrix}1.000\ 000\\-1.000\ 000\end{bmatrix},$$

故 $\boldsymbol{A}$ 的按模最小的特征值为 $\frac{1}{m_{10}}=1.000\ 000$，对应的特征向量为 $\begin{bmatrix}1.000\ 000\\-1.000\ 000\end{bmatrix}$.

例 8 用反幂法求矩阵 $\boldsymbol{A}=\begin{bmatrix}-1&2&1\\2&-4&1\\1&1&-6\end{bmatrix}$ 近似于-6.42 的特征值和对应的特征向量.

解 在 Matlab 命令窗口输入：

```
>>A=[-1 2 1;2 -4 1;1 1 -6];
>>x=[1;1;1];
>>alpha=-6.42;
>>[lam,v,k]=ch7ex5(A,x, alpha,1.0e-10,100)
```

运行结果为：

```
lam =
    -6.4211
v =
    -0.0461   -0.3749    1.0000
k =
    6
```

在反幂法中也可以用原点移位法加速迭代过程或求其他特征值及特征向量. 如果矩阵 $(\boldsymbol{A}-p\boldsymbol{I})^{-1}$ 存在，显然其特征值为

$$\frac{1}{\lambda_1-p},\frac{1}{\lambda_2-p},\cdots,\frac{1}{\lambda_n-p},$$

对应的特征向量仍然是 $\boldsymbol{X}_1,\boldsymbol{X}_2,\cdots,\boldsymbol{X}_n$. 现对矩阵 $(\boldsymbol{A}-p\boldsymbol{I})^{-1}$ 应用乘幂法得到反幂法的迭代公式

$$(\boldsymbol{A}-p\boldsymbol{I})\boldsymbol{Z}_k=\boldsymbol{v}_{k-1},m_k=\max(\boldsymbol{Z}_k),\boldsymbol{v}_k=\frac{\boldsymbol{Z}_k}{m_k},k=1,2,\cdots, \tag{7.9}$$

如果 p 是 $\boldsymbol{A}$ 的特征值 λ_i 的一个近似值,且设 λ_i 与其他特征值是分离的,即

$$|\lambda_i-p|\leqslant|\lambda_j-p|,i\neq j,$$

这就是说 $\dfrac{1}{\lambda_i-p}$ 是 $(\boldsymbol{A}-p\boldsymbol{I})^{-1}$ 的主特征值,又用反幂法(7.9)计算特征值及特征向量.

定理 7.7 设 $\boldsymbol{A}=(a_{ij})_{n\times n}$ 为非奇异矩阵,且有 n 个线性无关的特征向量,$\boldsymbol{A}$ 的特征值 $\lambda_1,\lambda_2,\cdots,\lambda_n$ 满足

$$|\lambda_1|\geqslant|\lambda_2|\geqslant\cdots\geqslant|\lambda_{n-1}|>|\lambda_n|,$$

$\boldsymbol{X}_1,\boldsymbol{X}_2,\cdots,\boldsymbol{X}_n$ 为对应的特征向量,则对任意非零向量 $\boldsymbol{v}_0=\boldsymbol{u}_0,\alpha_n\neq0$,由改进的乘幂法产生的向量序列为

$$\lim_{k\to\infty}\boldsymbol{u}_k=\frac{\boldsymbol{X}_n}{\max(\boldsymbol{X}_n)},\lim_{k\to\infty}\max(\boldsymbol{v}_k)=\frac{1}{\lambda_n},$$

且收敛速度为 $\left|\dfrac{\lambda_n}{\lambda_{n-1}}\right|$.

若已知 p 为矩阵 $\boldsymbol{A}$ 的某一特征值 λ_j 的近似值,且满足

$$|\lambda_j-p|<|\lambda_i-p|,\ i=1,2,\cdots,n,i\neq j,$$

那么 $\dfrac{1}{\lambda_j-p}$ 为 $(\boldsymbol{A}-p\boldsymbol{I})^{-1}$ 的主特征值,所以对 $(\boldsymbol{A}-p\boldsymbol{I})^{-1}$ 实行乘幂法,取初始非零向量

$$\boldsymbol{v}_0=\boldsymbol{u}_0\neq\boldsymbol{0},\boldsymbol{v}_k=(\boldsymbol{A}-p\boldsymbol{I})^{-1}\boldsymbol{u}_{k-1},\boldsymbol{u}_k=\frac{\boldsymbol{v}_k}{\max(\boldsymbol{v}_k)},k=1,2,\cdots, \tag{7.10}$$

则可以求得 λ_j.

定理 7.8 设 $\boldsymbol{A}=(a_{ij})_{n\times n}$ 有 n 个线性无关的特征向量,$\boldsymbol{A}$ 的特征值为 $\lambda_1,\lambda_2,\cdots,\lambda_n$,对应的特征向量为 $\boldsymbol{X}_1,\boldsymbol{X}_2,\cdots,\boldsymbol{X}_n,p$ 为矩阵 $\boldsymbol{A}$ 的某一特征值 λ_j 的近似值,$(\boldsymbol{A}-p\boldsymbol{I})^{-1}$ 存在,且满足

$$|\lambda_j-p|<|\lambda_i-p|,i=1,2,\cdots,n,i\neq j,$$

则由(7.9)产生的向量序列满足

$$\lim_{k\to\infty}\boldsymbol{u}_k=\frac{\boldsymbol{X}_j}{\max(\boldsymbol{X}_j)},\lim_{k\to\infty}\max(\boldsymbol{v}_k)=\frac{1}{\lambda_j-p},$$

即

$$p+\frac{1}{\max(\boldsymbol{v}_k)}\xrightarrow{k\to\infty}\lambda_j,$$

且收敛速度由 $\max\limits_{i\neq j}\left|\dfrac{\lambda_j-p}{\lambda_i-p}\right|$ 确定.

同样,在迭代公式(7.9)中,通常也需要解方程组,一般解这种方程组常用三角分解法.

§ 7.3　Jacobi 方法

7.3.1　Jacobi 方法基本思想

Jacobi 方法是用来计算实对称矩阵的全部特征值和特征向量的一种方法,因为任何一个实对称矩阵都与一个对角矩阵相似,所以通过正交相似变换把实对称矩阵化为对角矩阵,对角矩阵的对角线上的元素即为所求特征值. 由线性代数的知识得,若 $\boldsymbol{A}\in\mathbf{R}^{n\times n}$ 为对称矩阵,则存在一个正交矩阵 $\boldsymbol{P}$,使得

$$\boldsymbol{PAP}^{\mathrm{T}}=\mathrm{diag}(\lambda_1,\lambda_2,\cdots,\lambda_n)=\boldsymbol{D},$$

$\lambda_1,\lambda_2,\cdots,\lambda_n$ 即为矩阵 $\boldsymbol{A}$ 的特征值,$\boldsymbol{P}^{\mathrm{T}}$ 的 n 个列向量 $\boldsymbol{v}_1,\boldsymbol{v}_2,\cdots,\boldsymbol{v}_n$ 即为所对应的特征向量. 以下研究如何寻求正交矩阵 $\boldsymbol{P}$.

先考虑 $n=2$ 的情况,设 $\boldsymbol{A}=\begin{bmatrix} a_{11} & a_{12} \\ a_{21} & a_{22} \end{bmatrix}$ 为对称矩阵,今取

$$\boldsymbol{P}=\begin{bmatrix} \cos\theta & \sin\theta \\ -\sin\theta & \cos\theta \end{bmatrix},$$

显然 $\boldsymbol{P}$ 为正交矩阵,令

$$\boldsymbol{PAP}^{\mathrm{T}}=\boldsymbol{C}=\begin{bmatrix} c_{11} & c_{12} \\ c_{21} & c_{22} \end{bmatrix},$$

由矩阵乘法得

$$c_{11}=a_{11}\cos^2\theta+a_{21}\sin 2\theta+a_{22}\sin^2\theta,$$
$$c_{22}=-a_{12}\sin 2\theta+a_{11}\sin^2\theta+a_{22}\cos^2\theta,$$
$$c_{21}=c_{12}=\frac{1}{2}(a_{22}-a_{11})\sin 2\theta+a_{21}\cos 2\theta.$$

为使得 $\boldsymbol{PAP}^{\mathrm{T}}=\boldsymbol{C}$ 成为对角矩阵,应选择 θ 使 $c_{21}=c_{12}=0$,即

$$\frac{1}{2}(a_{22}-a_{11})\sin 2\theta+a_{21}\cos 2\theta=0,$$

得 $\tan 2\theta=\dfrac{2a_{21}}{a_{11}-a_{22}}$,由此可得 θ 的值. 若 $a_{11}=a_{22}$,取 $|\theta|=\dfrac{\pi}{4}$. $a_{11}>0$ 时,$\theta=\dfrac{\pi}{4}$;$a_{11}<0$ 时,$\theta=-\dfrac{\pi}{4}$,结果就使得 $\boldsymbol{PAP}^{\mathrm{T}}=\mathrm{diag}(\lambda_1,\lambda_2)$.

7.3.2　Jacobi 方法的设计

Jacobi 方法就是将以上的思想推广到一般情况中去,设 $\boldsymbol{A}\in\mathbf{R}^{n\times n}$,引进 $\mathbf{R}^n$ 中的平面旋

转变换 $\boldsymbol{Y}=\boldsymbol{P}\boldsymbol{X}$,即

$$y_i=x_i\cos\theta+x_j\sin\theta,y_j=-x_i\sin\theta+x_j\cos\theta,$$

且当 $k\neq i,j$ 时,$y_k=x_k$,即

$$\boldsymbol{P}=\begin{bmatrix} 1 & & & & & & & & & \\ & \ddots & & & & & & & & \\ & & \cos\theta & & & & \sin\theta & & & \\ & & & 1 & & & & & & \\ & & & & \ddots & & & & & \\ & & & & & 1 & & & & \\ & & -\sin\theta & & & & \cos\theta & & & \\ & & & & & & & 1 & & \\ & & & & & & & & \ddots & \\ & & & & & & & & & 1 \end{bmatrix}\equiv\boldsymbol{P}(i,j),$$

称 $\boldsymbol{P}$ 为**平面旋转矩阵**,且 $\boldsymbol{P}$ 有以下性质:

①$\boldsymbol{P}$ 为正交矩阵;

②$\boldsymbol{P}$ 与单位矩阵只在 (i,i),(i,j),(j,i),(j,j) 四个位置上的元素不同.

③$\boldsymbol{PA}$ 只改变 $\boldsymbol{A}$ 的第 i 行与第 j 行的元素,$\boldsymbol{AP}^{\mathrm{T}}$ 只改变 $\boldsymbol{A}$ 的第 i 列与第 j 列的元素,$\boldsymbol{PAP}^{\mathrm{T}}$ 只改变 $\boldsymbol{A}$ 的第 i 行和第 j 行,第 i 列与第 j 列交叉的元素,并且有

(1)$(\boldsymbol{P}(i,j)\boldsymbol{A})_{i行}=\cos\theta(\boldsymbol{A})_{i行}+\sin\theta(\boldsymbol{A})_{j行}$;

(2)$(\boldsymbol{P}(i,j)\boldsymbol{A})_{j行}=-\sin\theta(\boldsymbol{A})_{i行}+\cos\theta(\boldsymbol{A})_{j行}$;

(3)$(\boldsymbol{AP}^{\mathrm{T}}(i,j))_{i列}=\cos\theta(\boldsymbol{A})_{i列}+\sin\theta(\boldsymbol{A})_{j列}$;

(4)$(\boldsymbol{AP}^{\mathrm{T}}(i,j))_{j列}=-\sin\theta(\boldsymbol{A})_{i列}+\cos\theta(\boldsymbol{A})_{j列}$.

由矩阵的 F-范数的定义得:

定理 7.9 若 $\boldsymbol{A}\in\mathbf{R}^{n\times n}$ 为对称矩阵,且 $\boldsymbol{C}=\boldsymbol{PAP}^{\mathrm{T}}$,则 $\|\boldsymbol{C}\|_F^2=\|\boldsymbol{A}\|_F^2$.

证明 由于

$$\begin{aligned}\|\boldsymbol{A}\|_F^2&=\sum_{i=1}^{n}\sum_{j=1}^{n}a_{ij}^2=\mathrm{tr}(\boldsymbol{A}^{\mathrm{T}}\boldsymbol{A})=\mathrm{tr}(\boldsymbol{A}^2)\\&=\sum_{i=1}^{n}\lambda_i^2(\boldsymbol{A})\ \|\boldsymbol{C}\|_F^2=\mathrm{tr}(\boldsymbol{C}^{\mathrm{T}}\boldsymbol{C})=\mathrm{tr}(\boldsymbol{C}^2)=\sum_{i=1}^{n}\lambda_i^2(\boldsymbol{C}),\end{aligned}$$

又因为相似变换不改变矩阵的特征值,即 $\lambda_i(\boldsymbol{A})=\lambda_i(\boldsymbol{C})$.

根据初等正交矩阵的性质,可以得 $\boldsymbol{C}=\boldsymbol{PAP}^{\mathrm{T}}$ 的元素 c_{ij} 的计算公式如下:

①$c_{ii}=a_{ii}\cos^2\theta+a_{ij}\sin 2\theta+a_{jj}\sin^2\theta$,

$c_{jj}=-a_{ij}\sin 2\theta+a_{ii}\sin^2\theta+a_{jj}\cos^2\theta$,

$c_{ij}=c_{ji}=\dfrac{1}{2}(a_{jj}-a_{ii})\sin 2\theta+a_{ij}\cos 2\theta$;

②第 i 行元素 $c_{ik}=c_{ki}=a_{ik}\cos\theta+a_{jk}\sin\theta,k\neq i,j$;

③第 j 行元素 $c_{jk}=c_{kj}=a_{jk}\cos\theta-a_{ik}\sin\theta,k\neq i,j$;

④第 i 列元素 $c_{ki}=a_{ki}\cos\theta+a_{kj}\sin\theta,k\neq i,j$;

⑤第 j 列元素 $c_{kj}=a_{kj}\cos\theta-a_{ki}\sin\theta, k\neq i,j$;

⑥其他元素不变,$c_{lk}=a_{lk}, l,k\neq i,j$.

由此可见,若矩阵 $\boldsymbol{A}$ 的非对角元素 $a_{ij}\neq 0$,我们就可以选择一个正交矩阵 $\boldsymbol{P}(i,j)$ 使得 $\boldsymbol{C}=\boldsymbol{PAP}^{\mathrm{T}}$ 的元素 $c_{ij}=c_{ji}=0$,即选择 θ 满足

$$\tan 2\theta=\frac{2a_{ij}}{a_{ii}-a_{jj}}, |\theta|\leqslant\frac{\pi}{4}. \tag{7.11}$$

由此得以下定理:

定理 7.10　若 $\boldsymbol{A}\in\mathbf{R}^{n\times n}$ 为对称矩阵,且 $\boldsymbol{A}$ 的非对角元素 $a_{ij}\neq 0$,则可以选择一个正交矩阵 $\boldsymbol{P}(i,j)$ 使得 $\boldsymbol{C}=\boldsymbol{PAP}^{\mathrm{T}}$ 的元素 $c_{ij}=c_{ji}=0$,且有 $\boldsymbol{C}=\boldsymbol{PAP}^{\mathrm{T}}$ 与 $\boldsymbol{A}$ 的元素满足以下关系:

(1) $c_{ik}^2+c_{jk}^2=a_{ik}^2+a_{jk}^2, k\neq i,j$;

(2) $c_{ii}^2+c_{jj}^2=a_{ii}^2+a_{jj}^2+2a_{ij}^2$;

(3) $c_{lk}^2=a_{lk}^2, l,k\neq i,j$.

引进记号

$$D(\boldsymbol{A})=\sum a_{kk}^2, S(\boldsymbol{A})=\sum_{l\neq k}a_{lk}^2,$$

则有

$$D(\boldsymbol{C})=D(\boldsymbol{A})+2a_{ij}^2, S(\boldsymbol{C})=S(\boldsymbol{A})-2a_{ij}^2,$$

这说明经过平面旋转变换后,$\boldsymbol{C}$ 的对角元素平方和比 $\boldsymbol{A}$ 的对角元素平方和增加了 $2a_{ij}^2$,而 $\boldsymbol{C}$ 的非对角元素平方和比 $\boldsymbol{A}$ 的非对角元素平方和减少了 $2a_{ij}^2$,可以想象经过多次变换后,新矩阵 $\boldsymbol{C}$ 的对角元素平方和越来越大,非对角元素平方和越来越小,这就是 Jacobi 方法的基本思想.

下面介绍 Jacobi 方法求近似特征值:

(1)在 $\boldsymbol{A}$ 的非对角元素中选取一个绝对值最大的元素,称为主元素,设

$$|a_{i_1j_1}|=\max_{l\neq k}|a_{lk}|,$$

可设 $a_{i_1j_1}\neq 0$,否则,$\boldsymbol{A}$ 已对角化. 任取一个平面旋转矩阵 $\boldsymbol{P}_1(i_1,j_1)$,使得 $\boldsymbol{A}_1=\boldsymbol{P}_1\boldsymbol{A}\boldsymbol{P}_1^{\mathrm{T}}$ 的非对角元素 $a_{i_1j_1}^{(1)}=a_{j_1i_1}^{(1)}=0$.

(2)再取 $\boldsymbol{A}_1=(a_{lk}^{(1)})_{n\times n}$ 的非对角元素中绝对值最大的元素,若

$$|a_{i_2j_2}^{(1)}|=\max_{l\neq k}|a_{lk}^{(1)}|\neq 0,$$

取一个平面旋转矩阵 $\boldsymbol{P}_2(i_2,j_2)$,使得 $\boldsymbol{A}_2=\boldsymbol{P}_2\boldsymbol{A}_1\boldsymbol{P}_2^{\mathrm{T}}$ 的非对角元素 $a_{i_2j_2}^{(2)}=a_{j_2i_2}^{(2)}=0$.

(3)继续以上过程,通过对 $\boldsymbol{A}$ 实行一系列平面旋转变换消除非对角元素中绝对值最大的元素,直到使得 $\boldsymbol{A}$ 的非对角元素全化为充分小为止,即可求得全部近似特征值.

在以上的过程中,$\boldsymbol{A}_k=\boldsymbol{P}_k\boldsymbol{A}_{k-1}\boldsymbol{P}_k^{\mathrm{T}}$,且每一个 $\boldsymbol{A}_k$ 都与 $\boldsymbol{A}$ 相似,$k=1,2,\cdots$.

定理 7.11(Jacobi 方法的收敛性)　设 $\boldsymbol{A}\in\mathbf{R}^{n\times n}$ 为对称矩阵,对 $\boldsymbol{A}$ 实行一系列平面旋转变换 $\boldsymbol{A}_k=\boldsymbol{P}_k\boldsymbol{A}_{k-1}\boldsymbol{P}_k^{\mathrm{T}}$ 后,有 $\lim\limits_{k\to\infty}\boldsymbol{A}_k=\boldsymbol{D}$,其中 $\boldsymbol{D}$ 为对角阵,$k=1,2,\cdots$.

证明　记

$$\boldsymbol{A}_k=(a_{lm}^{(k)})_{n\times n}, S_k=S(\boldsymbol{A}_k)=\sum_{l\neq m}(a_{lm}^{(k)})^2,$$

即 $\boldsymbol{A}_k$ 的非对角元素之和,则有

$$S_{k+1}=S_k-2(a_{ij}^{(k)})^2,$$

其中 $a_{ij}^{(k)}$ 为 $\boldsymbol{A}_k$ 的非对角元素中绝对值最大的元素. 又

$$S_k=\sum_{l\neq m}(a_{lm}^{(k)})^2\leqslant\sum_{l\neq m}(a_{ij}^{(k)})^2=(n^2-n)(a_{ij}^{(k)})^2,$$

即有

$$\frac{S_k}{n(n-1)}\leqslant(a_{ij}^{(k)})^2,$$

由此得到

$$S_{k+1}=S_k-2(a_{ij}^{(k)})^2\leqslant S_k-2\frac{S_k}{n(n-1)}=S_k\left[1-\frac{2}{n(n-1)}\right],$$

$$S_{k+1}\leqslant S_k\left[1-\frac{2}{n(n-1)}\right]\leqslant S_{k-1}\left[1-\frac{2}{n(n-1)}\right]^2\leqslant\cdots\leqslant S_0\left[1-\frac{2}{n(n-1)}\right]^{k+1},$$

故 $\lim\limits_{k\to\infty}S_k=0$.

以上定理说明 k 充分大时,$\boldsymbol{A}_k$ 的对角元素即为所求矩阵的特征值,下面研究特征向量的求法.

由前面知识知,当 k 充分大时,有

$$\boldsymbol{P}_k\cdots\boldsymbol{P}_2\boldsymbol{P}_1\boldsymbol{A}\boldsymbol{P}_1^{\mathrm{T}}\boldsymbol{P}_2^{\mathrm{T}}\cdots\boldsymbol{P}_k^{\mathrm{T}}\approx\boldsymbol{D},$$

其中 $\boldsymbol{D}$ 为对角阵,若令 $\boldsymbol{P}_k\cdots\boldsymbol{P}_2\boldsymbol{P}_1=\boldsymbol{R}_k$,则 $\boldsymbol{R}_k\boldsymbol{A}\boldsymbol{R}_k^{\mathrm{T}}\approx\boldsymbol{D}$. 从而 $\boldsymbol{D}$ 的对角元素为 $\boldsymbol{A}$ 的近似特征值,而 $\boldsymbol{R}_k^{\mathrm{T}}$ 的列向量为 $\boldsymbol{A}$ 的近似特征向量. 求 $\boldsymbol{R}_k^{\mathrm{T}}$ 时用累积的方法,即开始时 $\boldsymbol{R}\leftarrow\boldsymbol{I}$,以后每做一次平面旋转变换就计算一次 $\boldsymbol{R}\leftarrow\boldsymbol{R}\boldsymbol{P}_k^{\mathrm{T}}$,且 $\boldsymbol{R}\boldsymbol{P}_k^{\mathrm{T}}$ 只改变 $\boldsymbol{R}$ 的两列元素,设 $\boldsymbol{P}_k=\boldsymbol{P}_k(i,j)$,则有 $\boldsymbol{R}\boldsymbol{P}_k^{\mathrm{T}}$ 的第 i 列和第 j 列元素为

$$(\boldsymbol{R})_{li}\leftarrow(\boldsymbol{R})_{li}\cos\theta+(\boldsymbol{R})_{lj}\sin\theta,$$

$$(\boldsymbol{R})_{lj}\leftarrow-(\boldsymbol{R})_{li}\sin\theta+(\boldsymbol{R})_{lj}\cos\theta,\ l=1,2,\cdots,n.$$

关于 $\sin\theta$ 和 $\cos\theta$ 的计算可按以下方法进行.

当 $a_{ij}\neq0$ 时,应确定 $\boldsymbol{P}(i,j)$,即求 $\sin\theta,\cos\theta$. 若 $a_{ii}\neq a_{jj}$,由(7.10)式知

$$\tan 2\theta=\frac{2a_{ij}}{a_{ii}-a_{jj}},$$

令

$$y=|a_{ii}-a_{jj}|,\ x=2\operatorname{sign}(a_{ii}-a_{jj})a_{ij},$$

可得

$$\tan 2\theta=\frac{x}{y},$$

根据三角公式

$$\cos 2\theta=\frac{1}{\sqrt{1+\tan^2 2\theta}},\ \sin 2\theta=\tan 2\theta\cos 2\theta,$$

得

$$\cos 2\theta=\frac{y}{\sqrt{x^2+y^2}},\ \sin 2\theta=\frac{x}{\sqrt{x^2+y^2}},$$

由半角公式得

$$\cos\theta=\sqrt{\frac{1+\cos 2\theta}{2}},\sin\theta=\frac{\sin 2\theta}{2\cos\theta},$$

若 $y=0$,则当 $a_{ii}>0$ 时,有

$$\sin\theta=\cos\theta=\frac{\sqrt{2}}{2},$$

当 $a_{ii}<0$ 时,有

$$\sin\theta=\frac{-\sqrt{2}}{2},\cos\theta=\frac{\sqrt{2}}{2}.$$

实际计算时,只需两组工作单元,用来存储矩阵 $\boldsymbol{A}$ 和 $\boldsymbol{R}$,迭代时用

$$S_k=\sum_{l\neq m}(a_{lm}^{(k)})^2<\varepsilon$$

控制迭代终止.

例 9 用 Jacobi 方法求 $\boldsymbol{A}=\begin{bmatrix}2&-1&0\\-1&2&-1\\0&-1&2\end{bmatrix}$ 的全部特征值和特征向量.

解 选 $a_{12}=-1$,则 $y=0$,故有

$$\boldsymbol{P}_1=\begin{bmatrix}\frac{1}{\sqrt{2}}&\frac{1}{\sqrt{2}}&0\\\frac{-1}{\sqrt{2}}&\frac{1}{\sqrt{2}}&0\\0&0&1\end{bmatrix},\boldsymbol{A}_1=\boldsymbol{P}_1\boldsymbol{A}\boldsymbol{P}_1^{\mathrm{T}}=\begin{bmatrix}1&0&\frac{-1}{\sqrt{2}}\\0&3&\frac{-1}{\sqrt{2}}\\\frac{-1}{\sqrt{2}}&\frac{-1}{\sqrt{2}}&2\end{bmatrix}.$$

选 $a_{13}=\frac{-1}{\sqrt{2}},i=1,j=3$,则有

$$y=|a_{11}-a_{33}|=1,x=-2a_{13}=1.414\ 213\ 6,$$

$$\cos 2\theta=\frac{y}{\sqrt{x^2+y^2}}=0.577\ 350\ 3,\sin 2\theta=\frac{x}{\sqrt{x^2+y^2}}=0.816\ 496\ 6,$$

$$\cos\theta=\sqrt{\frac{1+\cos 2\theta}{2}}=0.888\ 073\ 8,\sin\theta=\frac{\sin 2\theta}{2\cos\theta}=0.459\ 700\ 9,$$

得

$$\boldsymbol{P}_2=\begin{bmatrix}0.888\ 073\ 8&0&0.459\ 700\ 9\\0&1&0\\-0.459\ 700\ 9&0&0.888\ 073\ 8\end{bmatrix},$$

所以

$$\boldsymbol{A}_2=\boldsymbol{P}_2\boldsymbol{A}_1\boldsymbol{P}_2^{\mathrm{T}}=\begin{bmatrix}0.633\ 98&-0.325\ 05&0\\-0.325\ 05&3&-0.627\ 97\\0&-0.627\ 97&2.366\ 03\end{bmatrix},$$

可以继续求下去.

本例 Matlab 程序如下：

```
function tezhengjacobi
A=[2 -1 0;-1 2 -1;0 -1 2];
eps=1.0e-6;[n,n]=size(A); V=eye(n);  [w1,p]=max(abs(A-diag(diag(A))));
[w2,q]=max(w1); p=p(q);
while(1)
  d=(A(q,q)-A(p,p))/(2*A(p,q));
  if(d>0)
    t=-d+sqrt(d^2+1);
  else if(d<0)
      t=-d-sqrt(d^2+1);
    else
      t=1;
    end
  end
  c=1/sqrt(t^2+1); s=c*t;R=[c s; -s c];
  A([p q],:)=R'*A([p q],:);A(:,[p q])=A(:,[p q])*R;
  V(:,[p q])=V(:,[p q])*R;
  [w1,p]=max(abs(A-diag(diag(A))));[w2,q]=max(w1); p=p(q);
  if (abs(A(p,q))<eps*sqrt(sum(diag(A).^2)/n))
     break;
  end
end
D=diag(diag(A))
V
```

运行结果为：

```
D =
    0.5858         0         0
         0    3.4142         0
         0         0    2.0000
V =
    0.5000   -0.5000   -0.7071
    0.7071    0.7071   -0.0000
    0.5000   -0.5000    0.7071
```

7.3.3 Jacobi 过关法

Jacobi 过关法是为避免选主元浪费机时而提出来的一种方法，具体做法是选取一串

递减的正数作为限值,也叫作“关”,通常用以下方法:

首先,计算对称矩阵 $\boldsymbol{A}$ 的非对角元素之和 $S(\boldsymbol{A})$,有

$$V_0 = \sqrt{\sum_{l \neq k} a_{lk}^2} = \sqrt{2\sum_{l=2}^{n}\sum_{k=1}^{l-1} a_{lk}^2} = \sqrt{S(\boldsymbol{A})}.$$

① 设关口,取 $V_1 = \dfrac{V_0}{n}$,在矩阵 $\boldsymbol{A}$ 的非对角元素中按行(或列)进行扫描,即按

$$\begin{matrix} a_{12} & a_{13} & \cdots & a_{1n} \\ & a_{23} & \cdots & a_{2n} \\ & & \ddots & \vdots \\ & & & a_{n-1,n} \end{matrix}$$

检查,若存在 $|a_{ij}| \geqslant V_1$,则选择平面旋转矩阵 $\boldsymbol{P}(i,j)$ 把 a_{ij} 化为 0. 否则,不进行平面旋转变换而继续扫描,由于上次变为 0 的元素可能在以后的变换中又增大了,所以每次扫描要从头开始. 重复上述过程直到 $\boldsymbol{A}_k = (a_{lm}^{(k)})_{n\times n}$ 的所有非对角元素均满足 $|a_{ij}^{(k)}| < V_1$ 为止.

② 缩小关口,取 $V_2 = \dfrac{V_1}{n}$,对 $\boldsymbol{A}_k = (a_{lm}^{(k)})_{n\times n}$ 再重复以上步骤,经过多次扫描,直到 $\boldsymbol{A}_r = (a_{lm}^{(r)})_{n\times n}$ 的所有非对角元素均满足 $|a_{ij}^{(r)}| < V_2$ 为止.

③ 再设关口,$V_3 = \dfrac{V_2}{n}$,重复以上步骤. 这样经过一系列关口 $V_1, V_2, \cdots, V_t$,直到 $V_t \leqslant \left(\dfrac{\varepsilon}{n}\right) V_0$ 为止.

矩阵 $\boldsymbol{A}$ 经过一系列关口 $V_1, V_2, \cdots, V_t$ 及相应的正交相似变换化为 $\boldsymbol{A}_t = (a_{lm}^{(t)})_{n\times n}$,且

$$|a_{ij}^{(t)}| < V_t \leqslant \left(\frac{\varepsilon}{n}\right) V_0, i \neq j,$$

由于

$$S(\boldsymbol{A}_t) = \sum_{l\neq k} (a_{lk}^{(t)})^2 \leqslant \sum_{l \neq k} V_t^2 = n(n-1)V_t^2 < n^2 V_t^2 \leqslant \varepsilon^2 V_0^2 = \varepsilon^2 S(\boldsymbol{A}),$$

所以

$$\frac{S(\boldsymbol{A}_t)}{S(\boldsymbol{A})} < \varepsilon^2,$$

从而 ε 充分小时,保证了 $S(\boldsymbol{A}_t)$ 充分小,所以 $\boldsymbol{A}_t \approx \boldsymbol{D}$(对角阵).

对任意非零向量 $\boldsymbol{X} \in \mathbf{R}^n$,有

$$\lambda_n = \min_{\boldsymbol{X}\neq \boldsymbol{0}} \frac{(\boldsymbol{AX},\boldsymbol{X})}{(\boldsymbol{X},\boldsymbol{X})}, \lambda_1 = \max_{\boldsymbol{X}\neq \boldsymbol{0}} \frac{(\boldsymbol{AX},\boldsymbol{X})}{(\boldsymbol{X},\boldsymbol{X})},$$

求解方程 $f(\boldsymbol{X}) = \boldsymbol{0}$ 的问题.

§ 7.4 矩阵的 QR 分解及其应用

矩阵的 QR 分解方法用于求一般矩阵(中小型矩阵)的全部特征值,是目前最有效的

方法之一. 本节就实矩阵的特征进行介绍.

7.4.1 豪斯荷尔德(Householder)变换

定义 7.3 设 $\boldsymbol{v}$ 是 n 维实单位向量,即满足 $\boldsymbol{v}^{\mathrm{T}}\boldsymbol{v}=1$. 记 $\boldsymbol{I}_n$ 为 n 阶单位矩阵,令 $\boldsymbol{H}=\boldsymbol{I}_n-2\boldsymbol{v}\boldsymbol{v}^{\mathrm{T}}$,则称 $\boldsymbol{H}$ 为 **Householder 矩阵(镜象矩阵)**,又称为**初等反射阵**.

根据上述定义,容易看出 $\boldsymbol{H}$ 是对称矩阵,即 $\boldsymbol{H}^{\mathrm{T}}=\boldsymbol{H}$,因为 $\boldsymbol{v}^{\mathrm{T}}\boldsymbol{v}=1$,有

$$\boldsymbol{H}^{\mathrm{T}}=(\boldsymbol{I}_n-2\boldsymbol{v}\boldsymbol{v}^{\mathrm{T}})^{\mathrm{T}}=\boldsymbol{I}_n-2\boldsymbol{v}\boldsymbol{v}^{\mathrm{T}}=\boldsymbol{H},$$

且

$$\boldsymbol{H}\boldsymbol{H}^{\mathrm{T}}=\boldsymbol{H}\boldsymbol{H}=(\boldsymbol{I}_n-2\boldsymbol{v}\boldsymbol{v}^{\mathrm{T}})(\boldsymbol{I}_n-2\boldsymbol{v}\boldsymbol{v}^{\mathrm{T}})=\boldsymbol{I}_n-4\boldsymbol{v}\boldsymbol{v}^{\mathrm{T}}+4\boldsymbol{v}(\boldsymbol{v}^{\mathrm{T}}\boldsymbol{v})\boldsymbol{v}^{\mathrm{T}}=\boldsymbol{I}_n,$$

故 $\boldsymbol{H}$ 是对称正交矩阵,且 $\boldsymbol{H}^{-1}=\boldsymbol{H}$.

例如,$\boldsymbol{v}=\left[\frac{1}{\sqrt{2}},-\frac{1}{\sqrt{2}}\right]^{\mathrm{T}}$,$\|\boldsymbol{v}\|_2^2=\boldsymbol{v}^{\mathrm{T}}\boldsymbol{v}=1$,相应的 $\boldsymbol{H}$ 为

$$\boldsymbol{H}=\begin{bmatrix}1&0\\0&1\end{bmatrix}-2\begin{bmatrix}\frac{1}{\sqrt{2}}\\-\frac{1}{\sqrt{2}}\end{bmatrix}\begin{bmatrix}\frac{1}{\sqrt{2}}&-\frac{1}{\sqrt{2}}\end{bmatrix}=\begin{bmatrix}0&1\\1&0\end{bmatrix}.$$

定理 7.12 设 $\boldsymbol{X}$ 和 $\boldsymbol{Y}$ 是两个不相等的 n 维列向量,且满足 $\|\boldsymbol{X}\|_2=\|\boldsymbol{Y}\|_2$,则存在一个 n 阶的镜象矩阵 $\boldsymbol{H}$,使得 $\boldsymbol{H}\boldsymbol{X}=\boldsymbol{Y}$.

证明 由假设 $\boldsymbol{X}\neq\boldsymbol{Y}$,故 $\|\boldsymbol{X}-\boldsymbol{Y}\|_2\neq 0$,作辅助向量

$$\boldsymbol{v}=(\boldsymbol{X}-\boldsymbol{Y})/\|\boldsymbol{X}-\boldsymbol{Y}\|_2,$$

有 $\boldsymbol{v}^{\mathrm{T}}\boldsymbol{v}=1$,即 $\boldsymbol{v}$ 是单位向量,则有镜象矩阵

$$\boldsymbol{H}=\boldsymbol{I}_n-2\boldsymbol{v}\boldsymbol{v}^{\mathrm{T}}=\boldsymbol{I}_n-2\frac{(\boldsymbol{X}-\boldsymbol{Y})(\boldsymbol{X}^{\mathrm{T}}-\boldsymbol{Y}^{\mathrm{T}})}{\|\boldsymbol{X}-\boldsymbol{Y}\|_2^2},$$

于是

$$\boldsymbol{H}\boldsymbol{X}=\boldsymbol{X}-2\frac{(\boldsymbol{X}-\boldsymbol{Y})(\boldsymbol{X}^{\mathrm{T}}-\boldsymbol{Y}^{\mathrm{T}})}{\|\boldsymbol{X}-\boldsymbol{Y}\|_2^2}\boldsymbol{X}=\boldsymbol{X}-2\frac{(\boldsymbol{X}-\boldsymbol{Y})(\boldsymbol{X}^{\mathrm{T}}\boldsymbol{X}-\boldsymbol{Y}^{\mathrm{T}}\boldsymbol{X})}{\|\boldsymbol{X}-\boldsymbol{Y}\|_2^2}.$$

注意到 $\|\boldsymbol{X}\|_2=\|\boldsymbol{Y}\|_2$,有

$$\|\boldsymbol{X}-\boldsymbol{Y}\|_2^2=(\boldsymbol{X}-\boldsymbol{Y})^{\mathrm{T}}(\boldsymbol{X}-\boldsymbol{Y})=2(\boldsymbol{X}^{\mathrm{T}}\boldsymbol{X}-\boldsymbol{Y}^{\mathrm{T}}\boldsymbol{X}),$$

故

$$\boldsymbol{H}\boldsymbol{X}=\boldsymbol{X}-(\boldsymbol{X}-\boldsymbol{Y})=\boldsymbol{Y}.$$

下面我们来叙述镜象矩阵的一个重要应用.

推论 7.1 设 $\boldsymbol{X}$ 是 n 维列向量,$\alpha=\pm\|\boldsymbol{X}\|_2$,且 $\boldsymbol{X}\neq-\alpha\boldsymbol{e}_1$,则存在一个镜象矩阵

$$\boldsymbol{H}=\boldsymbol{I}-2\frac{\boldsymbol{u}\boldsymbol{u}^{\mathrm{T}}}{\|\boldsymbol{u}\|_2^2}=\boldsymbol{I}-\rho^{-1}\boldsymbol{u}\boldsymbol{u}^{\mathrm{T}},$$

使得 $\boldsymbol{H}\boldsymbol{X}=-\alpha\boldsymbol{e}_1$,其中 $\boldsymbol{e}_1=(1,0,\cdots,0)^{\mathrm{T}}$,即 n 阶单位矩阵 $\boldsymbol{I}_n$ 的第一列,且

$$\boldsymbol{u}=\boldsymbol{X}+\alpha\boldsymbol{e}_1,\rho=\|\boldsymbol{u}\|_2^2/2.$$

下面讨论推论中参数 α 符号的取法,设

$$X=(x_1,x_2,\cdots,x_n)^{\mathrm{T}}\neq\mathbf{0},\ u=(u_1,u_2,\cdots,u_n)^{\mathrm{T}},$$

则

$$u=X+\alpha e_1=(x_1+\alpha,x_2,\cdots,x_n)^{\mathrm{T}},$$

$$\rho=\frac{1}{2}\|u\|_2^2=\frac{1}{2}[(x_1+\alpha)^2+x_2^2+\cdots+x_n^2]=\alpha(\alpha+x_1).$$

由上式可以看出,如果 α 与 x_1 异号,则计算 $x_1+\alpha$ 时,有效数字可能会损失,故取 α 与 x_1 有相同的符号,即取

$$\alpha=\mathrm{sgn}(x_1)\|X\|_2,$$

其中

$$\mathrm{sgn}(x_1)=\begin{cases}1, x_1>0,\\ 0, x_1=0,\\ -1, x_1<0.\end{cases}$$

定理 7.13 设 $X=(x_1,x_2,\cdots,x_n)^{\mathrm{T}}$,其后面 $n-k$ 个分量不全为 0,则存在这样的 n 阶正交矩阵 Q,使 QX 前面 $k-1$ 个分量与 X 相应的分量相同,而后面 $n-k$ 个分量等于 0.

证明 记 $X=(x_1,x_2,\cdots,x_n)^{\mathrm{T}}$,$\alpha_k=\mathrm{sgn}(x_k)\|v\|_2$,又 e_1 是 $n-k+1$ 阶单位矩阵的第一列,由上述定理知,存在这样的 $n-k+1$ 阶镜象矩阵 H_{n-k+1},使得

$$H_{n-k+1}v=-\alpha_k e_1.$$

记 $f=(x_1,x_2,\cdots,x_{k-1})^{\mathrm{T}}$,$n$ 阶矩阵

$$Q=\begin{bmatrix}I_{k-1} & \mathbf{0}\\ \mathbf{0} & H_{n-k+1}\end{bmatrix},$$

则 Q 是正交矩阵且

$$QX=\begin{bmatrix}I_{k-1} & \mathbf{0}\\ \mathbf{0} & H_{n-k+1}\end{bmatrix}\begin{bmatrix}f\\ v\end{bmatrix}=\begin{bmatrix}f\\ -\alpha_k e_1\end{bmatrix},$$

即 QX 的前 $k-1$ 个分量与 X 的前 $k-1$ 个分量相同,第 k 个分量等于$-\alpha_k$,而后面 $n-k$ 个分量都等于 0.

7.4.2 矩阵的 QR 方法

定理 7.14(矩阵的 QR 分解) 设 A 是一个 n 阶实非奇异矩阵,则存在正交矩阵 Q 与三角矩阵 R,使 A 有分解 $A=QR$,且当 R 的对角元素为正时,分解是唯一的.

现在我们来进一步阐述求一阶方阵全部特征值的 QR 方法,令 $A_1=A$,对 A_1 做 QR 分解. 令 $A_1=Q_1R_1$,然后令 $A_2=R_1Q_1$,再对 A_2 做 QR 分解. 并令 $A_3=R_2Q_2$,这样下去就得到一个矩阵序列$\{A_k\}$,其产生过程可概述如下:

$$A_1=A, A_k=Q_kR_k, A_{k+1}=R_kQ_k,$$

易证 A_{k+1} 与 A_k 相似,故$\{A_k\}$有相同的特征值.

在一定条件下,$\{A_k\}$本质上收敛于上三角矩阵(分块上三角阵),若它们收敛于上三角阵,则该三角阵的对角元素就是矩阵 A 的全部特征值. 若收敛于分块上三角阵,则这些

分块矩阵的特征值也就是 $\boldsymbol{A}$ 的特征值.

例 10 用 Householder 变换化矩阵 $\boldsymbol{A}$ 为 QR 分解形式,其中

$$\boldsymbol{A}=\begin{bmatrix}0&2&0\\2&1&2\\0&2&1\end{bmatrix}.$$

解 记 $\boldsymbol{A}_1=\boldsymbol{A}$,$\boldsymbol{A}=(\boldsymbol{Q}_1,\boldsymbol{Q}_2,\boldsymbol{Q}_3)$,则

第一步,求 $\boldsymbol{H}_1$ 使 $\boldsymbol{H}_1\boldsymbol{a}_1$ 与 $\boldsymbol{e}_1$ 同方向,即 $\boldsymbol{H}\boldsymbol{a}_1=\delta_1\boldsymbol{e}_1$,

$$\delta_1=\operatorname{sgn}(a_{11})\left(\sum_{i=1}^{3}a_{i1}^2\right)^{1/2}=\sqrt{0+2^2+0}=2,$$

$$\boldsymbol{u}_1=\boldsymbol{a}_1+\delta_1\boldsymbol{e}_1=(0\quad 2\quad 0)^{\mathrm{T}}+2(1\quad 0\quad 0)^{\mathrm{T}}=(2\quad 2\quad 0)^{\mathrm{T}},$$

$$\rho_1=\frac{1}{2}\|\boldsymbol{u}_1\|_2^2=\delta_1(\delta_1+a_{11})=4,$$

$$\boldsymbol{H}_1=\boldsymbol{I}-\rho_1^{-1}\boldsymbol{u}_1\boldsymbol{u}_1^{\mathrm{T}}=\begin{bmatrix}0&-1&0\\-1&0&0\\0&0&1\end{bmatrix},\boldsymbol{A}_2=\boldsymbol{H}_1\boldsymbol{A}_1=\begin{bmatrix}-2&-1&-2\\0&-2&0\\0&2&1\end{bmatrix}.$$

第二步,令 $\boldsymbol{a}_2^{(2)}=(-2\quad 2)^{\mathrm{T}}$,求 $\boldsymbol{H}_2^{(2)}$,使 $\boldsymbol{H}_2^{(2)}\boldsymbol{a}_2^{(2)}$ 与 $\boldsymbol{e}_1^{(2)}$ 同向,即

$$\boldsymbol{H}_2^{(2)}\boldsymbol{a}_2^{(2)}=-\delta_1^{(2)}\boldsymbol{e}_1^{(2)},$$

经计算得

$$\delta_1^{(2)}=\operatorname{sgn}(a_{22}^{(2)})\left(\sum_{i=2}^{3}a_{i2}^2\right)^{1/2}=-\sqrt{(-2)^2+2^2}=-2\sqrt{2},$$

$$\boldsymbol{u}_2^{(2)}=\boldsymbol{a}_2^{(2)}+\delta_1^{(2)}\boldsymbol{e}_1^{(2)}=(-4.828\quad 2)^{\mathrm{T}},$$

$$\rho_2=\frac{1}{2}\|\boldsymbol{u}_2^{(2)}\|_2^2=\delta_1^{(2)}(\delta_1^{(2)}+a_{22}^{(2)})=13.657,$$

$$\boldsymbol{H}_2^{(2)}=\boldsymbol{I}-\rho_2^{-1}\boldsymbol{u}_2^{(2)}\boldsymbol{u}_2^{(2)\mathrm{T}}=\begin{bmatrix}-0.707&0.707\\0.707&0.707\end{bmatrix},$$

所以

$$\boldsymbol{H}_2=\begin{bmatrix}1&0&0\\0&-0.707&0.707\\0&0.707&0.707\end{bmatrix},$$

$$\boldsymbol{A}_3=\boldsymbol{H}_2\boldsymbol{A}_1=\boldsymbol{H}_2\boldsymbol{H}_1\boldsymbol{A}_1=\begin{bmatrix}-2&-1&-2\\0&2.828&0.707\\0&0&0.707\end{bmatrix}=\boldsymbol{R},$$

故

$$\boldsymbol{A}=(\boldsymbol{H}_2\boldsymbol{H}_1)^{\mathrm{T}}\boldsymbol{R}=\boldsymbol{H}_1^{\mathrm{T}}\boldsymbol{H}_2^{\mathrm{T}}\boldsymbol{R}=\boldsymbol{Q}\boldsymbol{R},\boldsymbol{Q}=\boldsymbol{H}_1^{\mathrm{T}}\boldsymbol{H}_2^{\mathrm{T}}=\begin{bmatrix}0&0.707&-0.707\\-1&0&0\\0&0.707&0.707\end{bmatrix}.$$

下面的例子中我们利用 Householder 变换方法以及斯密特(Schmidt)正交化法给出 $\boldsymbol{A}$ 的 QR 分解.

例 11 用 Schmidt 正交化方法求矩阵 $\boldsymbol{A}=\begin{bmatrix}0&1&1\\1&1&0\\1&0&1\end{bmatrix}$ 的 QR 分解.

解 令 $\boldsymbol{\alpha}_1=\begin{bmatrix}0\\1\\1\end{bmatrix},\boldsymbol{\alpha}_2=\begin{bmatrix}1\\1\\0\end{bmatrix},\boldsymbol{\alpha}_3=\begin{bmatrix}1\\0\\1\end{bmatrix}$,则

(1)先将 $\boldsymbol{\alpha}_1,\boldsymbol{\alpha}_2,\boldsymbol{\alpha}_3$ 正交化,即

$$\boldsymbol{\beta}_1=\boldsymbol{\alpha}_1=(0\quad 1\quad 1)^{\mathrm{T}},$$

$$\boldsymbol{\beta}_2=\boldsymbol{\alpha}_2-\frac{(\boldsymbol{\beta}_1,\boldsymbol{\alpha}_2)}{(\boldsymbol{\beta}_1,\boldsymbol{\beta}_1)}\boldsymbol{\beta}_1=\boldsymbol{\alpha}_2-\frac{1}{2}\boldsymbol{\alpha}_1=\left(1\quad \frac{1}{2}\quad -\frac{1}{2}\right)^{\mathrm{T}},$$

$$\boldsymbol{\beta}_3=\boldsymbol{\alpha}_3-\frac{(\boldsymbol{\beta}_3,\boldsymbol{\alpha}_3)}{(\boldsymbol{\beta}_1,\boldsymbol{\beta}_1)}\boldsymbol{\beta}_1-\frac{(\boldsymbol{\beta}_2,\boldsymbol{\alpha}_3)}{(\boldsymbol{\beta}_2,\boldsymbol{\beta}_2)}=\boldsymbol{\alpha}_3-\frac{1}{2}\boldsymbol{\beta}_1-\frac{1}{3}\boldsymbol{\beta}_2=\left(\frac{2}{3}\quad -\frac{2}{3}\quad \frac{2}{3}\right)^{\mathrm{T}}.$$

(2)再将 $\boldsymbol{\beta}_1,\boldsymbol{\beta}_2,\boldsymbol{\beta}_3$ 单位化,即

$$\boldsymbol{q}_1=\frac{1}{\sqrt{2}}\boldsymbol{\beta}_1=\left(0\quad \frac{1}{\sqrt{2}}\quad \frac{1}{\sqrt{2}}\right)^{\mathrm{T}}=\frac{1}{\sqrt{2}}\boldsymbol{\alpha}_1,$$

$$\boldsymbol{q}_2=\sqrt{\frac{2}{3}}\boldsymbol{\beta}_2=\left(\frac{2}{\sqrt{6}}\quad \frac{1}{\sqrt{6}}\quad -\frac{1}{\sqrt{6}}\right)^{\mathrm{T}}=\frac{\sqrt{2}}{\sqrt{3}}\boldsymbol{\alpha}_2-\frac{1}{\sqrt{6}}\boldsymbol{\alpha}_1,$$

$$\boldsymbol{q}_3=\frac{3}{2\sqrt{3}}\boldsymbol{\beta}_3=\left(\frac{1}{\sqrt{3}}\quad -\frac{1}{\sqrt{3}}\quad \frac{1}{\sqrt{3}}\right)^{\mathrm{T}}=-\frac{1}{2\sqrt{3}}\boldsymbol{\alpha}_1-\frac{1}{2\sqrt{3}}\boldsymbol{\alpha}_2+\frac{\sqrt{3}}{2}\boldsymbol{\alpha}_3.$$

(3)求解 $\boldsymbol{A}$ 进行 QR 分解,即

$$\boldsymbol{Q}=(\boldsymbol{q}_1\quad \boldsymbol{q}_2\quad \boldsymbol{q}_3)=(\boldsymbol{\alpha}_1\quad \boldsymbol{\alpha}_2\quad \boldsymbol{\alpha}_3)\begin{bmatrix}\frac{1}{\sqrt{2}}&-\frac{1}{\sqrt{6}}&-\frac{1}{2\sqrt{3}}\\0&\frac{\sqrt{2}}{\sqrt{3}}&-\frac{1}{2\sqrt{3}}\\0&0&\frac{\sqrt{3}}{2}\end{bmatrix}=\boldsymbol{AB},$$

于是得 $\boldsymbol{A}$ 的 QR 分解为

$$\boldsymbol{A}=\boldsymbol{QB}^{-1}=\boldsymbol{QR}=\begin{bmatrix}0&\frac{2}{\sqrt{6}}&\frac{1}{\sqrt{3}}\\\frac{1}{\sqrt{2}}&\frac{1}{\sqrt{6}}&-\frac{1}{\sqrt{3}}\\\frac{1}{\sqrt{2}}&-\frac{1}{\sqrt{6}}&\frac{1}{\sqrt{3}}\end{bmatrix}\begin{bmatrix}\sqrt{2}&\frac{1}{\sqrt{2}}&\frac{1}{\sqrt{2}}\\0&\frac{\sqrt{3}}{\sqrt{2}}&\frac{1}{\sqrt{6}}\\0&0&\frac{2}{\sqrt{3}}\end{bmatrix}.$$

§7.5 矩阵特征值问题计算数值实验

实验目的：用乘幂法、反幂法、Jacobi 方法和 QR 方法求矩阵的特征值.

实验题目：

(1)用乘幂法求下列矩阵的按模最大的特征值和对应的特征向量，精确到 4 位有效数字：

$$\boldsymbol{A}=\begin{bmatrix}2&4&6\\3&9&15\\4&16&36\end{bmatrix},\quad \boldsymbol{B}=\begin{bmatrix}2&0&0\\2&-1&-1\\1&1&-1\end{bmatrix}.$$

(2)已知矩阵 $\boldsymbol{A}=\begin{bmatrix}-1&2&0\\2&-4&1\\1&1&-6\end{bmatrix}$ 有一个近似的特征值 $\lambda\approx-6.42$，用反幂法求对应的特征向量.

(3)利用 Jacobi 方法求下列矩阵的全部特征值.

$$\boldsymbol{A}=\begin{bmatrix}10&7&8&7\\7&5&6&5\\8&6&10&9\\7&5&9&10\end{bmatrix},\quad \boldsymbol{B}=\begin{bmatrix}4&-1&&\\-1&4&-1&\\&-1&4&-1\\&&-1&4\end{bmatrix}.$$

(4)用 QR 方法求下列矩阵的全部特征值.

$$\boldsymbol{A}=\begin{bmatrix}1&2&3\\4&5&6\\7&8&9\end{bmatrix},\quad \boldsymbol{B}=\begin{bmatrix}0&1&2&2\\2&3&0&1\\3&0&1&2\\1&2&3&0\end{bmatrix}.$$

(5)考虑 n 阶的三对角矩阵

$$\boldsymbol{A}=\begin{bmatrix}2&-1&&&\\-1&2&-1&&\\&-1&2&\ddots&\\&&\ddots&\ddots&-1\\&&&-1&2\end{bmatrix},$$

分别计算当 $n=2,4,6,\cdots$ 时，矩阵的条件数 $\operatorname{cond}(\boldsymbol{A})_2=\dfrac{\lambda_{\max}(\boldsymbol{A})}{\lambda_{\min}(\boldsymbol{A})}$.

(6)已知矩阵

$$\boldsymbol{A}=(a_{ij})_{n\times n}=\left(\frac{1}{i+j-1}\right),i,j=1,2,\cdots,n,$$

试求 $n=10$ 时，矩阵 $\boldsymbol{A}$ 的全部特征值及其对应的特征向量.

练 习 题 7

1. 用乘幂法求下列矩阵的按模最大的特征值和对应的特征向量.

(1) $A=\begin{bmatrix}1&-1&2\\-2&0&5\\6&-3&6\end{bmatrix}$； (2) $B=\begin{bmatrix}12&6&-6\\6&16&2\\-6&2&16\end{bmatrix}$.

2. 用原点移位法求矩阵 $A=\begin{bmatrix}-3&1&0\\1&-3&-3\\0&-3&4\end{bmatrix}$ 的主特征值.

3. 用 Jacobi 方法计算 $A=\begin{bmatrix}2&-1&0\\-1&2&-1\\0&-1&2\end{bmatrix}$ 的特征值.

4. 已知矩阵 $A=\begin{bmatrix}1&2&0\\2&-1&1\\0&1&3\end{bmatrix}$ 有一个近似特征值 $\lambda\approx3.41$，用反幂法求对应的特征向量.

5. 用 Jacobi 方法求实对阵矩阵 $A=\begin{bmatrix}2&1&1\\1&2&1\\1&1&2\end{bmatrix}$ 的全部特征值和对应的特征向量.

6. 求矩阵 $A=\begin{bmatrix}-12&3&3\\3&1&-2\\3&-2&7\end{bmatrix}$ 的与数−13 最接近的特征值及其对应的特征向量.

7. 用乘幂法求矩阵 $A=\begin{bmatrix}6&2&1\\2&3&1\\1&1&1\end{bmatrix}$ 最接近于 6 的特征值及其对应的特征向量.

参考文献

[1]徐树方,高立,张平文. 数值线性代数(第二版). 北京:北京大学出版社,2013.

[2]王晓峰,王军涛,王波. 数值逼近. 郑州:河南大学出版社,2018.

[3]李庆扬,王能超,易大义. 数值分析(第5版). 北京:清华大学出版社,2008.

[4]尹景本,石东伟. 计算方法. 北京:北京大学出版社,2011.

[5]马昌凤. 现代数值分析(MATLAB版). 北京:国防工业出版社,2013.

[6]王仁宏. 数值逼近(第二版). 北京:高等教育出版社,2012.

[7]郑慧姚,陈绍林,莫忠息,等. 数值计算方法. 武汉:武汉大学出版社,2002.

[8]关治,陆金甫. 数值方法. 北京:清华大学出版社,2006.

[9]李换琴,朱旭. MATLAB软件与基础数学实验(第二版). 西安:西安交通大学出版社,2015.

[10]谷根代,杨晓忠,等. 数值分析. 北京:科学出版社,2011.

[11]占海明. MATLAB数值计算实战. 北京:机械工业出版社,2017.

[12]马昌凤,林伟川. 现代数值计算方法(MATLAB版). 3版. 北京:科学出版社,2006.

[13]马昌凤,柯艺芬,等. 数值线性代数与算法(MATLAB版). 北京:国防工业出版社,2017.

[14]陈桂芝,谢冬秀. 数值代数学习辅导. 厦门:厦门大学出版社,2012.

[15]周解勇. 数值代数实验指导. 上海:上海财经大学出版社,2017.

[16]王晓峰,石东伟.数值分析.郑州:河南大学出版社,2019.